Microwave Induced Plasma Analytical Spectrometry

微波诱导等离子体原子光谱分析

（波）克日什托夫·J. 扬科夫斯基　（波）爱德华·雷兹克 著
浙江大学分析仪器研究中心 译　金钦汉 审订

ZHEJIANG UNIVERSITY PRESS
浙江大学出版社

图书在版编目(CIP)数据

微波诱导等离子体原子光谱分析 /(波)扬科夫斯基,
(波)雷兹克著;浙江大学分析仪器研究中心译. —杭
州:浙江大学出版社,2015.10
　书名原文:Microwave Induced Plasma Analytical
Spectrometry
　ISBN 978-7-308-14816-0

　Ⅰ.①微⋯ Ⅱ.①扬⋯ ②雷⋯ ③浙⋯ Ⅲ.①微波等
离子体－原子光谱－光谱分析 Ⅳ.①053

中国版本图书馆 CIP 数据核字(2015)第 141441 号

浙江省版权局著作权合同登记图字:11-2015-170

微波诱导等离子体原子光谱分析
Microwave Induced Plasma Analytical Spectrometry

(波)克日什托夫·J. 扬科夫斯基　(波)爱德华·雷兹克 著
浙江大学分析仪器研究中心 译　金钦汉 审订

责任编辑	赵黎丽(zhaolili@zju.edu.cn)
责任校对	陈静毅
封面设计	续设计
出版发行	浙江大学出版社
	(杭州市天目山路 148 号　邮政编码 310007)
	(网址:http://www.zjupress.com)
排　　版	浙江时代出版服务有限公司
印　　刷	浙江印刷集团有限公司
开　　本	710mm×1000mm　1/16
印　　张	17.25
字　　数	330 千
版 印 次	2015 年 10 月第 1 版　2015 年 10 月第 1 次印刷
书　　号	ISBN 978-7-308-14816-0
定　　价	88.00 元

各章译、校分工

前　言　　金钦汉 译
第 1 章　　于丙文 译　　金钦汉 校
第 2 章　　于丙文 译　　金钦汉 校
第 3 章　　朱　旦 译　　金钦汉 校
第 4 章　　任　昊 译　　牟　颖 校
第 5 章　　于丙文 译　　金钦汉 校
第 6 章　　马琳娜 译　　周建光 校
第 7 章　　张彦明 译　　周建光 校
第 8 章　　梁斯佳 译　　周建光 校
第 9 章　　于丙文 译　　金钦汉 校
第 10 章　　张　涛 译
第 11 章　　任　昊 译　　金　伟 校
第 12 章　　任　昊 译　　金　伟 校
第 13 章　　于丙文 译　　金钦汉 校
主题索引　　于丙文 译　　金钦汉 校

序　言

　　用微波能(microwave frequency)产生等离子体已经有很多年了。对微波等离子体的进一步了解已使等离子体光源所用装置各部件的设计得到了改进。其结果是,各种微波等离子体已被成功地用作光学发射光谱法的蒸发/激发光源,或者质谱法的蒸发/离子化源。近 20 年来,MWP 光谱分析法已从一种小众技术成长为分析实验室中一种很有前途的工具。特别是 MIP-OES,已成为直接分析色谱流出物的一种必不可少的技术。本专著的目的就是想通过对该技术的概述,告诉读者 MWP 光谱分析法的现状。在最近几年,一些以 MWP 为基础的商用分析仪器已在市场上出现,而且已可看出,对 MWP 可能带来的益处的兴趣也正在增加。在这期间,一些重要的论文被发表出来,仪器装置也有显著改进,微波等离子体工作的某些技术局限也得到解决。今天,MWP 光谱法,特别是其原子发射光谱法,已成为一种高度发展的测量技术。显然,MWP 光谱分析法现在已进入成熟期,可用于各种样品的许多应用。本书对涉及 MWP 光谱分析法的各主要方面(特别是应用问题)进行了一个综合性讨论,并记录了 MWP 光谱法的一些最新成果,以促进它们在分析和研究实验室得到更广泛的应用。然而,令人惊奇的是,尽管已有这样显著的发展,对大多数光谱分析法的研究和实践仍然几乎完全围着 ICP 转,即便已经明确了对于某些应用 MWP 具有显著的优势。关于可用的 MWP-OES 技术,现在已有几个特别详细的信息源。但是迄今为止,MWP 方法通常只作为一种替代光源呈现,而没有与 MWP 光谱法相关的专著。本书是专为学者和着手在 MWP 光源光谱领域工作的研究生、ICP/MWP使用者、分析师和欲构建自己的等离子体光谱装置的研究小组,以及等离子体光谱仪和 MWP 器件的制造商而作。对于那些正在寻找如何把各种进样技术与等离子体相连接的人员及所有那些希望知道更多有关本技术的人员来说,本专著也将是一个有用的信息源。各种已有的等离子体光源和进样技术的物理、化学特性,以及这些特性如何影响着 MWP 装置各部件的设计,本书也都做了讨论,其中还包括了一些由我们研究小组和其他团队完成的有关 MWP 光源的非常新的成果。

第 1 章专注于不同实验条件下形成 MWP 的基础知识,介绍 MWP 放电的基本物理特性,讨论与 MWP 工作相关的各种光谱技术。第 2 章概述 MWP 光谱分析所需仪器,包括 MWP 放电的优点和局限性。第 3 章叙述 MWP 设计的工艺与科学,着重介绍这一领域最近的进展,提出了一种新的先进的微波等离子体光源分类方法。第 3 章还考查了各种 MWP 光源,包括最新的几种产生环形等离子体、转动场三相位等离子体及微波频率辉光放电的方法。然而,这些方法的使用要求理解有关微波等离子体发生和维持的基本理论。第 4 章是一个有关微波安全注意事项的评述。第 5 章介绍一些与光学发射光谱法和用 MIP 获得的光谱有关的简单却又是根本的概念,包括 MIP-OES 中最常用的发射谱线。第 6~8 章则讲述对 MWP-OES 工作者来说可能是最具挑战性的领域,即各种用来把样品传送入等离子体的技术,包括气体、液体和固体样品引入技术。将每种进样技术都放在 MIP-OES 的背景下,描述了其原理、仪器装置、操作参数及局限性。然后还介绍了 MIP-OES 的各种具体应用。第 9、10 章对 MIP-OES 技术做了更详细的介绍,其中包括操作参数的优化和分析方法的发展。随后给出了一些有关谱线选择、仪器维修、性能验证及故障排除的信息。第 10 章讨论了 MWP-OES 的分析特性,还比较了各种等离子体光源的性能指标。第 11 章致力于介绍 MIP-OES 对多种类型样品的应用。最后,第 12 章简要介绍各种非发射 MWP 光谱技术,包括 MWP 质谱法(mass spectrometry,MS)的某些特殊分析应用。

我们感谢所有在 MIP-OES 和 MS 领域做出过显著贡献的教师们和同事们。他们在本书背后所做出的努力使我们得以较好地理解基于 MIP 技术的基础科学,并激励我们去做进一步的研究。结果是,我们得出结论,并在讨论后确认有必要新出版一本有关这一领域的理论和实践的综合性参考书。我们感谢 A. Ramsza 博士在设定本专著的科学水平方面的专业协助及对初稿所提出的宝贵意见。还要特别感谢 R. Barnes 和 G. Hieftje 教授为鼓励我们写这本书而提出的一些有益的建议和意见。最后,我们还要感谢本书的出版者们,他们以极大的毅力、热情和耐心使本书得以面世。

Krzysztof J. Jankowski

Edward R. Reszke

译者的话

微波等离子体(microwave plasma，MWP)最早被用作原子发射光谱法激发光源的研究工作可追溯到 20 世纪 50 年代初，这比现在广为应用的电感耦合等离子体(inductively coupled plasma，ICP)激发光源的出现还要早大约 15 年。但是由于大功率微波功率源稳定性差和获得较大体积的高密度等离子体难等问题，MWP 激发光谱后来的发展并不理想。直到 20 世纪后期，还只有微波诱导等离子体光学发射光谱法 (microwave induced plasma optical emission spectrometry，MIP-OES)发展为色谱分析的一种优良而又必不可少的元素特效检测技术。从 20 世纪 80 年代开始，随着多种可以在常压下获得氮、氩或氦等离子体的光源的研制成功并先后实现了不同程度的商品化，情况才有了较明显的改变。世界知名大仪器公司的介入，则明显促进了这一进程。众所周知，以常压氦等离子体为激发光源的原子光谱法是唯一可以方便地对未知样品实行全元素分析的技术，在做物品真伪鉴别时它将是一种最简便而有效的方法；可以直接连续引入空气样品的常压氦微波等离子体-全谱直读型光谱仪则更是有望实现大气雾霾实时连续监测和溯源的强有力工具。显而易见，可以在与 ICP 光源大体相当的功率下，既能用氩气又能用氦气稳定工作的微波等离子体光源将会大有用武之地。

美国 G. Hieftje 教授早在 1991 年就曾经预言：“从根本上说，微波仪器装置和技术的进步将使微波等离子体在原子光谱分析领域至少与 ICP 一样有吸引力。”二十多年的世界科技发展历史证明了他的话是正确的。值得欣慰的是，这其中我国学者也做出了自己应有的重要贡献，并在这本由英国皇家化学会出版的专著中得到了充分肯定。我们在国家重大科学仪器设备开发专项(批准号：2013YQ470781)的支持下，愉快地把这本专著翻译出版，期望国内同行能够从中了解更多的详情，热情参与到发展和创新这一潜力巨大的分析仪器领域中来，为早日实现“中国梦”做出自己应有的贡献。

金钦汉

2015 年 1 月 18 日于杭州·浙江大学

目　录

第1章

微波等离子体光谱法导论

1.1 引言

由电磁场与 Ar 或 He 等气体相互作用而产生的等离子体,在 20 世纪中叶作为一种非常有前途的原子激发媒介被引入光谱分析领域。微波等离子体(microwave plasma,MWP)也属于这种新一代光源,其在过去 30 年里大大拓宽了元素痕量分析和形态研究的可能性。工作在 GHz 频率下的微波等离子体,一直被特别用作光学发射光谱法(optical emission spectrometry,OES)的激发光源,后来也被用作质谱法(mass spectrometry,MS)的离子化源。微波能则通过外部谐振腔或天线耦合到流经炬管的气流中。

一般而言,根据能量传输到等离子体气体的方式、等离子体形状及其相对于等离子体炬管的位置,可将 MWP 分成两大类。1951 年,由 Cobine 和 Wilbur[1] 首先发明了一种形成于电极尖端呈火焰状的等离子体,俗称为电容耦合微波等离子体(capacitively coupled microwave plasma,CMP)。CMP 有一个中心电极与大地形成电容,微波能量通过它的尖端耦合到等离子体气体中。在第二类中,等离子体通过谐振腔内驻波的能量诱导转移而形成,并在位于谐振腔体内的石英管或陶瓷管中维持。这种无电极的系统通常被称为微波诱导等离子体(microwave induced plasma,MIP),是最成功且最常用的微波放电类型。Broida 与其合作者[2,3]于 1952 年首次发表了 MIP 在光谱化学分析中的应用成果。据称微波能量通过电场(电场耦合)或磁场(磁场耦合)耦合到了工作气体中。然而,这种分类法并没有严格的科学依据。第 3 章将提出一种更先进的分类法。

1.1.1 历史背景

从历史上来看,CMP 与 MIP 是并行发展的,这是由于两种微波方法在技术设计与操作上存在一些本质的区别。其中一个区别是工作频率。CMP 可以在一个很宽的频率范围内工作,且许多出版物都专注于射频等离子体。用一个特定的办法即可较容易地调谐到不同的频率。用于维持 MIP 的谐振腔体则专用于单个工作频率,通常为 2.45GHz,且有时只使用一种等离子体气体。下面将对 CMP 和 MIP 进行更详细的比较。

20 世纪 60 年代,CMP 的分析应用主要集中于溶液的元素分析;[4-8] 1968年,Murayama 等[6-8]于日立中央研究所推出了一种商用 CMP 仪器。在随后的十年间,又开发了两款商用光谱仪(日立 300 UHF Plasma Scan 和应用研究实验室的 31000 型)。然而,这些设备由于存在严重的元素间效应而无法与电感耦合等离子体(inductively coupled plasma,ICP)相媲美。[9,10]

1985 年,得益于金钦汉等[11,12]研制出的一种被称为微波等离子体炬(microwave plasma torch,MPT)的结构,CMP 得以复兴。等离子体工作状况得到了明显改善,同时它对引入的湿气溶胶也有更好的分析性能。20 世纪 90 年代,基于 MPT 的多种进样方法和光谱技术被成功引进。[13,14]最终,1999 年在中国推出了一种商用 MPT-OES 仪器(JXY-1010 MPT)。其他用微波供能的 CMP设计还包括轴向注入炬(torch injection axial,TIA)。[15,16]

20 世纪 70 年代中期以前,MIP 放电几乎完全是在减压气体中获得的。由此,MIP 技术发展的这段时间也被称作低压 MIP 时代。期间研制了许多谐振腔体,包括压缩腔体和锥形矩形腔体,并在较宽压强范围内(1~760 托)进行了检验。[17]当使用低压放电时,待测物的引入主要通过气相色谱、电热蒸发或化学蒸气发生完成,这是因为 MIP 维持等离子体较困难,对样品的耐受力较差。这些困难导致部分分析光谱学界在接近(和仍在接近)MIP 技术时总有一些保留。而另一方面,早期应用工作的焦点在于将少量样品以气相形式传输到等离子体中,这导致了 MIP 技术在气相色谱检测方面的快速发展。MIP 方法的首次成功进行分析应用似乎是 Broida 和 Chapman[18]于 1958 年对氮同位素的分析。1965年,McCormack 等[19]开发了第一台基于 MIP 发射光谱的元素选择性气相色谱(gas chromatography,GC)检测器。应用于 GC 系统的最成功的商用微波等离子体检测器(microwave plasma detector,MPD)由 Quimby 和 Sullivan[20]于 1990年推出。

MIP 技术发展的一个突破是 Beenakker 等[21,22]于 1976 年设计的 TM_{010} 谐振腔,它可在常温常压下获得等离子体放电。这通常被认为是低压 MIP 时代的终结和常压 MIP 时代的开端。然而,Beenakker 引进的根本性改进并非为可在常压下维持的等离子体(之前已报道过一些成功的研究案例[23-25]),而是引入了能够保证等离子体稳定的对称耦合结构和改善的电能传输性能。与此同时,1975 年,Moisan 等[26]引进了另一种不同的微波结构,它是一种基于表面波传输的对称耦合结构,称之为"Surfatron"。

接下来几年,发明了多种类型的谐振腔,能够实现较高的放电稳定性和激发效率。改进版的 Beenakker 腔[27,28]、Surfatron[29,30]和带状线光源[31,32]能够在较宽的等离子体气体流速和微波功率范围内获得稳定的放电。这些设计可确保使用中、高功率能够增加放电能量。[33—36]最后,还有 Jankowski 等[37]提出的一种用于光学发射光谱法的、基于 TE_{101} 集成腔的、垂直放置的、气溶胶冷却的 MIP 系统。

1981 年 Douglas 和 Frech[38]将等离子体用作 MS 的离子化源,至此,微波等离子体原子光谱分析法(microwave plasma analytical spectrometry,MWP-AS)开始在痕量分析方面得到新的重视。1990 年,Okamoto 等[39]研发了一种表面波激励的非共振腔结构的 MIP。这种高功率光源首先应用到 OES[40]中,后又应用到 MS 中。1994 年,市场上出现了一种氮 MIP 质谱仪(Hitachi P-6000)。1999 年,Okamoto[41]提出了一种环形 He 等离子体,用于改善非金属的分析特性。最近,用横电磁波(transverse electromagnetic,TEM)传输模式在低于 3L/min 的氦气流和低功率条件下获得的这种类型的等离子体已被 Jankowski 等[42]报道。更近一些,该研究组还以一种有前途的分析光谱方法公布了一种特殊的三相微波等离子体光源,该光源应用绕等离子体轴旋转的非稳态场形成一个带有三角状环形中心的平面型等离子体。[43]

最近十年,出现了大量应用 MWP-AS 的有趣领域。1995 年生产了一种基于 He-MIP 的粒度分析仪(Yokogawa PT1000 型[44],参见第 12 章)。它为同时测量微纳颗粒的化学组分和尺寸、基本物理构造提供了可能性。第二个热门话题似乎是微型分析系统中微等离子体光源的设计和应用。2000 年,Engel 等[45]提出了一种 MIP 微带设备,可使用微波形成所谓的冷等离子体。

对 MWP 仪器和分析应用的发展一直有定期的评述,可参见文献[14,46—53]。表 1.1 对 MIP 和 CMP 的发展历程做了总结。

表 1.1　MWP 分析光谱法及其应用的发展里程碑

年份	事件	参考文献
1951	CMP 激发光源的开发	[1]
1958	MIP-OES 测定氮的同位素	[2,3]
1965	MPD 用于 GC	[19]
1968	CMP-OES 仪器(Hitachi 300 UHF)商品化	[7]
1976	常压 TM_{010} 腔体的开发	[21]
1981	MIP-MS 元素分析法的开发	[38]

续表

年份	事件	参考文献
1985	MPT 的开发	[11]
1989	MIP-OES 仪器（Analab，MIP 750MV）商品化	[54]
1990	GC 用 MPD(HP 5921A AED)商品化	[20]
1990	Okamoto 腔的开发	[39]
1994	N_2-MIP-MS 仪器（Hitachi P-6000）商品化	[40]
1995	粒度分析用 MWP 仪器（Yokogawa PT1000）商品化	[44]
1999	MPT-OES 仪器（JXY-1010 MPT）商品化	—
2000	MW 微等离子体系统的开发	[45]
2000	MPT-TOFMS 的开发	[55]

注：TOFMS 是 time-of-flight mass spectrometry 的缩写，可译为"飞行时间质谱法"。

1.1.2 微波等离子体光谱法的现状

在过去的 15 年里，MWP 作为 OES 的激发光源和 MS 的离子化源已经有了许多改进。目前，MWP 已可在各种操作条件下形成，仪器也可形成稳定的、可重现的等离子体。这种等离子体光源存在多种常见的形式，包括低功率/高功率 MIP、CMP、表面波等离子体和 MPT。另一方面，这么多设计方法又形成了一个"大杂烩"，使许多分析光谱学家对这种技术产生保留心态。有必要为该领域给出一个综合的理论与实践评述，以便更好地理解 MWP 技术的基础科学。

总结 MWP 在光谱分析应用方面的当前状态，可发现其在等离子体光谱中始终一贯的需求。特殊的激发机理使其在检测许多金属和非金属时保持着良好的灵敏度和较低的仪器运行成本，这是该技术的优点。目前 MWP 已在化学分析的各个领域打开了局面。作为一种联用技术，GC-MIP-OES 在形态分析和金属组学应用领域都占据着突出的位置。其他较突出的应用，如连续排放监测、粒度测量、微量分析和分子的软碎片化以及级联光源等，仍继续受到光谱学家的关注。毫无疑问，使用 MWP 方法获得的好处将越来越受到关注。

至于该技术在商业上的认可程度，可以从过去 15 年观察到。已有 5 款仪器出现在市场上，同时还有其他仪器以试生产的形式进行了公布。然而，除了 MPD 外，仍然缺少可全球范围内使用的设备。这种光谱仪的出现无疑将会促进该技术的快速发展。不幸的是，尽管 MWP 拥有许多有利条件，迄今仍未引起分析工作者或仪器开发商足够的兴趣。本书作者从 20 世纪 80 年代参与设计商用 MIP-OES(Analab，MIP 750MV)仪器时便意识到这一点。[54]

1.2　微波等离子体与待测物之间的能量流动

1.2.1　等离子体吸收的微波功率

　　等离子体可通过几种方式吸收微波能量。一般而言,能量是通过微波电场传输给等离子体的,电场将电子加速,直到电子拥有足够的能量,使其以链式反应形式进一步离子化。电子是唯一能随电场振荡的物质。另一方面,电子只有在与等离子体气体原子发生碰撞并改变其有序振荡运动时才能从电场中获得能量。电场可被加在谐振腔内,或者说,微波可被导至沿等离子体柱传导。在振荡场中,电子从场中获得能量,并通过弹性碰撞从场中进一步获得能量。然而,电子也可通过与中性粒子、离子间的大量弹性和非弹性碰撞而耗散能量,从而引起激发和离子化过程。在较低放电气压(低于 50 托)条件下,单个重粒子在被激发前需经历大约 10^7 次碰撞。在常压下,碰撞频率非常高,以至于需要提高微波功率才能保证等离子体气体被充分离子化。Brown[56]已详细讨论过高频场中电子加速和碰撞能量交换机制。

　　电子从场中获取的平均功率可由下式计算[57]:

$$P = \frac{e^2 E_{\max}^2}{2m\nu} \frac{\nu^2}{\nu^2 + \omega^2} \tag{1.1}$$

其中,e 和 m 分别为电子的电荷和质量,$E_{\max}$ 是最大电场强度,ν 是电子与气态原子之间的碰撞频率,ω 为电磁场的频率。考虑到等离子体气体中已电离组分都有可观的质量且电场极性反转前的时间很短暂,由式(1.1)可以推断,仅有非常有限的能量可被等离子体气体中的已电离组分直接吸收。

　　MWP 的一个独特的特点是:自由电子在整个放电区域都可从微波中获得动能。整个放电区域均保持在电离模式,即几乎所有区域的自由电子都是处于欠布居状态。这意味着等离子体加热会更加均匀,不会发生等离子体衰变。[58]另一方面,微波电场的存在诱导了等离子体丝的形成[59],并使功率传输到受趋肤效应所限制的那部分放电中。这也同时导致了等离子体的非均匀性和气体温度的径向梯度,结果是样品只能穿透等离子体有限的距离。等离子体的不均匀性随气体的热导率呈反比变化,因此这种不均匀性在 Ar 中要比在 He 中更加明显。

1.2.2　等离子体与样品的相互作用

当样品以湿气溶胶的形式被引入到等离子体中时,单个液滴首先要在高温下经受去溶。产生的微盐颗粒(又称干气溶胶)将分解并蒸发成单分子气体(分子蒸气),然后解离为原子(原子化)。这些过程在等离子体外围区域快速发生,与那些发生在火焰或其他等离子体光源中的过程完全一样。

然而,对于传统 MIP 光源,等离子体在炬管中维持,在轴处形成一个丝状结构,周围被低温区域包围。在这种情况下,部分样品可能会环绕在放电外围,经历低温环境。结果,样品没有与等离子体均匀混合。这会导致严重的基体效应和较差的等离子体稳定性。气溶胶径向扩散到中央等离子体区的程度取决于等离子体工作参数,包括等离子体气体属性和样品组分。此外,流经放电区的气溶胶也干扰了能量的传输和放电的维持。为了减小这些问题,现在的 MIP 光源已在微波耦合、腔体和炬管构造以及高功率的应用方面做了一些改进。另一种可能的方案是使样品从等离子体中央通道引入,类似于 ICP 方法。此前这要通过使用切向炬管[60]来实现,而最近是使用更先进的方法,如 MPT[14]、Okamoto腔[41]和基于 TEM 的 MWP 光源[43]来实现。

影响上述过程效率的另一个重要因素是待测物颗粒在等离子体中的滞留时间。这取决于等离子体的高度和气流的线速度,对于不同的 MWP,其差别很大。对于上文提到的环形微波等离子体,其滞留时间与 ICP 光谱法类似(约 2～3ms)。然而,对于丝状 MIP,由于使用较低的气体流速,其滞留时间可能相对较长(约 10ms)。这对于样品与等离子体间的相互作用非常有利,部分弥补了上文讨论到的气溶胶径向扩散进入等离子体的局限。

1.2.3　待测物的激发和离子化

样品气溶胶经过去溶、蒸发、原子化后,随后的过程是激发和离子化。它们主要发生在等离子体较热的区域。有趣的是,如 van der Mullen 和 Jonkers[61]对氩 TIA 微波等离子体的计算,有 56％由电子传输到重粒子的能量用在激发和离子化过程。

现已为 MWP 提出并确定了多种待测物激发和离子化的机制。它们将在第5 章做简要讨论。这里我们仅关注等离子体中参与激发与离子化过程的粒子。MWP 的特性是拥有较高的电子温度,尤其是 He 等离子体和低压等离子体$(2\times10^4\sim10\times10^4K)$。[50] 由于微波场具有很高的频率和振幅,自由电子在极短的时间内即可获得大量的能量。然后它们与等离子体气体原子发生非弹性碰撞,导致离子化。由于 He 具有较高的离子化能[58],氦 MWP 中的自由电子将可获得比在氩 MWP 中更高的动能。尽管等离子体中高能电子数比总自由电子数要少,但是它们在待测物激发和离子化,特别是涉及难电离元素时,皆发挥着重要作用。[62]

MWP 中存在着大量能使几乎所有存在于等离子体中的元素激发或电离的高能重粒子(原子、离子或分子)。特别是处于特殊激发态亚稳态的粒子,更不能被忽视,因为它们只有通过碰撞时的能量转移才会发生衰变。亚稳态粒子在对 MWP 非常重要的 Penning 电离过程中发挥着关键作用,特别是对具有高激发能的非金属元素的激发方面。并且,对较易激发的金属元素,由电子碰撞产生的激发有望与由亚稳态产生的激发一较高下,尤其是在常压 MWP 和氦 MWP 条件下。[61]

将样品引入 MWP 中可能会引起等离子体特性的明显改变,这比 ICP 法中的改变大得多。样品基体组分,特别是溶剂和易电离元素,会干扰等离子体粒子间的能量交换,影响等离子体温度和电子密度以及等离子体中粒子的空间分布和激发机制。[63]其整体效果取决于样品组分和等离子体参数,且难以预测。总体来讲,水气溶胶的引入会引起等离子体收缩。然而,等离子体体积的减小通常又会使等离子体温度和电子密度显著增加。相反,分子气体或粉末状样品以及易电离元素的引入,则会导致等离子体的悬浮,从而使等离子体温度和电子密度的空间分布变得更加均匀。[64]

1.2.4 小结:能流图

MWP 中的能量传输如图 1.1 所示。电场将能量传递给自由电子,自由电子是非常活跃的带电粒子,因此参与碰撞和跃迁过程。电子能量随后通过非弹性激发/电离碰撞传递给中性粒子。连续的碰撞逐步使等离子体气体离子化,直

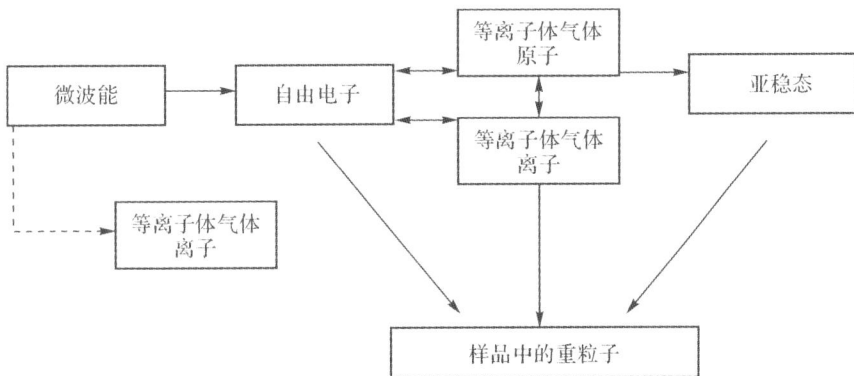

图 1.1 MWP 中的能流示意

到从微波场吸收的能量被运动着的电子和生成的离子平衡掉为止。高能电子也可将能量转移给离子,因为它们之间有较大的碰撞截面。随后,由于质量较为接近,离子又容易将能量转移给中性原子。其他可能的非弹性碰撞,即碰撞引起的去激发和三体复合过程,也可参与自由电子与重粒子之间的能量转移。

由电子转移给重粒子的能量效率很低,尤其是在氦等离子体中。根据工作频率和转移到等离子体中的能量多少,等离子体在电子密度或温度方面的性质会发生变化。等离子体快速加热、氩和氦 MWP 中电子数目密度低是等离子体呈显著非热特性的原因,其非热特性表现为非 Maxwellian 电子能量分布[58,61]。电子与重粒子之间缺乏有效的弹性碰撞,也使 MIP 的气体温度较低,从而导致引入等离子体中的待测物在蒸发、解离和原子化等方面出现问题。然而,大量高能电子和稀有气体亚稳态组分的存在,又使 MIP 成为分析许多非金属元素时的优选光源。

1.3 微波等离子体的产生

CMP 和 MIP 不能在任意频率下工作。国际电信联盟(International Telecommunication Union,ITU)指定了某些窄带微波可供工业、科学和医学使用。MIP 通常在 2450MHz 下工作,尽管 915MHz 在某些方法中也得到了使用。

MIP 通常用在施加功率的同时将电导体和耐热材料插入等离子体气体中引入种子电子的方法点燃。然而,对于非谐振腔体,如 Surfatron,则推荐使用特斯拉线圈给出一个短脉冲。在引入这些种子电子后,可使用合适的调谐系统促进等离子体气体的离子化,从而形成等离子体。最早的可调谐谐振腔能够形成一个电磁驻波,其最大场强位于腔体的中央并沿轴被导向等离子体放电管。点燃等离子体后,对腔体进行调谐使之达到最小反射功率。例外地,在某些特殊的实验条件下,由于放电管加热使放电管材料中产生种子电子,有可能"自发地"点燃等离子体。自点燃放电非常有利于确保灵活的操作条件,尤其是当将低气压MIP 用于光学发射光谱法或质谱法时。

CMP 放电可通过孤立导体与电极相接触而在电极尖端点燃,该孤立导体在被微波场加热的情况下易释放出电子。在等离子体形成的初始阶段和短暂的预热期后,通常需要进行后续的微调谐操作。

在某些 MWP 光源中,氮或空气等离子体可在最适合氮或空气放电的阻抗匹配条件下通过点燃氩等离子体而得到。在氩等离子体形成后随即用氮气或空气逐渐取代氩气流,即可维持稳定的分子气体等离子体。

　　MWP 可在常压或减压条件下用不同气体(如惰性气体、氮气、空气、氧气或二氧化碳)获得。放电的性质取决于压强与等离子体气体的性质。分析光谱用 MWP 光源通常使用氩气或氦气,但在过去十年里,氮等离子体也得到了重视。MWP 只需用非常少量(从 50mL/min 到每分钟几升)的等离子体气体。本节仅限于对氩、氦和氮等离子体做简短描述,以展示等离子体性质的主要差别。

　　小功率或中等功率氦 MIP 是一种悬浮着的等离子体,空间上稳定且连续发射强度较弱。等离子体在放电管中的位置及其稳定性取决于输入功率的大小和所用气体的流量。[60]氦等离子体几乎充满了整个放电管,但并不会扩展到放电管外。然而,Zander 和 Hieftje[65]注意到,对于 Beenakker 型谐振腔,等离子体在较低微波功率条件下可均匀地填满放电管,但是随着功率升高,等离子体会向管壁方向移动。Pak 和 Koirtyohann[66]使用中等功率和高流量(8L/min)氦气在腔体壁外的切向流炬管中维持了氦等离子体。使用 Okamoto 腔获得的高功率氦 MIP[67]也可扩展到腔体壁外。由 MPT[68]和 TIA[69]器件产生的火焰状等离子体也都位于炬管外;然而,与其各自的氩等离子体相比,其氦等离子体的体积更小。与氩气相比氦气具有更高的热导率,这有利于从等离子体到样品的热量传递,从而改善去溶和蒸发过程的效率。氦等离子体由于其背景特性和可供利用的高激发能量,非常适用于卤素和非金属元素的检测。这可通过其参与亚稳态氦原子的激发过程加以解释。由于氦具有较低的原子质量和近乎单一的同位素丰度,可获得很高的质谱选择性。氦等离子体的局限性包括较低的气体温度和电子密度,以及较高的运行成本。

　　氩 MIP 放电的特征是直径较小。等离子体仅填充了放电管内的部分空间,形成了一条沿着管轴延伸的薄薄的明亮的细丝。其空间稳定性比氦等离子体更差,它同时具有贴附管壁和形成丝状结构两种趋势。当等离子体没有完全稳定时,它的形状类似于电弧,会与炬管壁面上越来越多的新地方接触。在干燥的纯氩中产生的氩等离子体可形成长丝状结构,很容易扩展到放电管外面,从而使微波泄漏到周围环境中。样品气溶胶的引入使放电区域,缩回至管内空间,并受到谐振腔厚度的限制。这表明存在着较高的趋肤效应,限制了样品气溶胶渗透到等离子体中。尽管在氩 MWP 中存在较高的背景,大多数元素均能被检测并达到理想的灵敏度。然而,与氦等离子体相比,其对卤素的激发相当糟糕。Ar-MPT 和 Ar-TIA 放电均可在管外形成。应该指出的是,氩气比氦气要便宜得多。

　　与氦等离子体类似,氮 MIP 由于其电子密度低而充满了整个放电管径。维持氮等离子体要比维持惰性气体等离子体需要更高的微波功率。[70]同样,氮具有足够高的热导率可避免非均匀加热。氮的趋肤效应较低,可使气溶胶与等离子体气体充分混合。在较高气流和功率条件下,氮等离子体可扩展至放电管外。[71]使用 CMP[1] 和 Okamoto 腔[72] 所维持的氮放电都在炬管外被观测。

分子气体如氮气、氧气或二氧化碳等,已被成功应用于维持 MWP,其分析应用的能力也已得到证明。[50—53]有趣的是,在相同的 MWP 系统中可使用各种各样的气体生成等离子体,且不需要任何修改。[1,70,73]对等离子体气体的选择首先要力求激发条件与当前的分析应用之间达到最佳匹配,如:有机物质的色谱法分析、超临界流体色谱分离组分的检测或大气监测。气体混合物也可被用于形成等离子体,包括氮-氢、氮-氧、氩-氮、二氧化碳-氦和空气等离子体。[50—53,74—78]应该指出,使用少量的氧气、氢气或其他气体作为气体掺杂剂,可改善具体分析应用中的等离子体参数。[79—82]依据所用气体的不同,可获得各种等离子体特性(温度、激发机制、化学反应发生的概率),而这对于影响待测元素的检测条件是非常重要的。这种多样性为检测不同来源的样品(包括无机物和有机物)提供了可能性。

MWP 可在 0.001 托到高于大气压的气压范围内工作。然而,在减压条件下使用不同的气体维持等离子体是更容易的。考虑到等离子体中的能量传输效率,MWP 工作的最优气压是 4 托。低压意味着粒子数较少、碰撞概率更小、单个粒子发生两次碰撞间的途径更长,因此,自由电子可获得极高的能量。然而,工作气压的高低似乎对等离子体温度影响很小。对常压 MIP,输入功率大约在 $100 \sim 1000$W 范围内,而低压等离子体甚至可在 10W 下工作。等离子体参数似乎也只受到功率设定的轻微影响。一般而言,相比于高气压条件,工作在低气压条件下产生的响应受功率的影响更小。因此,对于使用微量进样技术的某些分析应用,还找不到使用高功率的案例。

Busch 和 Vickers[83] 报道了当压强在 $1 \sim 25$ 托范围内变化时等离子体温度和电子密度的变化很小。对工作在非常低的气压条件下($0.05 \sim 2.0$ 托)的氩和氦 MIP,Brassem 和 Maessen[84] 观察到:电子密度随着微波功率的增加而增大。根据 Goode 等[85] 的研究,在 $10 \sim 760$ 托范围内氩 MIP 的电子数目密度正比于等离子体压强。一般而言,当压强约为 1 托时,氩和氦 MWP 的电子密度为 $10^{11} \sim 10^{12}$ 个电子$/cm^3$,常压时接近 $10^{14} \sim 10^{15}$ 个电子$/cm^3$。[49]

在 MWP 光源中,采用表面波器件 Surfatron 似乎是最灵活的方法,它可在较宽的压强范围内工作,不需要对匹配条件进行任何改变。[86]Costa-Fernandez 等[87] 研究了在 $2 \sim 100$ 托范围内和常压条件下,氩和氦 MIP 的压强对汞检出限的影响。低压氩等离子体可提供最低的检出限。

在低压环境下工作的等离子体光源的最大弊端在于难以集成某些进样技术。通常都需要使用一个接口。而另一方面,低压 MWP 离子化源与 MS 检测器则非常兼容。[88]

1.3.1　等离子体的几何形状(构型)

　　MWP 能形成多种等离子体形状。典型的单个轴向等离子体细丝位于轴的位置,并未完全充满放电管的径向截面,它对称地向管壁提供热流。等离子体直径随着气体热导率的降低而减小。因此,氦和氮等离子体比氩等离子体的收缩程度要小一些。这种位于放电管内的丝状 MIP 可被分为两个区域:较热的中心区域或等离子体核心和较低温度的等离子体外围区域(见图 1.2)。在一些 MIP 装置中,在适当条件下能获得氩气多丝或环形(空心、环状)等离子体,高温区域形成环状结构,围绕在较低温的通道外,样品则由通道引入。[60,89,90]

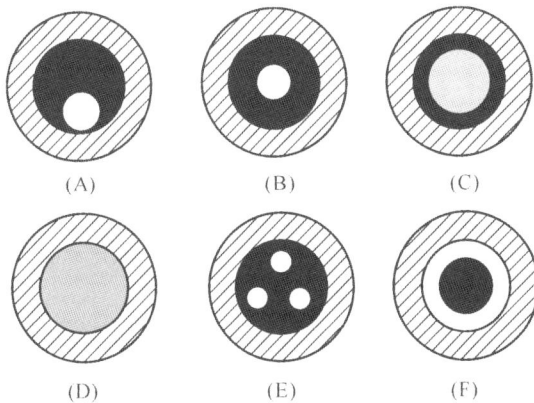

图 1.2　几种可能的 MIP 放电结构(轴向):(A)非稳定丝状氩等离子体;(B)居中的丝状氩等离子体;(C)氦等离子体;(D)分子气体或混合气体等离子体;(E)三丝氩等离子体;(F)环状等离子体

　　传统 MIP 系统不能产生类 ICP 的环状等离子体,因为在它们的电场分布中其电场强度最大值位于放电管的中央位置。早前,曾开发过一些切向流炬管[60],以便在气溶胶流的周围形成鞘流并有效地将气溶胶导入等离子体放电处。与环状等离子体相比,可以观察到:此悬浮等离子体具有不接触放电管壁因此不对其产生刻蚀的好处。此外,它只需较低的等离子体气体流量,且可提供比环状等离子体更强的发射强度。业已证明,等离子体的结构与气流有关。切向流炬管中,在氦流量接近 3.0L/min 条件下可形成环形等离子体,而在大约 4L/min 条件下等离子体结构将突变为悬浮着的丝状等离子体。

　　在中等功率 TEM 型 MIP[43]中,通过改变等离子体气体流量可获得两种完全不同的等离子体结构。在气流低于 3L/min 条件下可获得不与外管壁接触的环形氦等离子体,而在大约 1L/min 条件下可形成丝状等离子体。在 Okamoto

腔[42]中,在较高的气流(11L/min)条件下可得到高功率氦等离子体。对于相同腔体,N_2-MIP[72]形成的是面包圈形等离子体,类似于 Ar-ICP 在气流为 6~15L/min条件下形成的等离子体。

各种 CMP 和 MPT 都能形成火焰状的放电形态。Pless 等[91]观察到了球状和圆柱形结构的 He-H_2-CMP,这取决于气体流量和所选用的微波功率。然而,MPT 放电在电极尖端均匀扩张,形成一个类似于环状 ICP 的、被热等离子体区域包围的中央通道。[92]有利的是,待测物激发区域与等离子体生成区域分离,从而使等离子体稳定性受到较小的扰动。图 1.3 展示了放电横截面的典型形状,同时给出了等离子体不同区域的命名。

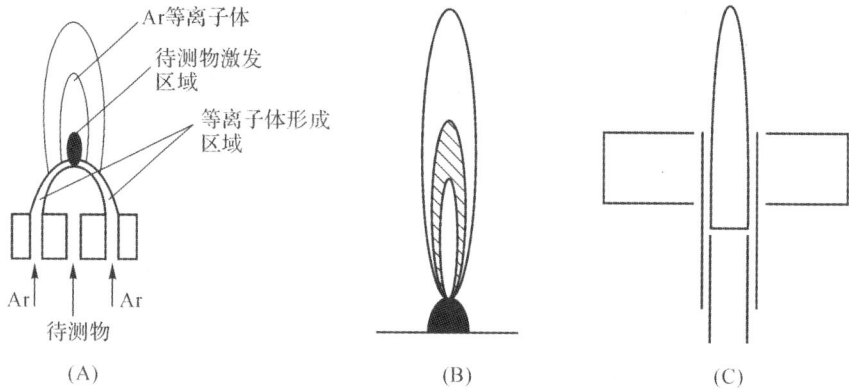

图 1.3   几种径向观测的 MWP 的可能结构:(A)MPT 放电;(B)CMP 放电;(C)环状 MIP 放电

1.3.2   功率密度和等离子体的稳定性

所生成的等离子体体积内的功率密度是用于估计等离子体性质的外部控制参数之一。功率密度,或更精确地说是功率密度随输入功率的改变速率,与等离子体稳定性和对样品负载的耐受力相关。结果是,它将影响信号的精密度和方法的检出限。Van der Mullen 和 Jonkers[61]用功率密度对等离子体进行建模,表征等离子体偏离局部热力学平衡(local thermal equilibrium,LTE)的程度。总的来说,高功率密度可导致 LTE 等离子体,而非 LTE 等离子体更容易在低功率密度或脉冲功率模式下形成。

1986 年,Zander[93]对三种常用的等离子体光源,即 ICP、直流等离子体(direct current plasma,DCP)和 MIP 进行了比较。根据当时等离子体光谱技术的发展,他指出:每种等离子体光源都拥有其特有的输入功率范围,并且随着输入功率,其功率密度变化速率也彼此不同。对 MIP(和 DCP),他观察到:随输入功率,其功率密度的变化速率非常陡峭。在低功率 MIP 中,蒸发过程消耗了相当大一部分能量,这导致功率密度陡降和放电的不稳定。他推断这是导致信号精密度差和 MIP 产生较大背景波动的主要因素。相反,ICP 拥有相对恒定的功率密度,这部分解释了其测量信号表现出完美的短期和长期精密度的原因。然而,问题出现在早期的 MIP 设计上。现在的 MWP 光源可一直工作到 1000W,且其中的一部分,包括 MPT、Okamoto 腔和 TEM,能够产生较大尺寸的等离子体。结果,从这些等离子体中获得的功率密度在 0.2～0.8kW/cm^3 范围内,其功率密度随输入功率的变化速率已与 ICP 类似。

MWP 的基本问题是难以形成大体积的均匀放电。这是由于微波波长短、气体热导率有限所致的气体非均匀加热,以及微波通过高频场和低电子密度透入等离子体中的穿透深度(称为趋肤效应)浅造成的。然而,等离子体体积则取决于容纳或维持等离子体的某些技术设计细节,包括所用的微波耦合方式和输入功率水平。如前所述,一些 MWP 方法可以形成超过 1cm^3 的较大等离子体。此外,通过降低工作压强和选用表面波传输模式,可实现对小体积 MIP 放电的放大。[94]

即使 MWP 工作在较高功率条件下,等离子体有限的尺寸也使样品的引入成为一个具有挑战性的任务。在较大体积 ICP 放电的条件下,将样品引入等离子体相对容易。然而,丝状 MWP 的体积和形状均会使样品的引入变得复杂和低效。此外,样品气溶胶蒸发成为分子组分和颗粒的能力也受到了限制。Bollo-Camara 和 Codding[60] 曾对 TM$_{010}$ 腔中维持的等离子体高度(体积)进行过优化,指出:当等离子体高度约为 2cm 时,可获得最佳的光学发射测量灵敏度。他们推断,这是因为它可为等离子体中的样品提供足够的滞留时间以激发原子和离子。工作在几百瓦微波功率水平的 CMP 被认定是体积较大且更加稳健的等离子体,因此对样品的引入有更高的耐受力。[91]然而,小体积 MIP(1%～2%)可提供比 CMP(5%～10%)更好的发射信号稳定性。[51]

等离子体物理体积的大小关系到光谱分析观测用观察区的大小。一般而言,MWP 放电本身被用于待测物发射观察。[91,95,96]MIP 一般都使用内径为 1～4mm 的放电管,因而总的观测区域较小。不幸的是,待测物发射强度通常在观测区域内分布并不均匀,这使得有效观测面积明显变小。使用空间成像系统进行等离子体测绘以获得最大的灵敏度和信号稳定性是合理的。[66,96]

1.4　微波等离子体放电的基本物理特性

等离子体状态的物理和热动力学描述超出了本书范围。本节我们仅收集一些 MWP 的特性,以便对各种 MWP 光源和其他用于分析光谱法的等离子体光源进行比较。MWP 能在多种条件下获得,这种多样性意味着等离子体基本参数可以在很宽的范围内变化。

MWP 无疑是一种非热等离子体,即电子温度 T_e 与重粒子温度 T_h 之间存在明显的差别。等离子体越偏离 LTE,T_e 与 T_h 之间的差别就越大。而另一方面,一个较高的 T_e 和相当大的电子数目密度(大约 10^{15} 个电子/cm^3)有利于激发大量原子,因而也有利于获得更好的待测物检测能力。一般来说,如果等离子体中每种物质都遵循 Maxwellian 速率分布,则它们都将有自己特有的温度。激发温度决定了等离子体中元素原子和离子内能的分布。类似的,转动温度 T_{rot}、激发温度 T_{exc} 和电离温度 T_{ion} 可分别表征分子行为、原子激发和离子化过程。

文献中的 MWP 温度数据可总结如下:

$$T_e > T_{ion} \approx T_{exc} > T_{rot}$$

上述不等式证明了在 MWP 中缺乏局部热力学平衡。表 1.2 展示了不同学者使用各种 MWP 光源测得的 MWP 参数。

氩等离子体的电子密度比氦或氮等离子体的大。而且电子数目密度最高达 2×10^{15} 个电子/cm^3,这仍与估计的平衡值 2×10^{16} 个电子/cm^3 差别很大。水蒸气的存在似乎"加热了"等离子体,这可由等离子体温度和电子数目密度的增加得到佐证。

MWP 和 ICP 两者所用工作频率的差别似乎是它们作为分析光源的差异性表现的主要原因。然而,工作频率对转动温度、激发温度或电子数目密度的影响则微不足道。换言之,MWP 中的电子温度比 ICP 中的(6000~8000K)高很多,而 MWP 中的电子数目密度比 ICP 中的低一个数量级。因此,可以推断,两种光源中等离子体中的加热和能量传输形式有明显不同。[58]

ICP 和 DCP 拥有几乎相等的气体温度(4000~7000K),而 MWP 被普遍认为温度较低(1000~4000K)。等离子体温度相对较低的一个后果是:MWP 在低功率和中等功率时,其去溶、蒸发和原子化能力也较低,导致了更加严重的基体干扰和与 ICP 类似或更高的检出限。然而,氦 MIP 对卤素和其他一些元素具有明显好得多的检测能力。

通过比较高功率 N_2-MIP 和 Ar-ICP 中元素的电离度,Ohata 和 Furuta[111] 推断:在这两种光源中,电离电位(ionization potential,IP)低于 7eV 的元素几乎均可被完全电离。然而,这两种等离子体光源中,IP 高于 7eV 的元素的电离度均逐渐下降,且在 N_2-MIP 中下降更快。不过,业已证明,N_2-MIP 是一种可对 K、Ca、Cr 和 As 等元素进行质谱测定的很有前途的离子化源。

表 1.2　所选 MWP 光源的等离子体特性

类型	等离子体气体	电子密度 /个电子/cm³	电子温度 /K	激发温度[a] /K	转动温度[a] /K	参考文献
TE_{013}	Ar	1.8×10^{15}	—	6280(Ar)	1440~2440(OH)	[25]
TM_{010}	Ar	3.8×10^{14}	—	4500(Ar)	1150(OH)	[97—99]
	He	1.3×10^{14}	—	4000~5700(Fe) 3400(He) 5700(Fe)	1300(OH) 1400(N_2^+)	
TE_{101}	Ar	1.1×10^{15}	7900	4600~5900(Fe) 4000~6400(Ar)	2500~3600(OH) 4900(N_2^+)	[38,100—103]
	He	4×10^{14}	12 500	3000(He) 5500(Fe)	2200~2700(OH)	
Surfatron	Ar	4×10^{14}	7800	1900(Ar)	2250(OH) 3600(N_2^+) 2000(OH)	[104—106]
	He	1×10^{14}	—	3000(He)		
TEM	He	$(5.5\sim7.5)\times10^{14}$	—	3000~3300(He)	3000(OH)	[43]
MPT	Ar	7×10^{14}	13 000	5300~6000(Fe)	1500~6000(OH)	[58,107]
	He	1×10^{14}	21 500	—	2100(OH)	
TIA	Ar	1×10^{14}	19 100	5500(Ar)	3000(OH)	[16,69,108]
	He	$(1\sim5.7)\times10^{14}$	26 000	3800(He)	2400~2900(N_2^+)	
Okamoto 腔	N_2	5×10^{13}	—	5400(Fe)	5000(N_2^+)	[67,73,109,110]
	He	2.3×10^{14}	—	5000(Fe)	—	
CMP	N_2	$<1\times10^{14}$	—	4900~5500(Fe)	4300(N_2^+)	[51]
	He	4×10^{14}	—	3430(He)	1620(OH)	
三相 MIP	He	7.5×10^{14}	—	4000(He)	3100(OH)	[44]

注: [a] 表示对应表列项目下括号内的物质为测温样本。

1.5 采用微波诱导等离子体的光谱技术

基于等离子体的分析光谱法可通过原子发射、原子吸收、原子荧光或质谱来实施。目前,关于 MWP 的大部分工作是通过原子发射完成的,同时有越来越多的文章报道了 MWP 光源在 MS 中的应用,且最好与溶液雾化器和气相或液相色谱联用。MWP 作为原子化器用于原子吸收光谱法(atomic absorption spectrometry, AAS)和原子荧光光谱法(atomic fluorescence spectrometry, AFS)同样也已被认可。特别是当 MPT 作为原子化器用于原子荧光光谱法时,MPT 可提供覆盖几个数量级浓度范围的动态线性范围和相当低的背景干扰。[51,52] 最近,还出现了将 MWP 用于腔衰荡光谱法的报道。

对于某种特定的光谱技术,MWP 光源的选择取决于该光源应在其中扮演的角色。对于 AAS 和 AFS,MWP 仅被用作原子化器,而在质谱中则被用作样品的离子化源。然而,在 OES 中不仅需要使样品热分解,也需要对形成的原子和离子进行激发。在这里,等离子体光源不仅充当一个原子化器,同时也是中性原子的激发源和离子化源、电离物质的激发源。因此,待选 MWP 光源的原子化/离子化和激发效率信息都是很有价值的。

在分析光谱法用的火焰和等离子体中,MWP 被推荐用于气体样品的分析。[112] 除了气体样品的引入和与 GC 结合外,还发展了各种不同的电热蒸发设备、流动注射技术和气体发生技术。当用 MWP 作为原子化器时,与激光烧蚀直接固体取样技术的联用也非常有用。密封样品则可用一个静态系统,在低微波功率下使其激发用于发射测量,从而达到较高的检测能力。[113,114] 所有上述分析光谱技术将在第 11 章中进行更详细的讨论。

参考文献

[1] J. D. Cobine and D. A. Wilbur. *J. Appl. Phys.*, 1951, 22: 835-841.

[2] H. P. Broida and G. H. Morgan. *Anal. Chem.*, 1952, 24: 799-804.

[3] H. P. Broida and J. W. Moyer. *J. Opt. Soc. Am.*, 1952, 42: 37-41.

[4] R. Mavrodineanu and R. C. Hughes. *Spectrochim. Acta, Part B*, 1963, 19: 1309-1317.

[5] U. Jecht and W. Kessler. *Fresenius' Z. Anal. Chem.*, 1963, 198: 27-35.

[6] M. Yamamoto and S. Murayama. *Spectrochim. Acta*, *Part A*, 1967, 23: 773-776.

[7] S. Murayama, H. Matsuno and M. Yamamoto. *Spectrochim. Acta*, *Part B*, 1968, 23: 513-520.

[8] S. Murayama. *Spectrochim. Acta*, *Part B*, 1970, 25: 191-200.

[9] J. O. Burman and K. Bostrom. *Anal. Chem.*, 1979, 51: 516-520.

[10] G. F. Larson and V. A. Fassel. *Anal. Chem.*, 1976, 48: 1161-1166.

[11] Q. Jin, G. Yang, A. Yu, J. Liu, H. Zhang and Y. Ben. *J. Natl. Sci. Jilin Univ.*, 1985, 1: 90. In Chinese.

[12] Q. Jin, C. Zhu, W. Borer and G. M. Hieftje. *Spectrochim. Acta*, *Part B*, 1991, 46: 417-430.

[13] Q. Jin, W. Yang, F. Liang, H. Zhang, A. Yu, Y. Cao, J. Zhou and B. Xu. *J. Anal. At. Spectrom.*, 1997, 13: 377-384.

[14] W. Yang, H. Zhang, A. Yu and Q. Jin. *Microchem. J.*, 2000, 66: 147-170.

[15] M. Moisan, G. Sauve, Z. Zakrzewski and J. Hubert. *Plasma Sources Sci. Technol.*, 1994, 3: 584-592.

[16] J. Jonkers, J. M. de Regt, J. J. A. M. Van der Mullen, H. P. C. Vos, V. P. J. de Groote and E. A. H. Timmermans. *Spectrochim. Acta*, *Part B*, 1996, 51: 1385-1392.

[17] F. C. Fehsenfeld, K. M. Evenson and H. P. Broida. *Rev. Sci. Instrum.*, 1965, 36: 294-298.

[18] H. P. Broida and M. W. Chapman. *Anal. Chem.*, 1958, 30: 2049-2055.

[19] A. J. McCormack, S. C. Tong and W. D. Cooke. *Anal. Chem.*, 1965, 37: 1470-1476.

[20] B. D. Quimby and J. J. Sullivan. *Anal. Chem.*, 1990, 62: 1027-1034.

[21] C. I. M. Beenakker. *Spectrochim. Acta*, *Part B*, 1976, 31: 483-486.

[22] C. I. M. Beenakker, B. Bosman and P. W. J. M. Boumans. *Spectrochim. Acta*, *Part B*, 1978, 33: 373-381.

[23] H. Kawaguchi, M. Hasegawa and A. Mizuike. *Spectrochim. Acta*, *Part B*, 1972, 27: 205-210.

[24] K. Fallgatter, V. Svoboda and J. D. Winefordner. *Appl. Spectrosc.*, 1971, 25: 347-352.

[25] F. E. Lichte and R. K. Skogerboe. *Anal. Chem.*, 1973, 45: 399-401.

[26] M. Moisan, C. Beaudry and P. Leprince. *IEEE Trans. Plasma Sci.*, 1975, 3: 55-59.

[27] G. L. Long and L. D. Perkins. *Appl. Spectrosc.*, 1987, 41: 980-985.

[28] K. J. Slatkavitz, P. C. Uden, L. D. Hoey and R. M. Barnes. *J. Chromatogr.*, 1984, 302: 277-287.

[29] J. Hubert, M. Moisan and A. Ricard. *Spectrochim. Acta*, *Part B*, 1979, 33: 1-10.

[30] M. Selby and G. M. Hieftje. *Spectrochim. Acta*, *Part B*, 1987, 42: 285-298.

[31] R. M. Barnes and E. Reszke. *Anal. Chem.*, 1990, 62: 2650-2654.

[32] K. A. Forbes, E. Reszke, P. C. Uden and R. M. Barnes. *J. Anal. At. Spectrom.*, 1991, 6: 57-71.

[33] P. G. Brown, D. L. Haas, J. M. Workman, J. A. Caruso and F. L. Fricke. *Anal. Chem.*, 1987, 59: 1433-1436.

[34] K. B. Cull and J. W. Carnahan. *Appl. Spectrosc.*, 1988, 42: 1061-1065.

[35] M. M. Mohamed, T. Uchida and S. Minami. *Appl. Spectrosc.*, 1989, 43: 129-134.

[36] H. Matusiewicz. *Spectrochim. Acta*, *Part B*, 1992, 47: 1221-1227.

[37] K. Jankowski, R. Parosa, A. Ramsza and E. Reszke. *Spectrochim. Acta*, *Part B*, 1999, 54: 515-525.

[38] D. J. Douglas and J. B. Frech. *Anal. Chem.*, 1981, 53: 37-41.

[39] Y. Okamoto, M. Yasuda and S. Murayama. *Jpn. J. Appl. Phys.*, 1990, 29: L670-L672.

[40] Y. Okamoto. *J. Anal. At. Spectrom.*, 1994, 9: 745-749.

[41] Y. Okamoto. *Jpn. J. Appl. Phys.*, 1999, 38: L338-L341.

[42] K. Jankowski, A. Jackowska, A. P. Ramsza and E. Reszke. *J.*

Anal. At. Spectrom.，2008，23：1234-1238.

[43] K. Jankowski，A. P. Ramsza，E. Reszke and M. Strzelec. *J. Anal. At. Spectrom.*，2010，25：44-47.

[44] H. Takahara，M. Iwasaki and Y. Tanibata. *IEEE Trans. Instrum. Meas.*，1995，44：819-823.

[45] U. Engel，A. M. Bilgic，O. Haase，E. Voges and J. A. C. Broekaert. *Anal. Chem.*，2000，72：193-197.

[46] S. Greenfield，H. McD. McGeachin and P. B. Smith. *Talanta*，1975，22：553-562.

[47] R. K. Skogerboe and G. N. Coleman. *Anal. Chem.*，1976，48：611A-622A.

[48] A. T. Zander and G. M. Hieftje. *Appl. Spectrosc.*，1981，35：357-371.

[49] J. P. Matousek，B. J. Orr and M. Selby. *Prog. Anal. At. Spectrosc.*，1984，7：275-314.

[50] A. E. Croslyn，B. W. Smith and J. D. Winefordner. *CRC Crit. Rev. Anal. Chem.*，1997，27：199-255.

[51] Q. Jin，Y. Duan and J. A. Olivares. *Spectrochim. Acta，Part B*，1997，52：131-161.

[52] J. A. C. Broekaert and U. Engel. In：R. A. Meyers. *Encyclopedia of Analytical Chemistry*. Chichester：Wiley，2000：9613-9667.

[53] J. A. C. Broekaert and V. Siemens. *Spectrochim. Acta，Part B*，2004，59：1823-1839.

[54] A. P. Ramsza and L. Starski. *Electronic Mater.*，1985，1(49)：7-23. In Polish.

[55] Y. Su，Y. Duan and Z. Jin. *Anal. Chem.*，2000，72：2455-2462.

[56] S. C. Brown. *Basic Data of Plasma Physics*. Cambridge：MIT Press，1959.

[57] G. Francis. *Ionization Phenomena in Gases*. London：Butterworth，1960.

[58] M. Huang，D. S. Hanselman，Q. Jin and G. M. Hieftje. *Spectrochim. Acta，Part B*，1990，45：1339-1352.

[59] Y. Kabouzi，M. D. Calzada，M. Moisan，K. C. Tran and C. Trassy. *J. Appl. Phys.*，2002，91：1008-1019.

[60] A. Bollo-Camara and E. G. Codding. *Spectrochim. Acta，Part B*，

1981, 36: 973-982.

[61] J. van der Mullen and J. Jonkers. *Spectrochim. Acta*, *Part B*, 1999, 54: 1017-1044.

[62] M. Huang. *Microchem. J.*, 1996, 53: 79-87.

[63] J. P. Matousek, B. J. Orr and M. Selby. *Spectrochim. Acta*, *Part B*, 1986, 41: 415-429.

[64] K. Jankowski and A. Jackowska. *Trends Appl. Spectrosc.*, 2007, 6: 17-25.

[65] A. Zander and G. M. Hieftje. *Anal. Chem.*, 1978, 50: 1257-1260.

[66] Y. N. Pak and S. R. Koirtyohann. *Appl. Spectrosc.*, 1991, 45: 1132-1142.

[67] H. Yamada and Y. Okamoto. *Appl. Spectrosc.*, 2001, 55: 114-119.

[68] K. H. Jo and Y. N. Pak. *J. Korean Chem. Soc.*, 2000, 44: 573-580.

[69] A. Rodero, M. C. Quintero, A. Sola and A. Gamero. *Spectrochim. Acta*, *Part B*, 1996, 51: 467-479.

[70] K. G. Michlewicz, J. J. Urh and J. W. Carnahan. *Spectrochim. Acta*, *Part B*, 1985, 40: 493-499.

[71] R. D. Deutsch and G. M. Hieftje. *Appl. Spectrosc.*, 1985, 39: 214-222.

[72] Y. Okamoto. *Anal. Sci.*, 1991, 7: 283-288.

[73] T. Maeda and K. Wagatsuma. *Microchem. J.*, 2004, 76: 53-60.

[74] B. Riviere, J. M. Mermet and D. Deruaz. *J. Anal. At. Spectrom.*, 1988, 3: 551-555.

[75] Z. Zhang and K. Wagatsuma. *J. Anal. At. Spectrom.*, 2002, 17: 699-703.

[76] P. Liang and A. Li. *Fresenius' J. Anal. Chem.*, 2000, 368: 418-420.

[77] Y. K. Zhang, S. Hanamura and J. D. Winefordner. *Appl. Spectrosc.*, 1985, 39: 226-230.

[78] S. A. Estes, P. C. Uden and R. M. Barnes. *J. Chromatogr.*, 1982, 239: 181-189.

[79] T. H. Risby and Y. Talmi. *CRC Crit. Rev. Anal. Chem.*, 1983,

14：231-265.

[80] G. R. Ducatte and G. L. Long. *Appl. Spectrosc.*, 1994, 48：493-501.

[81] M. McKenna, I. L. Marr, M. S. Cresser and E. Lam. *Spectrochim. Acta, Part B*, 1986, 41：669-676.

[82] A. Besner and J. Hubert. *J. Anal. At. Spectrom.*, 1988, 3：381-385.

[83] K. W. Busch and T. J. Vickers. *Spectrochim. Acta, Part B*, 1973, 28：85-104.

[84] P. Brassem and F. J. M. J. Maessen. *Spectrochim. Acta, Part B*, 1974, 29：203-210.

[85] S. R. Goode, N. P. Buddin, B. Chambers, K. W. Baughman and J. P. Deavor. *Spectrochim. Acta, Part B*, 1985, 40：317-328.

[86] A. Garnier, E. Bloyet, P. Leprince and J. Marec. *Spectrochim. Acta, Part B*, 1988, 43：963-970.

[87] J. M. Costa-Fernandez, R. Pereiro-Garcia, A. Sanz-Medel and N. Bordel-Garcia. *J. Anal. At. Spectrom.*, 1995, 10：649-653.

[88] B. S. Sheppard and J. A. Caruso. *J. Anal. At. Spectrom.*, 1994, 9：145-149.

[89] D. Kollotzek, P. Tschöpel and G. Tölg. *Spectrochim. Acta, Part B*, 1984, 39：625-636.

[90] D. L. Haas and J. A. Caruso. *Anal. Chem.*, 1984, 56：2014-2019.

[91] A. M. Pless, B. W. Smith, M. A. Bolshov and J. D. Winefordner. *Spectrochim. Acta, Part B*, 1996, 51：55-64.

[92] A. M. Bilgic, C. Prokisch, J. A. C. Broekaert and E. Voges. *Spectrochim. Acta, Part B*, 1998, 53：773-777.

[93] A. T. Zander. *Anal. Chem.*, 1986, 58：1139A-1149A.

[94] E. Bluem, S. Bechu, C. Boisse-Laporte, P. Leprince and J. Marec. *J. Phys. D, Appl. Phys.*, 1995, 28：1529-1533.

[95] H. Uchida, P. A. Johnson and J. D. Winefordner. *J. Anal. At. Spectrom.*, 1990, 5：81-85.

[96] M. Selby, R. Rezaaiyaan and G. M. Hieftje. *Appl. Spectrosc.*, 1987, 41：749-761.

[97] H. Schlüter. In：C. M. Ferreira and M. Moisan. *Microwave*

Discharges: *Fundamentals and Applications*. New York: Plenum Press, 1993: 225-245.

[98] H. Tanabe, H. Haraguchi and K. Fuwa. *Spectrochim. Acta*, *Part B*, 1983, 38: 49-60.

[99] L. D. Perkins and G. L. Long. *Appl. Spectrosc.*, 1989, 43: 499-504.

[100] W. Zyrnicki and W. Waszkiewicz. *Chem. Anal.*, *Warsaw*, 1996, 41: 1075.

[101] J. Mierzwa, R. Brandt, J. A. C. Broekaert, P. Tschöpel and G. Tölg. *Spectrochim. Acta*, *Part B*, 1996, 51: 117-126.

[102] A. Geiger, S. Kirschner, B. Ramacher and U. Telgheder. *J. Anal. At. Spectrom.*, 1997, 12: 1087-1090.

[103] K. Jankowski and M. Dreger. *J. Anal. At. Spectrom.*, 2000, 15: 269-276.

[104] W. Wlodarczyk and W. Zyrnicki. *Spectrochim. Acta*, *Part B*, 2003, 58: 511-522.

[105] J. Cotrino, M. Saez, M. C. Quintero, A. Menendez, E. Sanchez Uria and A. Sanz Medel. *Spectrochim. Acta*, *Part B*, 1992, 47: 425-435.

[106] A. Besner, M. Moisan and J. Hubert. *J. Anal. At. Spectrom.*, 1988, 3: 863-866.

[107] M. H. Abdallah and J. M. Mermet. *Spectrochim. Acta*, *Part B*, 1982, 37: 391-398.

[108] Q. Jin, H. Zhang, A. Yu, Y. Duan, X. Liu and F. Wang. *Anal. Sci.*, 1991, 7 (Suppl.): 559-562.

[109] E. A. H. Timmermans, J. Jonkers, I. A. J. Thomas, A. Rodero, M. C. Quintero, A. Sola, A. Gamero and J. A. M. van der Mullen. *Spectrochim. Acta*, *Part B*, 1998, 53: 1553-1566.

[110] K. Wagatsuma. *Appl. Spectrosc. Rev.*, 2005, 40: 229-243.

[111] M. Ohata and N. Furuta. *J. Anal. At. Spectrom.*, 1997, 12: 341-347.

[112] D. A. McGregor, K. B. Cull, J. M. Gehlhausen, A. S. Viscomi, M. Wu, L. Zhang and J. W. Carnahan. *Anal. Chem.*, 1988, 60: 1089A-1098A.

［113］A. van Sandwijk，P. F. E. van Montfort and J. Agterdenbos. *Talanta*，1973，20：495.

［114］A. van Sandwijk，P. F. E. van Montfort and J. Agterdenbos. *Talanta*，1974，21(360)：660.

第2章

微波诱导等离子体光学
发射光谱法装置

2.1 微波诱导等离子体光学发射光谱系统组件

典型的 MIP-OES 系统(见图 2.1)包含三个主要组件:带有进样系统和等离子体气体供给系统的激发光源,光谱仪,用于信号处理、数据采集及仪器控制的电子系统。

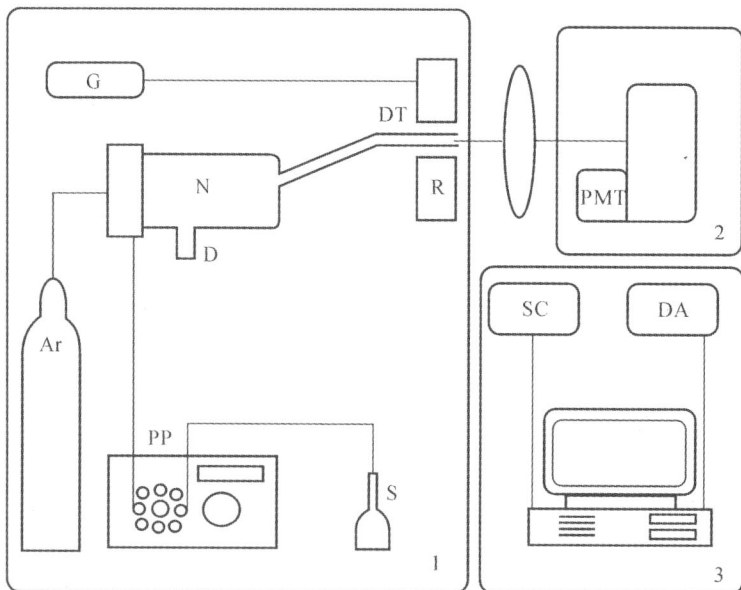

图 2.1　配有溶液雾化器的 MIP-OES 系统原理:1,激发光源;2,光学系统;3,计算机;G,微波发生器;DT,放电管;R,谐振腔;N,雾化器;D,排水管;PP,蠕动泵;S,样品;PMT,光电倍增管;SC,光谱仪控制;DA,数据采集

MIP 激发光源包括:一个微波功率发生器、一个耦合设备(用于将功率从发

生器传递到负载中)、一个功率调节器和微波腔。一般而言,有三种光源可用于微波的发生。最常用的是磁控管(magnetron),它包含了所有必要的高频组件以产生固定频率的电磁波。在较低功率水平下也可使用速调管(klystron)和基于固态技术的发生器。根据所使用的微波功率可将 MWP 分成三类:低功率(低于150W)、中功率(500W 左右)和高功率(约 1kW)MWP。低功率 MIP 通常是通过一个 50Ω 阻抗的同轴电缆将微波从发生器传输到谐振腔内形成的。在多数情况下还带有一个包含销钉调谐器、滑动式调谐器和转换器的调谐器件,以实现微波发生器与负载之间的阻抗匹配。其他功率传输方式有天线、带状传输线(或者微等离子体装置中的微带)和波导。后者用于高功率微波的传输。由于等离子体对流量敏感,因此性能良好的气流控制器也是必不可少的。在 CMP 中,则常用磁控管通过被调谐销钉终止的波导耦合到中央电极上。

谐振腔是一种将微波能以驻波形式聚焦到放电管内的结构。它确保了能量的最大利用效率,同时又防止微波辐射到环境中对人体造成危害。阻抗匹配则通常用两个精细螺钉来实现,其一位于与耦合环相对的圆柱形壁内,另一个则位于腔体底面且与放电管平行。腔体被调谐至反射功率最小。其他等离子体装置,如表面波器件或 Okamoto 腔,则皆基于非谐振微波耦合结构。第 1 章表 1.2列出了一些已应用于分析光谱法中的微波结构。第 3 章将对微波系统的组件进行更详细的描述。

等离子体光谱分析中样品引入的目标是:在激发光源稳定性和信号发生达到最优的情况下,将更多的样品引入等离子体中。大多数配有等离子体光源的发射光谱仪均适用于液体样品(溶液)的分析,但也可通过使用采样技术用于气体或固体的分析。溶液引入系统包含了一个雾化器,它通过蠕动泵传输将液流转换成气溶胶。气溶胶中的微小液滴在雾化室中被分离出来,并被雾化气直接(或者先经去溶系统去溶后)引入等离子体区。其他进样技术还有基于将待测物转变成可挥发性物质的方法。氢化物发生技术与化学蒸气发生技术在此需要区别对待,它们易与 MWP 结合使用。另一种方法是将溶液微量样品进行电热蒸发,随后将部分原子化的样品以蒸气的形式进行传输。对固态样品,通常使用电加热丝和电热炉,以及激光或火花烧蚀技术。第 6~8 章将对 MWP 进样系统进行更加详细的描述。

MWP 光源发出的辐射通常用聚焦光学器件(如凸透镜或凹面镜)加以收集。然后这些光学元件将等离子体的像聚焦到波长色散装置或光谱仪的入射狭缝中。这种装置可分为两大类:色散型仪器和非色散型仪器。前者在使用光学系统方面相对复杂但较为灵活,可获得中/高分辨能力但聚光效率相对较低。后者通常是大孔径的简单系统,分辨率较低。根据仪器发射测量的方式,则又可区分为顺序扫描型和全谱直读型光谱仪。只有在光源可连续原子化且稳定时才可使用扫描系统进行精确分析,MWP能够满足这一要求。对于典型的原子光谱法,有必要为 MWP 光源配备一台分辨率至少达到平均水平的光谱仪,而当MIP-OES 系统被用作色谱检测器或用于流动注射分析(flow injection analysis,FIA)系统时,则一套较简单的光学系统即可满足瞬时信号的测量了。

通常用光电倍增管或光电二极管作检测器。在现代全谱仪中则常使用半导体硅检测器,包括电荷注入器件(charge injection device,CID)、半导体器件(semiconductor device,SCD)或其他类型,可在保持高分辨率的情况下即刻记录165~900nm 范围内的样品光谱。

MIP-OES 系统中的电子部分与其他用于分析光谱法的典型系统类似,包括用于信号处理、数据采集和仪器控制的硬件和软件。关于单色仪、多色仪和检测器的进一步详情将在第 5 章进行介绍。

在基于等离子体的分析光谱法中,有两种发射辐射的测量方式已被接受,一种是相对炬管轴的径向(垂直于炬管轴)测量,另一种是平行于炬管轴的轴向测量。早期的 MIP-OES 系统都首选径向观测方式,尤其是在低压等离子体条件下。[1,2]这种观测方式的一个弊端是很难使所通过的炬管壁保持高且稳定的透光率。目前通过炬管开口端的轴向观测方式已占据了主导地位,这种方式不仅技术上更加简单,而且也可使原子发射测量更具有选择性,因此可降低待测元素的检出限。对于轴向观测方式,放电管可使用如氧化铝等非透明材质,且不需要频繁的清理和更换。径向观测方式仍被用于那些等离子体放电部分位于炬管外的 MWP 中,如 CMP、MPT 和 Okamoto 腔。[3—5]

对于管内低功率的微波放电,轴向观测还具有两个额外的优点:沿等离子体柱发射的辐射的更大部分被收集,且若 MIP 系统能被连接到真空紫外光谱仪上,则其可用光谱范围可扩展至真空紫外区。但是另一方面,在减压条件下工作时,轴向观测方式可能会遇到较大困难,即:自吸收效应可能会限制其线性动态范围,且这种观测方式容易出现光谱基体效应。

2.2 微波诱导等离子体炬

置于微波腔中央的放电管是 MIP-OES 系统的重要组成部分。制造放电管的材质的特性非常重要,因为等离子体位于管内且管的材质可影响微波谐振腔的调谐。该材料应该具有高强度、低微波吸收、化学惰性、低导电性、良好的耐热性和耐热冲击性等性质。[6]常用熔凝石英是因为其具有非常低的热膨胀系数,且对热冲击具有较高的抵抗能力；然而，它的熔点（1350～1500℃）相对较低。相反，氧化铝具有较高的使用温度（2200℃），但是它的热膨胀系数较高且耐热冲击能力非常低。氮化硼因其直到 1800℃ 仍可使用而成为一种非常受欢迎的材料；然而，纯氮化硼抗氧化能力最差。它会与等离子体气体中的痕量氧或与样品中的水蒸气发生反应，形成可挥发的氧化硼。这将导致放电管的劣化。氮化硅则要比氮化硼更耐腐蚀。

在设计低功率 MIP 的微波谐振腔时，放电管材料的选择特别重要。谐振频率取决于腔体的内径；然而，当有一种介电材料（如石英或氧化铝等）插入腔体中时，谐振频率便会移至较低频率处。对于氧化铝材质则会发生更大的频移，因其具有较大的介电常数。频移的大小也取决于所插入电介质的体积。当等离子体被点燃和/或有气溶胶引入时还会产生更进一步的频移。因此，有必要在初始时先构造较小直径的腔体以获得比期望值更高的谐振频率，这样就可在有电介质、等离子体或气溶胶等引入时使频率降至接近 2.45GHz。

2.2.1　炬管设计

等离子体炬管应能够形成在时间上和空间上均稳定的等离子体。对低功率 MIP 来说，通常使用内径为 1.0mm 到 10mm 左右的石英管作为放电管。但这种单流式结构有一些局限性。等离子体，特别是氩等离子体通常不太稳定。当使用氦气作为等离子体气体时，放电管常会失透（析晶）或者发生软化，在高功率下使用时则会明显缩短其使用寿命。一个好的设计应确保可在放电管轴线处维持稳定的等离子体，从而得到较低的背景噪声和背景信号、较好的测量灵敏度，而对管壁的腐蚀更小，因此降低炬管材质组分的发射强度，并延长炬管的使用寿命。图 2.2 为几种最流行 MIP 炬管的示意图。

放电管的内径会极大地影响等离子体的稳定性、对样品负载的耐受力以及发射强度测量的灵敏度和重现性。有趣的是，当 MIP 在低压状态下维持时，需要更大的直径（2～10mm）以避免放电的不稳定性和放电管的过热现象。相反，常压下则管径越小等离子体越稳定、强度越大，推荐的管径范围为 0.5～2.0mm。[7]

在设计 MIP 炬管时，了解将要测量的发射信号的类型也很重要：瞬态或是稳态。1mm 内径的放电管（discharge tube，DT）已被用于测量色谱洗出物的瞬态信号。这种结构可提供较小的死体积并可确保大部分待测物经过等离子体。然而也观察到一些缺点，包括：即使是少量的有机溶剂也可能使等离子体猝灭，由于有机样品而使等离子体管内壁上形成碳沉积和等离子体能量向管壁的耗散等。此外，由于等离子体不稳定，信噪比和信号的相对标准偏差也变得非常差，导致闪烁噪声增强。[8] Müller 和 Cammann[9] 用陶瓷放电管来替换石英管，可允

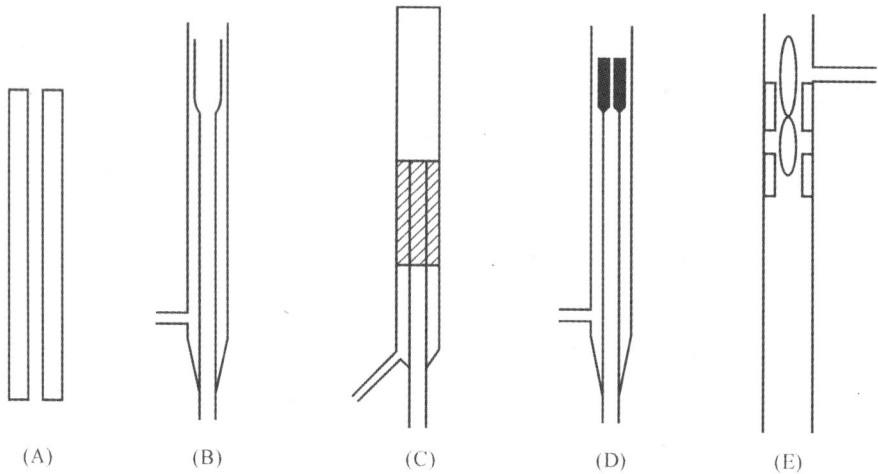

图 2.2　MIP 等离子体炬管结构:(A)放电管;(B)层流炬管;(C)切向流炬管;(D)郁金香形切向流炬管;(E)带侧臂炬管

许几微升溶剂注入。

也可使用较大内径的放电管。然而,有必要在双流炬管中使用切向流或层流的等离子体气体,以使等离子体尤其是氩等离子体在管内居中。[10—15]切向流炬管(tangential flow torch,TFT)由两个同心管组成,用一个螺纹嵌件使外路气流成切向流模式。样品随内路气流由内管引入等离子体中。外管与内管之间的间隙需保持狭窄,以使引入其间的气体在流出时有较高的流速。流体动力学方法已在炬管设计中得到了应用。通过选择合适的流速和微波功率,可使形成的等离子体保持稳定且无须任何外部冷却即可使其远离炬管壁。具有较高线速度的环形气流在炬管壁面与等离子体之间充当了一个隔热层。

Bollo-Kamara 和 Codding[12]设计的 TFT 炬管具有良好的测量稳定性和灵敏度,且大大减小了基体效应和炬管腐蚀问题。可惜的是,它需要高于 1L/min 的气体流量以保持等离子体居中。因此,待测物的滞留时间较短,TFT 的响应比 DT 要低 1~2 个数量级。

层流炬管(laminar flow torch,LFT)也已被用于 MIP 中。LFT 的设计思想是:通过使用两路平行、具有不同线速度、相对低速(层流)的气流使等离子体居中。Fielden 等[16]对充当气相色谱检测器的氦 MIP-OES 系统中的 LFT 进行了研究。用这种炬管设计获得的信噪比会受到切向气体流量、插入深度和前向功率的影响。

Bruce 等[11]对三种 MIP 炬管(即 DT、TFT 和 LFT)在设计简洁性、成本、稳定性和寿命、最小工作流量和检出限(detection limit,DL)等方面进行了全面比较。LFT 和 TFT 可连续工作 2～4 周或更长时间,而 DT 可基本正常工作的时间不超过几天。三种炬管的短期稳定性类似(2%～5%)。DT 不存在长期稳定性,除非工作在有限的低功率范围内。LFT 典型的长期精度为 6%,TFT 为 8%。DT 和 LFT 均可在低于几 mL/min 的等离子体气体条件下工作,而 TFT 最低需要 400mL/min。DT 与 LFT 的检出限基本一致;TFT 的检出限低于其他两种炬管 3～100 倍。与 DT 相比,TFT 与 MIP-GC 联用时可有自居中(self-centring)能力,增加发射强度并改善稳定性。

Geiger 等[17]使用切向流空冷型炬管在 TE$_{101}$腔体中形成了氩等离子体,其典型的工作条件是:内路气体流量为 0.2～0.4L/min,外路气体流量为 0.7～1.5L/min。Deutsch 和 Hieftje[18]报道了一种用于氦 MIP 而未采用螺纹嵌件,但其流量高达 2L/min 的 TFT。Jovićević 等[19]使用了一种可获得氩等离子体的低流量(0.2L/min)微型 MIP 炬管,其与 Bollo-Kamara 和 Codding 设计的 TFT 类似但由氧化铝制作而成。Satzger 和 Brueggemeyer[20]设计了一种可用作质谱的离子化源的 TFT 结构,可获得环形氦 MIP;其切向氦气流量为 4L/min。有趣的是,该 TFT 配有一个贯穿整个腔体深度的钽进样器,从而改善了传输到腔体的微波功率效率。

用于在 Okamoto 腔中获得氦等离子体的 TFT 由两个同心石英管组成,外管内径为 10mm,呈郁金香形的内管中较大的外径为 9mm,较小的内径为 1mm。[21]由于进样器(injector)端部直径较小使得内路气流线速度非常高,以至于即使是 1L/min 的用于雾化的氦气也可将等离子体穿一个孔。外路和内路的典型气体流量分别为 10～14L/min 和 0.6～1.4L/min。Zander 等[22]提出了一种带侧臂进样的双流式炬管,并随后用于 MWP 与超临界流体色谱法联用系统(见第 6 章)。使用这种方法,MWP 在溶剂蒸发时不会被熄灭。

Michlewicz 等[10]设计了一种可拆卸的带沟槽的等离子体炬管,可维持高功率的氩、氦、氮或空气 MWP。外路气体由六路气流切向导入石英管中形成。炬管有三个同心管用于气体流动与气溶胶注入,并用空气作为冷却气。视所用等离子体气体种类而定,内路气流可在 1～2.5L/min 范围内变化,外路气流可高达 16L/min。可拆卸炬管的主要优点在于其有可修改炬管形状的可能和较低的炬管更换费用。

工作在高功率条件下的 MIP 通常会有引起等离子体炬管熔化或刻蚀的问题。延长等离子体炬管寿命的方法包括空气冷却[10,23]、水冷[24-27]、水气溶胶冷却[28]和有机液体冷却[29-31],以及使用脉冲式工作的 MIP[32]。Story 等[23]通过加一个空气冷却套的方法对 DT 进行了改进,从而得到一个减压条件下工作的氦 MIP。结果使经气相色谱分离的农药中磷的质谱检出限改进了 100 倍。然而,即使有这个改进,氧化物的形成仍是一个难题。对于常压 MIP 来说,空气冷却基本无效。当用氦气作为等离子体气体时,炬管的冷却便成为一个重要因素。后来,Story 和 Caruso[25]将其调整为水冷型炬管,为其增加了一个 1.5mm 厚的水层。使用这样冷却的炬管,当功率升至 450W 时等离子体也可在内径为 2mm 的管内维持,且对某些非金属元素使用质谱检测技术时可获得亚纳克级检出限。

尽管水冷非常有效,但它也存在一些缺点。首先,水可吸收微波,因此不仅需要使用蒸馏水,而且还必须只以薄层的形式出现以降低微波腔内的衰减。其次,对这一特殊应用来说,水和其他液体均是太过有效的冷却剂。这种超有效冷却会使炬管过冷而导致 MIP 系统中过多的能量损失。举例来说,400~700℃的温度对防止石英炬管熔化仍是可以接受的,同时这一"热体系"还可保存数量可观的等离子体能量。然而,水气溶胶或水蒸气却具有对微波能吸收低的特点,可以作为冷却剂使用。[28]

文献中报道了各种用作高效冷却液的介电液体,包括聚二甲基硅氧烷、传动液、液压油和硅油。然而,在冷却夹套的热壁上也可观测到碳沉积的形成,这会导致冷却效率和等离子体工作状况的恶化。

2.2.2 微波诱导等离子体炬垂直定位的重要性

在大多数低功率 MIP 中都倾向于将放电管水平放置,这主要是由于通常采用等离子体轴向观测模式且单色仪水平放置造成的。然而在炬管的这种定位方式下,可预期等离子体的对称性会发生变形。由于废气温度高,等离子体尾焰往往会发生特征弯曲。这种失真现象导致测量信号的不稳定性,继而导致自吸收效应发生变化。第二个不利的现象在放电管水平放置且样品以湿气溶胶形式经由管内传输时发生。在较低温度时,气溶胶在直径为 1~2mm 的放电管内经历几厘米的距离后就可能发生重力沉降,这会导致靠近等离子体区域的气溶胶密度的空间分布不均匀。对电感耦合等离子体(inductively coupled plasma,ICP)已报道过所描述的这种现象。[33]可以预期它们对 MIP 系统更重要,因为其所用的等离子体气体流速较低。然而,这也导致需用更加复杂的外光学系统。Jankowski 等[28]已用由 TE101 腔和水气溶胶冷却的等离子体炬组成的系统对垂直放置轴向观测 MIP 的设想进行过检验。MPT 和 TIA 方法也都采用炬管垂直放置,但它们大多采用径向观测方式。[3,4]

2.3　微波诱导等离子体的利与弊

与其他等离子体光源相比,MWP 提供了一些吸引人或独特的特点,但也受到了一些限制。如已提及,MWP 可在减压或常压、0.005~16L/min 的气体流量范围条件下使用多种工作气体来维持。MWP 具有高激发效率,尤其是使用氦气作为等离子体气体时,这是由于氦的激发电位较高。MWP 能对卤素和难激发元素进行有效的激发,而用 ICP 却很难以足够的灵敏度检测到这些元素。因此,MWP 可检测元素周期表内几乎所有的元素。MIP 的非热特性对原子光谱来说既有好处也有弊端。MIP 对非金属元素的测定非常有用,而这些元素在更热的光源中却难以被激发。在另一方面,微波等离子体的气体温度较低,这给样品蒸发和原子化带来了困难。

MWP 技术的一个巨大优势是其所用的气体流量可与许多样品引入技术(如氢化物发生、气相和液相色谱法、电热蒸发)中使用的流量兼容。ICP、DCP或火焰法中使用的气体流量是 MWP 中的很多倍,这导致取样系统与等离子体光源连接时出现技术问题。MWP 与质谱联用在技术上也比 ICP 与质谱联用简单。MWP 技术的这些特点有助于增强其通用性。它可应用于发射光谱法、吸收光谱法、荧光光谱法和质谱法。

大多数 MWP 可在低于 200W 功率条件下工作,总的气体流量低于1L/min。因此,MWP 系统的初始成本与运行成本均比其他常规等离子体低。这种工作条件还可产生远比用 DCP 或 ICP 方法所得到的要弱和有利的低连续背景发射的等离子体。此外,在 2.45GHz 的工作频率下也不需要体积庞大的屏蔽层以保护电子记录设备,这在 ICP 中通常是需要考虑的。另外,由于使用了较低的功率,对微波设备的冷却需求也是最低限度的。

应该注意的是,MWP 光源的上述优点对于各个 MWP 方法,其重要程度是不同的。就 MWP 系统的商品化情况而言,应该指出,低功率、低流量且与气相色谱联用的氦 MIP、MPT-OES 或高功率氮 MIP-MS 联用仪都是被公认最成功的。第一台仪器使用氦气作为等离子体气体,技术简单,初始成本和运行成本较低,已从中获益。MPT 可使用多种气体在较宽的功率(0.03~0.6kW)和气体流量(0.2~3.0L/min)范围内工作,同时确保了其作为原子光谱光源的灵活性和经济可接受性。而且,MPT 容易调谐和操作,可提供较好的等离子体稳定性和对样品较高的耐受力。利用其中央通道,MPT 能提供较宽的线性动态范围和可重现性。氮 MIP-MS 充分利用所使用的等离子体气体,对具有较高环境重要性的一组元素提供了良好的质谱检测的选择性和灵敏度。

过去十年中,在分析光谱法用的微型等离子体器件领域已取得了显著进展。[34—37]这并不奇怪,因为 MWP 基本上都是低功率、低流量、小体积的光源,易于小型化。还可优选使用微带技术将微波微等离子体光源集成到芯片上。[38—44]用带状线可使其体积变得更小,因此可进一步降低功率和气体流量,同时还能增加其精度、稳定性和可重现性。只要待测组分能以干蒸气形式进入 MWP 光源,微带 MIP 就是一种元素检测用的非常强有力的器件。[45—49]

该技术具有进一步把光纤耦合芯片光谱仪和多种进样技术的辅助器件集成到单个芯片上的潜力。在这里,研究微波等离子体的特殊目的在于用廉价发生器和最小运行成本实现该技术。这种技术可将样品预处理的所有必要步骤都集成到芯片上,这就是所谓芯片实验室(lab-on-the-chip)方法。例如,样品可在芯片上被消解、传输、蒸发、分离和测量。发出的辐射可由置于等离子体气体通道中的光纤收集,从而可进行轴向观测并耦合到小型光谱仪中。[35,37,50]

影响这些 MWP 光源实用性与商业效用的限制性因素主要为放电的不稳定性、对样品负载的低耐受力、较严重的基体效应和较短的炬管使用寿命。这些局限性与所用的功率低、等离子体体积小,以及丝状或火焰状等离子体中没有可供样品引入的中央通道有关。然而,目前这些限制似乎已在那些最成功的 MWP 方法中得到了圆满解决。[3—5,28,51]

各种 MWP 的特有局限性也值得一说,如 MIP 和 CMP 的有效分析区相对较小,CMP 存在电极消耗和污染,MIP 炬管寿命短,以及用 GC-MIP 联用技术测量有机组分时有积碳形成。此外,由于等离子体并不局限于放电管的轴线处,其沿管径方向的位置可能会发生变化,因此需要一套复杂的光学系统。虽然如此,完善的成套 MIP 系统在市场上仍然有限。但在最近几年,所有这些限制已得到了明显克服。

微波能下稳定等离子体的形成需要 MWP 系统所有组件彼此实现阻抗匹配。大量样品的引入往往会引起等离子体阻抗的变化,并因此导致等离子体变形,甚至猝灭。等离子体的不稳定性也受到由发生器到微波腔体内能量传输的低效和难以再现的影响。然而,在现代 MWP 系统中,由于等离子体负载与发生器之间使用了高度对称的强耦合结构,特别是同轴线和波导的使用[4,21,28,51,52],这些限制已得到明显改进。结果是,等离子体负载的自调谐操作或在反射功率几乎为 0 的条件下工作都已成为可能。

当等离子体不稳定或等离子体在内径较小的放电管中维持时,氦或氩 MIP 会刻蚀管壁,因此缩短了炬管的使用寿命。如前所述,MWP 方法设计和等离子体炬管的技术改进,以及等离子体冷却技术的使用,使得已能在炬管中获得稳定的放电,放电管局部过热可忽略不计。由于被刻蚀表面上的盐颗粒的阻塞作用,或某些待测物与放电管材料组分间的相互作用,刻蚀也可引起待测物的记忆效应。

业已发现,高温时磷会与石英管发生反应而在管壁上形成氧化磷,从而降低其灵敏度。已研发了一种水冷炬管,以降低磷与管壁之间的相互作用。[23,25] 含碱金属、卤素或硫酸盐基体的样品引入后会严重限制石英管的使用寿命。当有氟存在时,石英管更会加速劣化。显然,由于氟与管壁发生反应,导致一部分氟被保留在放电管中。[53]

当有机样品被引入 MIP 中时,可观察到放电管的内壁有含碳材料的沉积,这导致记忆效应、非线性响应和不稳定的等离子体。在这种情况下建议加入净化气体,如氧气、氢气或氮气[26,54—57],以减小这些效应并延长炬管的使用寿命。有时,炬管还需做一次彻底的清理。

有人往往会强调:MWP 不能容纳大量的液体样品,有时甚至会被熄灭。因此,微波放电,尤其是在低功率时,不适合用于分析任何包含在湿气溶胶或较大固相粒子中的待测物,因为这两种情况均需要用大量的热能将其完全蒸发。相应地,所有可产生干待测物蒸气的技术,电热蒸发和气相色谱均是受青睐的进样技术。的确,从早期的 MIP 可以看出,当样品以约 1mg/min 的速度引入时很难在其中维持等离子体。[58,59]然而,越来越多新近开发的 MIP 能够经受更高流量的气溶胶负载,范围从 40mg/min 到 120mg/min,[51,60]而商用 ICP-OES 仪器通常可在水气溶胶流量为 30～50mg/min 时工作。MWP 对样品负载的耐受力将在第 6～8 章中详述。

MWP 技术的一个重要优势是系统设计相对简单,尤其是当等离子体在低功率和常压下工作时。因此,整个系统的成本较低,约 10 000 欧元。此外,小型化的 MWP 可在低于 40W 的功率条件下工作,且用于这些系统的发生器价格低廉。低功率和小气体流量对等离子体激发源的运行成本起决定性作用。MWP系统的另一个经济优势来源于系统对所有气体的流量要求都较低,通常总耗气量低于 1L/min。商用 ICP 系统需要 15～22L/min 的氩气,与其相比,MWP 可节省 90% 甚至更多的运行成本。对 ICP 来说,估算的气体耗费接近每年 10 000美元。总之,MWP 的运行成本与其他等离子体激发源相比低约 10 倍。

参考文献

［1］H. Kawaguchi，M. Hasegawa and A. Mizuike. *Spectrochim. Acta*，*Part B*，1972，27：205-210.

［2］J. P. Matousek，B. J. Orr and M. Selby. *Appl. Spectrosc.*，1984，38：231-239.

［3］Q. Jin，C. Zhu，M. W. Borer and G. M. Hieftje. *Spectrochim. Acta*，*Part B*，1991，46：417-430.

［4］A. Rodero，M. C. Quintero，A. Sola and A. Gamero. *Spectrochim. Acta*，*Part B*，1996，51：467-479.

［5］M. Ohata and N. Furuta. *J. Anal. At. Spectrom.*，1997，12：341-347.

［6］P. S. C. van der Plas and L. de Galan. *Spectrochim. Acta*，*Part B*，1987，42：1205-1216.

［7］A. J. McCormack，S. C. Tong and W. D. Cooke. *Anal. Chem.*，1965，37：1470-1476.

［8］S. A. Estes，P. C. Uden and R. M. Barnes. *Anal. Chem.*，1981，53：1829-1837.

［9］H. Müller and K. Cammann. *J. Anal. At. Spectrom.*，1988，3：907-913.

［10］K. G. Michlewicz，J. J. Urh and J. W. Carnahan. *Spectrochim. Acta*，*Part B*，1985，40：493-499.

［11］M. L. Bruce，J. M. Workman，J. A. Caruso and D. J. Lahti. *Appl. Spectrosc.*，1985，39：935-942.

［12］A. Bollo-Kamara and E. G. Codding. *Spectrochim. Acta*，*Part B*，1981，36：973-982.

［13］G. S. Sobering，T. D. Bailey and T. C. Farrar. *Appl. Spectrosc.*，1988，42：1023-1025.

［14］S. R. Goode，B. Chambers and N. P. Buddin. *Spectrochim. Acta*，*Part B*，1985，40：329-333.

［15］K. A. McCleary，G. R. Ducatte，D. H. Renfro and G. L. Long. *Appl. Spectrosc.*，1993，47：994-998.

[16] P. R. Fielden, M. Jiang and R. D. Snook. *Appl. Spectrosc.*, 1989, 43: 1444-1449.

[17] A. Geiger, S. Kirschner, B. Ramacher and U. Telgheder. *J. Anal. At. Spectrom.*, 1997, 12: 1087-1090.

[18] R. D. Deutsch and G. M. Hieftje. *Appl. Spectrosc.*, 1985, 39: 214-222.

[19] S. Jovićević, M. Ivković, Z. Pavlović and N. Konjević. *Spectrochim. Acta, Part B*, 2000, 55: 1879-1893.

[20] R. D. Satzger and T. W. Brueggemeyer. *Microchim. Acta*, 1989, 99: 239-246.

[21] Y. Okamoto. *J. Anal. At. Spectrom.*, 1994, 9: 745-749.

[22] A. T. Zander, R. K. Williams and G. M. Hieftje. *Anal. Chem.*, 1977, 49: 2372-2374.

[23] W. C. Story, L. K. Olson, W. L. Shen, J. T. Creed and J. A. Caruso. *J. Anal. At. Spectrom.*, 1990, 5: 467-470.

[24] R. M. Alvarez-Bolainez, M. P. Dziewatkoski and C. B. Boss. *Anal. Chem.*, 1992, 64: 541-544.

[25] W. C. Story and J. A. Caruso. *J. Anal. At. Spectrom.*, 1993, 8: 571-575.

[26] B. D. Quimby and J. J. Sullivan. *Anal. Chem.*, 1990, 62: 1027-1034.

[27] R. L. Sing, C. Lauzon, K. C. Tran and J. Hubert. *Appl. Spectrosc.*, 1992, 46: 430-435.

[28] K. Jankowski, R. Parosa, A. Ramsza and E. Reszke. *Spectrochim. Acta, Part B*, 1999, 54: 515-525.

[29] H. Matusiewicz and R. E. Sturgeon. *Spectrochim. Acta, Part B*, 1993, 48: 515-519.

[30] J. Mierzwa, R. Brandt, J. A. C. Broekaert, P. Tschöpel and G. Tölg. *Spectrochim. Acta, Part B*, 1996, 51: 117-126.

[31] L. A. Schlie. *Rev. Sci. Instrum.*, 1991, 62: 542-543.

[32] M. M. Mohamed, T. Uchida and S. Minami. *Appl. Spectrosc.*, 1989, 43: 129-134.

[33] M. T. C. de Loos-Vollebregt, J. J. Tiggelman and L. de Galan. *Appl. Spectrosc.*, 1989, 43: 773-778.

[34] J. Hopwood and F. Iza. *J. Anal. At. Spectrom.* , 2004, 19: 1145-1150.

[35] M. Miclea, K. Kunze, J. Franzke and K. Niemax. *Spectrochim. Acta, Part B*, 2002, 57: 1585-1592.

[36] R. Stonies, S. Schermer, E. Voges and J. A. C. Broekaert. *Plasma Sources Sci. Technol.* , 2004, 13: 604-611.

[37] G. Feng, Y. Huan, Y. Cao, S. Wang, X. Wang, J. Jiang, A. Yu. Q. Jin and H. Yu. *Microchem. J.* , 2004, 76: 17-22.

[38] J. Deng. In: *Proceedings of the 2001 IEEE International Frequency Control Symposium and PDA Exhibition.* New York: IEEE, 2001: 85-88.

[39] A. M. Bilgic, U. Engel, E. Voges, M. Kückelheim and J. A. C. Broekaert. *Plasma Sources Sci. Technol.* , 2000, 9: 1-4.

[40] A. M. Bilgic, E. Voges, U. Engel and J. A. C. Broekaert. *J. Anal. At. Spectrom.* , 2000, 15: 579-580.

[41] J. A. C. Broekaert, V. Siemens and N. H. Bings. *IEEE Trans. Plasma Sci.* , 2005, 33: 560-561.

[42] P. Siebert, G. Petzold, A. Hellenbart and J. Müller. *Appl. Phys. A*, 1998, 67: 155-160.

[43] J. Gregorio, O. Leroy, P. Leprince, L. L. Alves and C. Boisse-Laporte. *IEEE Trans. Plasma Sci.* , 2009, 37: 797-808.

[44] F. Iza and J. A. Hopwood. *IEEE Trans. Plasma Sci.* , 2003, 31: 782-787.

[45] U. Engel, A. M. Bilgic, O. Haase, E. Voges and J. A. C. Broekaert. *Anal. Chem.* , 2000, 72: 193-197.

[46] S. Schermer, N. H. Bings, A. M. Bilgic, R. Stonies, E. Voges and J. A. C. Broekaert. *Spectrochim. Acta, Part B*, 2003, 58: 1585-1596.

[47] P. Pohl, I. J. Zapata, N. H. Bings, E. Voges and J. A. C. Broekaert. *Spectrochim. Acta, Part B*, 2007, 62: 444-453.

[48] I. J. Zapata, P. Pohl, N. H. Bings and J. A. C. Broekaert. *Anal. Bioanal. Chem.* , 2007, 388: 1615-1623.

[49] P. Pohl, I. J. Zapata and N. H. Bings. *Anal. Chim. Acta*, 2008, 606: 9-18.

[50] V. Karanassios, K. Johnson and A. T. Smith. *Anal. Bioanal. Chem.* , 2007, 388: 1595-1604.

[51] K. Jankowski, A. Jackowska, A. P. Ramsza and E. Reszke. *J. Anal. At. Spectrom.*, 2008, 23: 1234-1238.

[52] W. Yang, H. Zhang, A. Yu and Q. Jin. *Microchem. J.*, 2000, 66: 147-170.

[53] F. A. Huf and G. W. Jansen. *Spectrochim. Acta, Part B*, 1983, 38: 1061-1064.

[54] D. Kollotzek, D. Oechsle, G. Kaiser, P. Tschöpel and G. Tölg. *Fresenius' Z. Anal. Chem.*, 1984, 318: 485-489.

[55] L. Ebdon, S. Hill and R. W. Ward. *Analyst*, 1986, 111: 1113-1138.

[56] P. C. Uden, Y. Yoo, T. Wang and Z. Cheng. *J. Chromatogr.*, 1989, 468: 319-328.

[57] K. B. Olsen, D. S. Sklarew and J. C. Evans. *Spectrochim. Acta, Part B*, 1985, 40: 357-365.

[58] F. E. Lichte and R. K. Skogerboe. *Anal. Chem.*, 1972, 44: 1321-1323.

[59] A. T. Zander and G. M. Hieftje. *Anal. Chem.*, 1978, 50: 1257-1260.

[60] K. Jankowski, A. P. Ramsza, E. Reszke and M. Strzelec. *J. Anal. At. Spectrom.*, 2010, 25: 44-47.

第3章

微波等离子体腔的结构和工作原理

3.1 不同气压和工作频率下的 E 型与 H 型等离子体

E 型与 H 型等离子体的术语是 1942 年由 Babat 提出来的。[1] H 型等离子体的一个共同特点是:在等离子体柱周围形成一圈感应电流,而在等离子体中心处感应电场强度最小。从那时起,电感等离子体就被普遍用于科学技术,但对分析光谱学家来说,ICP 的名字更为他们所熟知。ICP 通常用频率为 3MHz～150MHz 的射频(radio frequency,RF)源激发,等离子体在炬管中形成,炬管位于几圈电感线圈之中。[2] 科学家们也曾尝试过让炬管在更高频率下工作,如413MHz,该频率在微波频段。在工业应用的极高功率场合,H 型等离子体的电源频率下降到最低频带,甚至和主电源的频率(50 或 60Hz)接近。值得强调的是,当频率由低到高,从射频向微波转变的边界频率是约定俗成的。这是因为微波技术可被看作是一种所用的电路中至少有一种元件的尺寸是与工作波长尺寸相当的技术。根据这个定义,人们不得不认同现代电路的小型化可以把射频扩展至更高频率,这种情况在微波集成电路中已经受到了关注。[3] 通常,运行 Ar等离子体需要几百瓦功率,维持分子气体等离子体则需要几千瓦功率。有人已经给出了关于 ICP 和 MIP 的各个方面的全面评述。[4]

与存在于集总电感器内的磁场模式类似的类 ICP 形成条件也可以在微波频率下通过在圆柱形谐振腔内激发 TE_{011} 模式的办法加以实现。然而,要想在大气压下维持等离子体,所需的微波功率会相对高一些。[5] 本章稍后将证明,在微波频段,H 型等离子体可以用多螺旋线腔或多环路腔结构以较小功率实现。[6]类似的电感型激发则可以通过所谓的"环-隙"(loop-gap)谐振腔实现,也可以用单个或一组矩形波导实现。业已证明,用微波驱动的 H 型等离子体可得出与最好的 ICP 相媲美或甚至更好的分析结果。Hammer[7,8] 把炬管穿过矩形波导两侧窄边,沿等离子体静磁场磁力线的方向放置,获得了稳定的 H 型等离子体,并且取得了非常有价值的分析结果。

E 型等离子体是指被电磁场的电场激发的等离子体。在射频频段,最简单的 E 型装置的结构是由连接到可为射频功率发生器提供高压的两个金属电极组成。[2] 在电极间或者电极与屏蔽层间产生的高强度感应电场,可以引起电击穿,从而形成等离子体,有时也称作射频电弧。在微波谐振腔的屏蔽环境中,由单个电极产生的等离子体被称作电容耦合微波等离子体(capacitive coupled microwave plasma,CMP),该类型的等离子体至少有一个电极(通常为同轴线的内导体)是与等离子体直接接触的。[9] E 型放电在高频情况下也可以是无电极的,即它可以通过介质阻挡层实现,从而消除等离子体和电极的接触。无电极 E 型射频放电的一个例子是电容耦合等离子体(capacitively coupled plasma,CCP),在这里气体流过绝缘管,而管上则夹有一对与射频电源连接的金属环。Knapp 等[10] 描述了此种小型的射频等离子体源,并将其作为发射光谱的激发光源使用。

E 型射频放电获得的等离子体的电子密度通常比 H 型等离子体低。[2] 射频频率越高,能够获得的等离子体的电子密度也越高。同时,防止电磁能从电路中泄漏就越重要。因此,一个用于发生等离子体的微波电路不可能像接到射频电源的两个耦合环那么简单,但是要制作一个类似于 CCP 那样带两个耦合环结构的微波腔也不是很难。[10,11] Piotrowski 等[12] 已经做成了一种双环结构的微波等离子体腔。人们可能已注意到,该腔体结构中电磁屏蔽做得很好,这在高功率微波电路中是常规要求。

3.1.1　工作频率的选择

射频和微波频段最大的区别就是它们的波长,微波的波长比射频短若干倍。

工作频率的选择必须遵守相关规则。通常,射频加热所用的频率为13.56MHz,微波频率也只有两个常规选择:2.45GHz 或 915MHz。后者通常在功率超过 6kW 或采用固态功率振荡器和放大器时使用。

值得一提的是,已有将波长在毫米波段、功率达到数十千瓦的大功率微波源用于材料加工实验的报道。[13,14] 然而,要达到商业上可接受的、电磁兼容性(electromagnetic compatibility,EMC)符合相关管理规章的解决方案,可能会使成本上升,这将是其商品化的一个障碍。

ICP 射频功率源的典型工作频率是 13.56MHz 或 27.12MHz,对应波长分别是 22m 和 13m,然而 MWP 微波源的典型工作频率是 0.915GHz 或 2.45GHz,对应波长分别为 31cm 和 12cm。显然,MWP 的工作频率通常都选择与家用微波炉频率相同的 2.45GHz,这使得 2.45GHz 不仅是最通用的频率,而且也可以提供最廉价的硬件,如磁控管和电源。5.8GHz 或更高频率的微波也可供科学实验用了。[15]

当屏蔽措施能够做得很好时,即便采用非标准频率也可能满足 EMC 的要求。使用较低频率的好处在于可以获得更便宜且稳定的固态设备。比如,功率振荡器,就可以从 144MHz 的发射机改装而来[16],L 或 S 波段的功率放大器则可由电话广播系统单元改装而来[17]。对于固态功率振荡器,应该首先考虑用低价就能实现的 915MHz 光源。蜂窝电话的基站放大器可用来建造自激式反馈振荡器模块,将其与带-线环形成的微波等离子体相连接,[18]可以期待用现有技术方案就可严密排除射频干扰。当用标准微波频率时,也比用较低的射频波段容易排除干扰。此外,能够廉价获得家用微波炉的微波源是一个很重要的因素,降低价格也是继续使用 2.45GHz 标准频率的一个很好的理由。

3.2 微波传输线和谐振腔的一些基础知识

从原理上讲,射频和微波能的传输技术是类似的。因为波长短,MWP 的设计采用微波腔而不是集总电感和电容。需要注意的是,现代电脑辅助设计和精确的机械加工技术的应用,使得集成或半集成电路的频率区间拓宽了。根据 Pozar[3]的说法,每 1/8 波长的微波传输线可用一个集总元件加以模拟,无论是电感还是电容。因此,传输线是重要的无源微波器件。微波谐振腔,还有 MIP 结构、CMP 结构等,都由传输线的不同部分(如同轴线、带状线、波导等)构成。[3]同轴线有内导体和屏蔽层(见图 3.1)。同轴线的一个应用实例是民用波段无线电用或有线电视用的同轴电缆。

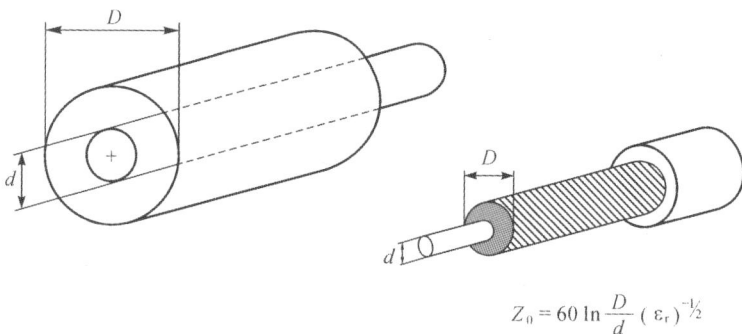

$$Z_0 = 60 \ln \frac{D}{d} (\varepsilon_r)^{-\frac{1}{2}}$$

图 3.1 同轴线:Z_0 是传输线的特性(波)阻抗,ε_r 是相对介电常数

在老的电视系统中,都采用带有嵌入塑料之中的两条平行导线的双对称馈线,以便更好地与对称的八木天线的特性阻抗相匹配(见图 3.2)。

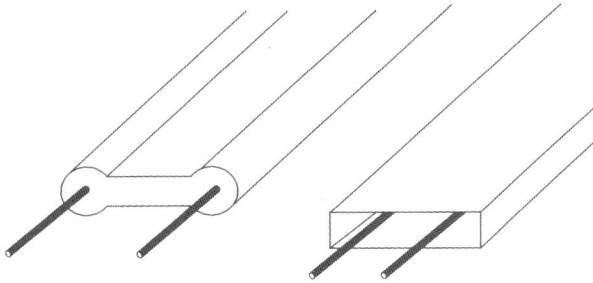

图 3.2 对称馈线

此种固定在屏蔽层中的平行导体结构已被用来制成可在常压下产生微等离子体的 MWP 腔。另一种微波馈线有带状线结构,这种具有非对称外形的带状线常被用在微波印刷电路中。[3]

有一种不怎么普遍但却能传输更高能量的带状线,其具有带屏蔽的对称结构,由放在具有矩形横截面的空心屏蔽层内的母线型中心导体构成(见图 3.3)。

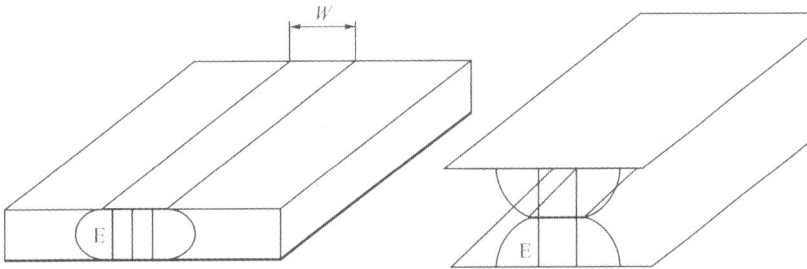

图 3.3 非对称(左)和对称(右)带状线:W 是带状线宽度,E 为电力线

所有的同轴线,对称和带状馈线,都属于横电磁波(transverse electromagnetic,TEM)传输线,即电磁波的磁场和电场方向均与传播方向垂直。TEM 传输线工作在电导方式,即内导体和屏蔽外壳或对称的导体杆都要传导射频电流。这些电流只在很浅的金属表面流动,频率越高,趋肤深度越浅。因此,通常 TEM 传输线在微波段衰减很高,不适用于长距离微波传输,但是在传输损耗不是很大的情况下,用 TEM 传输线技术制造小型微波等离子体腔仍然是一个好的选择。从衰减的角度看,波导是一个较合理的选择,因为它能够比 TEM 传输线传输大得多的能量。尽管并不总是需要高功率,但是波导还是常被用在 MWP 器件的构造中(见图 3.4)。波导的最小尺寸必须至少与半波长相配,然而 TEM 传输线却可以设计得更小一些。通常,小型化设计采用 TEM 传输线结构,这能够满足小功率、低气体消耗的分析应用新趋势,而该装置也需要与小型化的微波电路相连接。

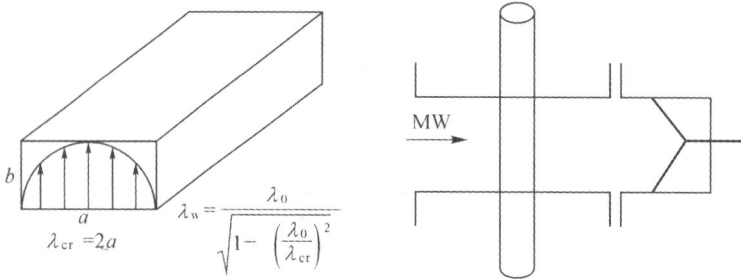

图 3.4   传输基模的矩形波导(左)和矩形波导管里放电管与受控短路活塞的耦合(右):
λ_0 是自由空间中的波长,λ_w 是波导内的波长,λ_{cr} 是临界波长

在矩形波导的空腔内,视传输的电磁波波长与波导尺寸间的关系而定,可以传输不同振荡模式的电磁波。这些模式分别以 TE_{mn} 或 TM_{mn} 的形式加以描述,TE 表示垂直传播方向上只有电场分量,TM 表示垂直传播方向上只有磁场分量。下标表示在给定方向上波的变化的特征值。对于一个矩形波导来说,这就是可与其 x-y 截面相配的半波数,故基模可记为 TE_{10}。对于圆形波导来说,m 和 n 分别表示贝塞尔函数的阶数和边界处对应贝塞尔函数的第 n 个零点。圆形波导的基模是 TE_{11}(见图 3.5)。

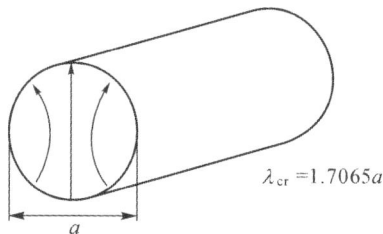

图 3.5 TE_{11} 环形振荡模式:大于 λ_{cr} 的波导被截止

如果一个谐振腔由波导的一段构成,电磁场沿传输线将形成驻波,此时要用另外的下标 p 加在 mn 之后表示沿波导方向的驻波半波数。例如,一个矩形谐振腔沿 x 轴方向没有电磁场周期变化,沿 y 轴方向有 1 个半周期的变化,沿 z 轴方向有 3 个半周期的变化,则该模式可被记为 TE_{103}。需要注意,有些作者可能会用符号"nm"代替"mn"。还要清楚,TE 和 TM 模式也经常按其含有何种场的横向分量而被分别叫作 H 模式或 E 模式。

在矩形波导中,有实际用途的模式只有基模 TE_{01} 或 H_{01}。在圆形波导中,除了基模 TE_{11}(H_{11})之外,还有另外两种有趣的模式,它们都具有放射状的对称结构。其中一种模式是电场分量沿轴向且在轴向具有最大能量的 TM_{01}(E_{01})模式,另一种是磁场分量沿轴向且在轴向具有最大能量的 TE_{01}(H_{01})模式。为了描述谐振腔中的模式,还引入了第 3 个下标,用以描述沿 z 轴方向的半波数。Beenakker[19] 发明的谐振腔采用的是 TM_{010}(E_{010})型,而 Asmussen 等[20] 和 Kapica[21] 用的是 TM_{012}(E_{012})模式(见图 3.6)。

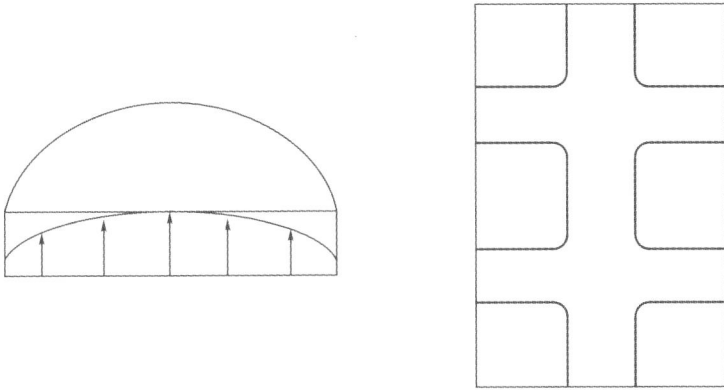

图 3.6　圆形 TM_{010} 腔(Beenakker 腔)的电力线和 TM_{012} 腔的谐振模式

对于基于 TE_{01} 波导的最短的谐振腔来说,下标 $p=0$ 是被允许的;然而对于一个带有基模矩形波导的谐振腔来说,波导部分的最短长度必须相配于半个传输波长,即 $p_{min}=1$。在圆形 TM_{010} 谐振腔中,电场和磁场均有横向分量,因此这个谐振腔和放射状的 TEM 模式谐振腔是一样的。实际上,这种谐振腔也可以叫作放射状 TE_{010} 腔,两种叫法都是对的,并且还有一个名字也是对的:Beenakker 谐振腔。

关于矩形和方形腔,有趣的是:常规的 TE_{101} 模式的矩形波导腔中的驻波能够传输与 Beenakker 腔所产生的非常类似的电场模式。例如,Reszke 等[22] 提出的矩形设计就能够产生类似的分析结果。Feuerbacher[23]、Matusiewicz[24]、Broekaert 等[25] 和 Jankowski 等[26] 采用了这一结果。这种类型的矩形腔可通过移动一个简单的活塞和天线耦合器的位置而加以调节,但在实际的设计中,是用更高效的虹膜型调谐结构和纵向(侧壁)活塞调节结构配合起来共同调节耦合性能的。

在矩形波导的短路端和每一个距离短路端半波长处,都存在跨过波导而平行于宽壁的驻波磁力线。Hammer[7,8] 利用该跨过矩形波导的磁场激发,形成了稳定的 H 型等离子体,进一步的研究数据表明,用这种新型谐振腔获得了较低的检出限。

通过选择波导的宽度还可以构建一个正方形腔。它的高度可以很小,意味着这个腔可以做得很薄,正方形形状还使其中心的场结构与圆形的 Beenakker

谐振腔几乎一样。TM$_{010}$圆形模式的谐振腔也可以非常扁平。之所以如此,是因为第3个分量(p)等于0。当$p=0$时,电场呈辐射状分布,并且沿z轴方向没有周期变化。

第二种有趣的基于圆形波导的谐振腔模式是TE$_{011}$,它可以传送非常类似于ICP感应线圈的沿轴向的磁场分量(见图3.7)。但是,在这种情况下$p=0$是不可能的,并且腔体的轴向长度需要大于自由空间的半波长,在2.45GHz频率下其大约为7~8cm。有人曾尝试用这种腔去形成低压下的氩等离子体,结果显示,其只能形成分离的、移动的环状等离子体,而不能形成稳定的等离子体。

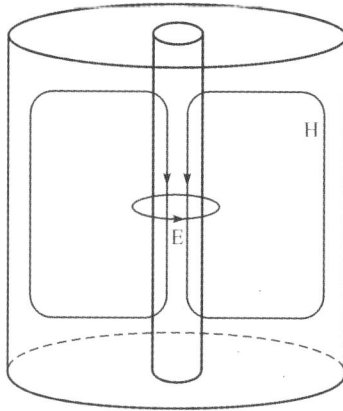

图3.7   TE$_{011}$模式圆形谐振腔:E,电场;H,磁场

在2.45GHz频率、微波功率超过1500W的条件下,用TE$_{011}$已成功激发了常压下的氧等离子体。[27]然而,该等离子体点燃困难并且不是很稳定(约6cm长)。也许可以考虑在约两倍频率(5.8GHz)下形成高功率的微波等离子体,从而有望形成长度为其一半的等离子体加热部分。

3.2.1   理想微波谐振腔的要求

理想的谐振腔应该具有以下几个重要特点:

(1)点燃放电和在进样干扰下维持等离子体的能力。等离子体必须具有很强的蒸发、激发和/或离子化部分样品材料的能力。然而,与工业用等离子体相反,尽管某些非临界能量匹配装置的使用会使其具有更好的性能,但等离子体光源的能量利用效率可能并不是最重要的因素。

(2)从一个样品切换到另一个样品时,等离子体的形状和激发区域要保持不变,并且在有负载和无负载时,等离子体都要维持在所期望的体积内。

(3)等离子体谐振腔的体积要尽可能小,腔壁要尽可能薄,炬管的长度也要尽可能短。

(4)炬管以及其他无炬管设计中接触高温的材料的寿命至少应超过几百小时(越长越好)。

深入研究不同的等离子体腔后会发现,一个预期与 ICP 相比是"好等离子体"的光源还必须达到以下要求:

(1)能允许足够量的样品进入。等离子体的加载不能改变等离子体的形状,即等离子体的激发或离子化区域应该总是可以预期的。

(2)与样品之间有足够长的相互作用时间。样品在等离子体内的停留时间应该足够长,以完成蒸发、原子化和激发过程。

(3)等离子体的稳定性必须好,并且不会随样品的引入而改变。还必须记住,等离子体和维持等离子体的能量越小,它所能承载的样品量也越少,需要的载气流量也越少。

(4)等离子体不必很大。从分析应用的角度来说,最终唯一有价值的参数是信噪比(S/N),信噪比必须高。

对于能够满足以上条件的等离子体来说,当等离子体和进样通道具有差不多同一个对称轴时,所消耗的工作功率就会在合理的低水平上。

3.2.2　如何获得一个好的微波等离子体?

最重要的参数是等离子体的对称性,它应该在设计阶段就考虑进去。等离子体必须"看不见"微波能耦合进等离子体的方向。例如,在最简单又非常流行的基于矩形波导的腔中就存在电场的非对称分布,因此沿能量流入方向的等离子体受热总是比相反方向的要强一些。当样品是气体的时候,这种矩形波导非对称激发的等离子体还是可以接受的,由 Woskov 等[28]研制的等离子体环境监测器就是这样的例子。然而,在使用这种等离子体时,应该引入一种气流稳定的旋流以保持等离子体在炬管中心,否则炬管能量输入端就会因吸收的能量过多而熔化。

用一个具有真正对称结构的腔体就能够让稳定的等离子体充满炬管,使其即使在很高的功率下也不会受热熔融。引进好的对称结构,可以节省用于加热维持等离子体稳定的冷屏蔽气流所需的那部分能量。

能量的对称耦合通常是一个难题。但也有一些精心设计的高功率"等离子体管"(plasmatron)可供借鉴,如那种采用在波导上加蘑菇状波导至同轴转换的结构设计[29](见图 3.30),之后的 Okamoto 腔[30—32]就采用了这一方法。然而,在高功率等离子体管的设计中,设计者又以轮辐线形式加了一个改善对称性的元件,将其作为谐振模式净化器,同时兼作阻抗变换器。这一特殊设计可获得

100kW 的空气等离子体而不会烧坏等离子体炬管[29](对于分析用 MWP 来说，这一结构有点大而不宜采用)。另一个引入对称结构的设计可在 Kirjushin[33] 的第一个专利上看到，其已被用在 SLAN 等离子体源[34]、Cyrranus 等离子体源[35,36] 和很多其他用在半导体工业的等离子体源中。这种腔的工作原理是在等离子体周围设置一些对称分布(相对于等离子体来说)的狭缝，它们可以把微波能对称地耦合到等离子体中(见图 3.32)。这类等离子体的一个共同优点是可从各个方向同时加热等离子体。至于对称性，本书作者较熟悉的是用多相能量耦合腔(包括本章 3.5 节所描述的三相能量耦合腔)获得的新的平面等离子体。

3.2.3　等离子体的样品引入

样品引入等离子体的问题对于微波等离子体和非微波等离子体是类似的。对样品引入有优良的耐受力是 ICP 的一个特性。但这种耐受力还不是 MWP 的最好特性。在实际用于化学分析的各种等离子体中，至少有一些是以高样品耐受力而著称的。在那些等离子体中，DCP 和 ICP 应该列在前面。在 DCP 中，有两个以上附着点的电弧被样品载气扩展，因此形成了可供分析样品通过的低温中央通道；在 ICP 中，沿等离子体柱轴方向有一个类似的通道，此处加热电流和电场强度根据定义都最小。可用作激发光源的等离子体光源很多，如 DCP、ICP、MIP、CMP 和带不同电源的辉光放电(glow discharge，GD)：GD-直流(direct current，DC)、GD-RF 和 GD-微波(microwave，MW)。ICP 曾经是，而且可能迄今仍然是受关注的参比光源，也是广受分析化学家欢迎的等离子体光源。这种情况可能会随着研究者对新 MWP 光源的改进而有所改变，与此同时，ICP 光源似乎已达到了其商品化的最佳状态，并且它们在现代应用(包括质谱应用)中也显示出了更多的局限性。

3.3　微波等离子体光源的一般分类

3.3.1　E 型微波等离子体光源

3.3.1.1　电容微波等离子体

当腔内等离子体至少有一点与导体直接接触时，即为电容耦合模式。这种等离子体是微波特有的，由于微波的高频率，这种接触通常是电容性的。然而，在高功率状态下，相应地，电极表面存在高电流密度，电极材料就可能发生蚀刻，从而导致可被光学光谱检测到的等离子体污染。

（1）同轴单电极 CMP

从 20 世纪 50 年代初起，人们就知道了这种同轴等离子体炬，其维持在同轴线内导体的延长部分（见图 3.8）。[9,37]同轴线内导体的末端通常为耐热端，可以用水冷却。同轴等离子体炬的外导体则可以切短以形成喷嘴，或者也可以保留其长度以作为沿等离子体的一个屏蔽罩。这种等离子体的稳定性很好，但等离子体被限制在顶部尖端附近，从而导致样品很难引入。样品物质往往会绕过等离子体而去。

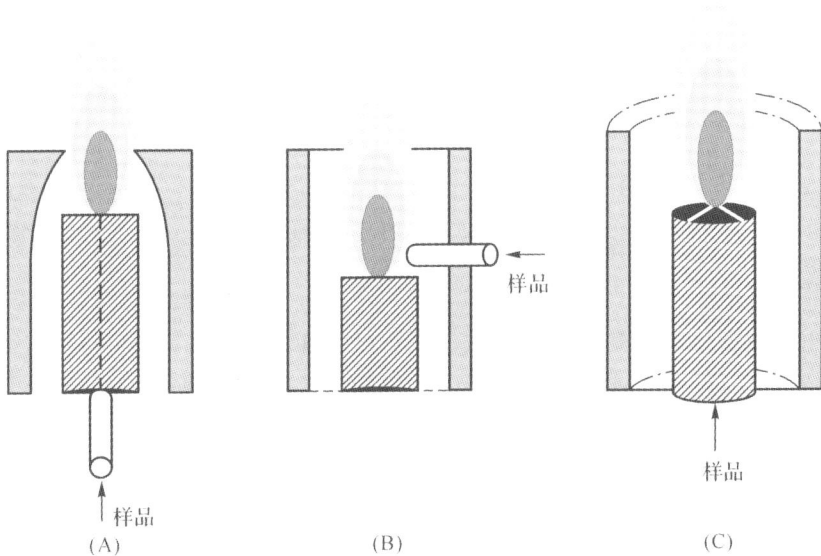

图 3.8　不同进样方式的同轴炬：（A）通过窄径中心管；（B）通过侧臂进样装置；（C）通过带有交叉支撑的中心管

即使不被冷却，尖端也不会熔化，但是等离子体仍会倾向于被限制在尖端附近区域，样品的引入仍然十分困难。等离子体可以用射频或微波频率形成。在微波区段，等离子体和尖端之间的电容耦合往往就足以进行中间导体和等离子体间的能量传输。这可以限制电极发生蚀刻。然而，等离子体被限制在电极尖端附近会促进电极材料的蚀刻，从而在所观测的光谱中增加不想看到的谱线。达到 150 W 的低功率同轴等离子体已被用于商用仪器中。[38,39]

（2）微波等离子体炬

微波等离子体炬（microwave plasma torch，MPT）是一种带有空心中央电极的同轴 CMP，空心中央电极是一个薄壁管，薄壁管的圆形边缘能让等离子体附着在上面呈圆周形分布（见图 3.9）。结果是，等离子体呈环形。[40,41]与只有点接触的等离子体相比,这种等离子体更能耐受液体样品。Stonies 等[42]介绍了一种微型 MPT,最近 Ray 和 Hieftje[43]也介绍了类似成果。

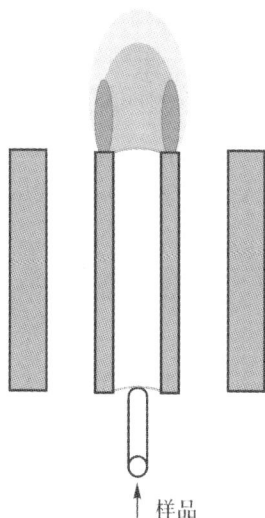

↑ 样品

图 3.9　MPT 器件

　　MPT 的思想最初是由 Jin(金钦汉)等[44]提出来的,之后其他人[45]对其做了进一步发展。第一代 MPT 或 CMP 中的内导体是薄壁金属管,用这种金属管能让等离子体接触整个管道边缘,从而在等离子体轴线上构造出一个中央孔道。因此,部分内管气流和样品可以一起沿着等离子体轴线行进。有必要强调,即使 MPT 炬管是用铜制作的,等离子体谱线中并没有发现铜的谱线。根据这个理由,可以假设 MPT 是无电极的等离子体,就像 MIP 一样,但是在我们的分类中它依然属于 CMP,因为该等离子体是直接和金属接触的,即没有任何固体绝缘屏障。

　　(3)轴向注入炬等离子体

　　轴向注入炬(torch injection axial,TIA)等离子体(见图 3.10)在设计上,其同轴线的内导体尖端突出于外屏蔽层之外,在内导体和外屏蔽层之间有一个狭窄的间隙,这个间隙很重要。[46,47]气体就沿轴方向穿过尖端,稳定的等离子体则在突出的尖端上形成。

　　(4)微波等离子体射流

　　这种设计与 TIA 等离子体相似,不同点在于内电极尖端离波导壁平面很近,两者形成了一个对限制气流很重要的喷嘴(见图 3.11)。[48,49]

　　CMP 类型的等离子体射流也可以用带状线技术实现。[50]特别有趣的可能是:将来可把 CMP 用在微机电系统环境中,构成与芯片实验室仪器相结合的解决方案。

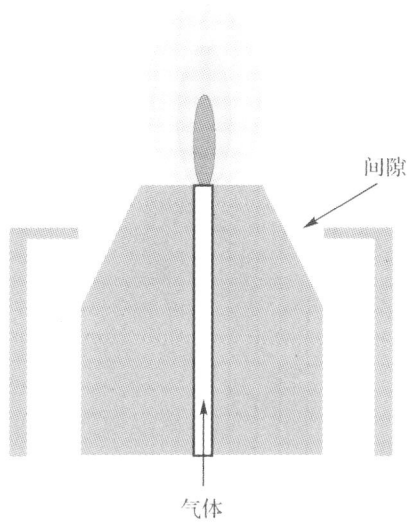

图 3.10　轴向注入炬等离子体

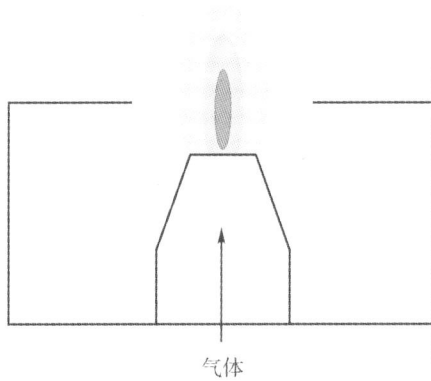

图 3.11　微波等离子体射流腔

(5)冷等离子体同轴炬

冷等离子体同轴炬(见图 3.12)由一个很细的尖端(小于 1mm)、一根长的介电放电管(例如用 PTFE 制成)、一个外屏蔽层构成。氩气作为工作气体在几瓦功率下就能工作,产生冷等离子体(可用手触摸的)放电。[51]

(6)多电极 CMP

已有人提出一种结构类似于 MPT 的多电极装置(见图 3.13),其中央为一空心电极,圆周上有多个呈对称分布的单尖端电极。[6] 每一个电极长度为 1/4 波长,并且同时被同轴线的内导体激励。同轴线内导体应该是空心的,以便让样品通过。在一种新的设计中,MPT 的管状中间导体已被一种多尖端组件代替,尖

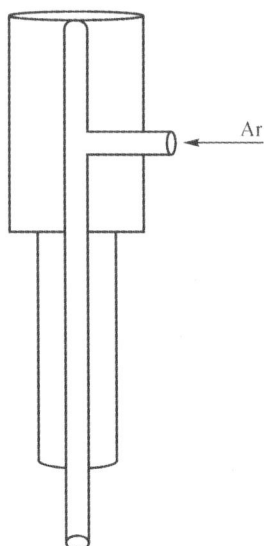

图 3.12　冷等离子体同轴炬

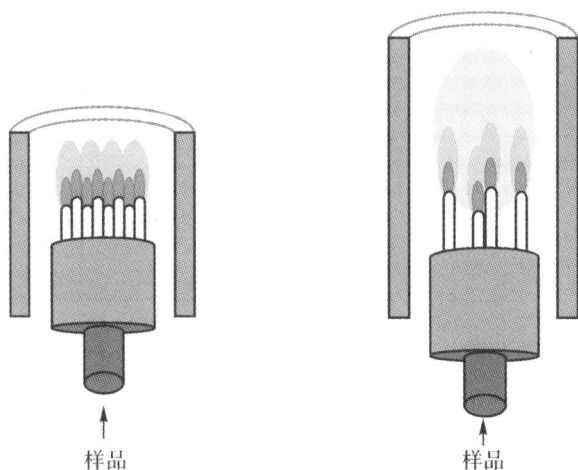

图 3.13　多焰 MPT

端不是圆管的边缘,而是对称配置的单个电极。这些电极可以用合适的耐高温材料制成。在这种结构中,电极上的能量密度可能比常规结构 MPT 的内管边缘高。因此,电极能在更高的温度下维持,使得这一组蜡烛似的等离子体更加稳定。就作者的经验来看,该群放电冠会崩塌,形成一个较大的等离子体柱。然而,以这种方式得到的等离子体却从未完全崩塌过,因为每一个烛状等离子体的电荷都是相同的,它们会互相排斥。此外,同轴线的电场趋向于闭合,导致在导体屏蔽层附近分开的烛状等离子体被拉向屏蔽层。因此,该屏蔽层应该有足够的宽度。

　　沿轴向观察等离子体时,可发现等离子体被分割成几根"蜡烛",每一个都对应一个特定电极。因此,样品能够很容易被注入并穿透这些烛状等离子体。这种新型 MPT 可以通过选择电极材料和改变沿轴向放置的样品喷嘴进行优化。然而,最容易实现的方法是:仅仅沿着传统 MPT 的中间管切割几条 1/4 波长的狭缝。需要指出的是,被狭缝分割的管端可以看作威尔金森(Wilkinson)型功率分配器的基础单元,威尔金森型功率分配器能够保证功率分配均等且互不相关。[52]

　　(7)多电极 MWP

　　任何种类的谐振腔(圆形、矩形、同轴线或带状线),都可以用多电极结构(见图 3.14、3.15)作为提高其等离子体稳定性的一种方法。因此,如 Horvath 等[53]

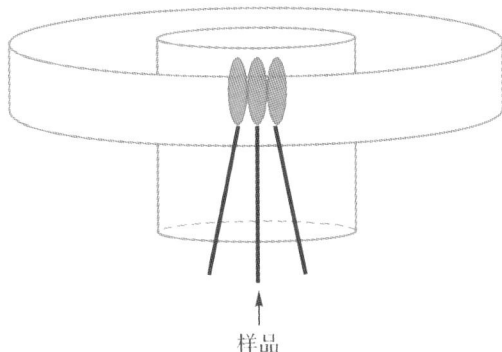

图 3.14　多电极 CMP-MIP

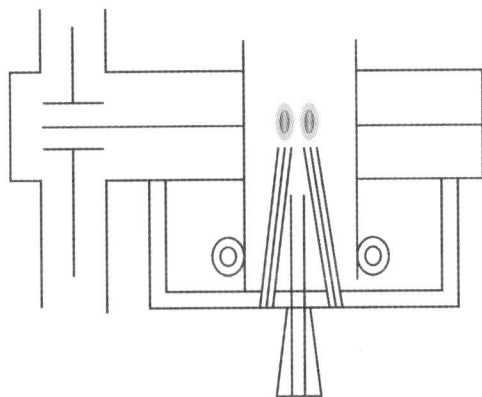

图 3.15　多电极带状线 CMP

所述,Beenakker 腔就曾被装有过三个接地至腔体的电极。

一部分微波能用于点亮"蜡烛",当样品被引入"蜡烛"之间的时候,这些"蜡烛"作为先导等离子体能保证更好的稳定性。因此,液压高压雾化器也能正常使用。[53]

(8)多相位 CMP 腔

这种等离子体是由电场向量在等离子体平面上旋转所维持的(见图 3.16)。分离的场相位被耦合到沿圆周对称分布的电极上,电极数量和相位数量相等。特别是三相位到六相位系统,看起来很实用,但是更大的相位数也可能会产生有趣的结果。在电极间产生的等离子体相互作用形成空心等离子体,该等离子休在没有气流时通常是平坦的,有载气流时等离子体沿载气流扩展而成环形喷嘴,激发过程在环形喷嘴里发生。这个系统也可以被装配成带多个同轴等离子体炬管的等离子体处理反应器,每一个同轴炬管都用纯气体工作。由此,所构成的等离子体反应器就能很容易地进样了。即便是由几个等离子体源组成的较大的等离子体系统,也可以被合并在一个腔室内。[6]

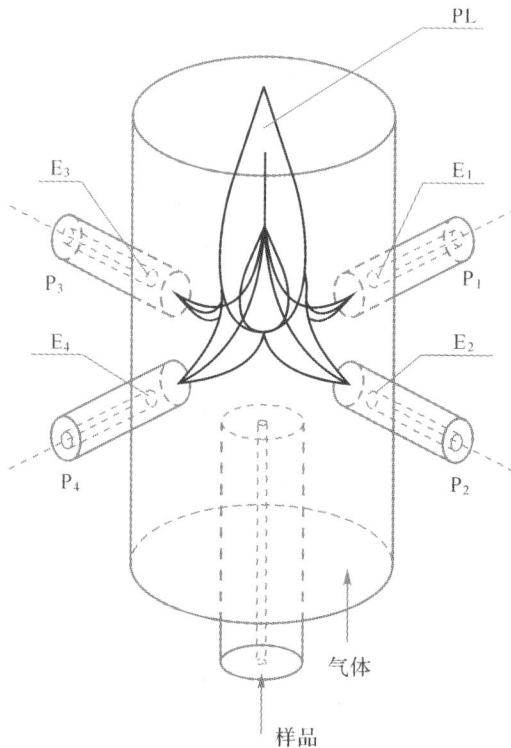

图 3.16 由 4 个等离子体炬组成的多炬管设计:E₁～E₄ 是电极,P₁～P₄ 是功率输入,PL 是等离子体

（9）微隙微等离子体

微等离子体都在小于 1mm 的狭缝中形成。人们已经提出了多种不同种类的微等离子体。[54—58] 其中之一是由基于带状线环的气球构成的，它可把两束对称的 TEM 波传送到充满等离子体的 $100\mu m$ 工作狭缝中。[54—56] 也可以考虑微隙腔同轴设计，[57,58] 已经有人把成比例放大的同轴腔用于现代化学气相淀积（chemical vapour deposition，CVD）微波等离子体反应器。

有人提出了一种有趣的微隙等离子体光源，[50,59] 许多置于蓝宝石板边缘的微隙由带状线分配器供能，可以串联工作。一些狭缝可沿板的边缘定向或以堆叠的方式装配起来。多狭缝系统的预期应用之一是产生强的紫外辐射。

值得补充的是，采用新的多相位供电技术，通过把微波相位顺序连接到缝隙序列上，可以获得一个类似的长缝隙组件。一般而论，多相位供电的概念可以很容易地拓展可能的结构范围。例如，采用带状线可以制造出三相位微波等离子体源（见图 3.17），该等离子体源拥有对称的能量输入，其稳定性和等离子体形状都得到改善。

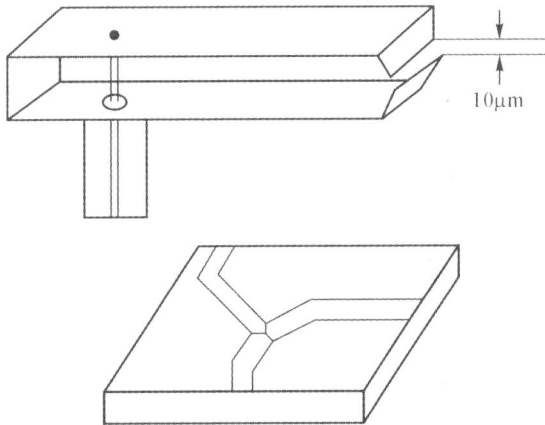

$10\mu m$

图 3.17　微隙 CMP 等离子体耦合器：单隙耦合器和一种建议的三相位耦合器

多相位方式不仅可以用到对称的器件上，在做串联及矩阵几何结构设计时也非常有用，只要把顺序的相位加到功率馈入系统中相邻的点上即可。而且，芯片尺寸减小的趋势最终会使微波和射频电路之间的差别消失，当仅使用 TEM 传输线时，射频和音频之间的差别也会消失。在某些情况下，甚至在频率降低至直流水平时，都可以看到这些不同频率的相似之处。例如，带有一个阴极和两个阳极的直流等离子体（direct current plasma，DCP）实际上就与旋转的三相位射频等离子体很相像。

在微隙激发等离子体中，通过将波分到两臂馈入微隙的两侧，可以获得很好

的能量馈入匹配。采用不同臂长,让从微隙等离子体反射回来进入分波器的波
具有 180°相位差,可使系统(见图 3.18)具有自匹配特性。

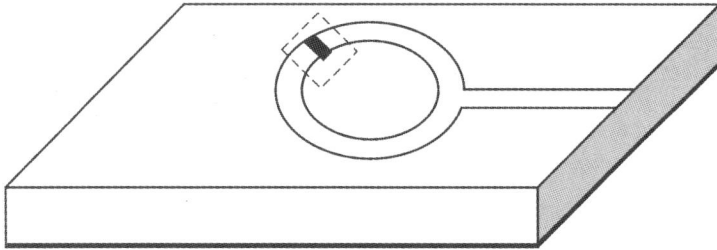

图 3.18　微隙环谐振腔

微隙的概念可用于类 Surfatron(一种表面波器件)的同轴器件,而且能以
"漏墙"的形式使用。在这种形式中,其实际作用相当于以对称的等离子体耦合
为特征的多隙器件(见图 3.19)。在作者的实验中,通过云母绝缘垫片隔开的铝
垫圈构成了一个漏墙,但是似乎用密集的螺旋线圈也能做同样的工作。

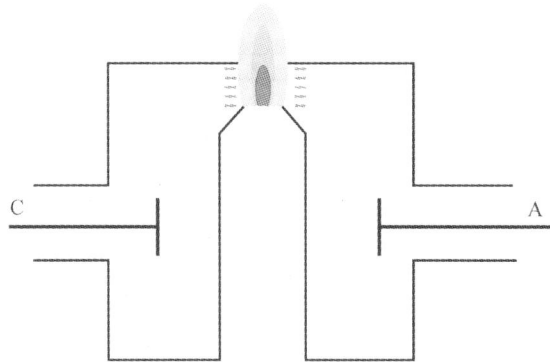

图 3.19　以漏墙(分布式缝隙)形式存在的多微隙耦合:A 是天线,C 是电容调谐器

3.3.1.2　微波诱导等离子体

当腔中等离子体与电导体没有直接接触的时候,所获得的就是微波诱导等
离子体。这时,接触只能通过一个介质阻挡层(如一层气体、绝缘壁、等离子体管
壁等)发生。

(1)基于波导的等离子体腔

放电被穿过波导宽边的绝缘管隔开。在俄文文献中,该装置称为基于矩形
波导的等离子体管(plasmatron,见图 3.20)。[2,60]一种带有矩形波导的设计已被
提出,称为 Surfaguide(一种表面波器件,见图 3.21),该装置在低压下工作,并且
波导高度也降低了。[61]

所有带标准法兰的基于波导的谐振腔都可以很好地与商用功率源集成。通

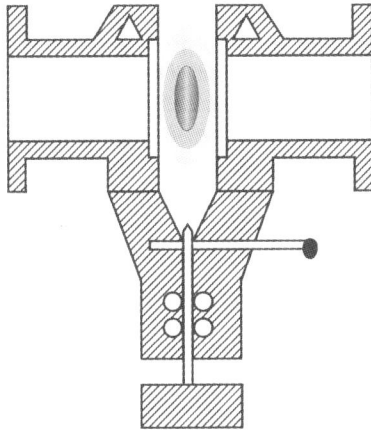

图 3.20　典型的波导等离子体管

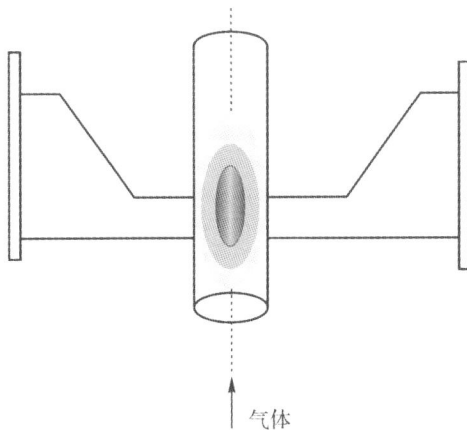

气体

图 3.21　Surfaguide

常,腔的一端接功率源,另一端装有短路板(短路活塞)。[62]对于化学分析应用来说,制造一台由微波源和微波谐振腔组成的设备很方便(见图 3.22)。Matusiewicz[24]提出的改进型矩形腔和 Jankowski 等[26]提出的改进型矩形腔都集成了磁控管微波源,并配备谐振长度调节活塞,同时还有调节耦合系数的虹膜型隔板。

如前所述,通过合理选择波导尺寸可以制造出一个正方形腔(见图 3.23),其电场分布模式与圆柱形 TM_{010} 很相似。实际上,圆柱形或正方形腔里的场分布几乎都一样,特别是在靠近等离子体柱的地方。

当前流行的基于矩形波导的等离子体管有不同的商业品牌,[63]但是光谱学等离子体参数与传统设备相比并没有什么变化。正如 Toumanov[64]在其专著中

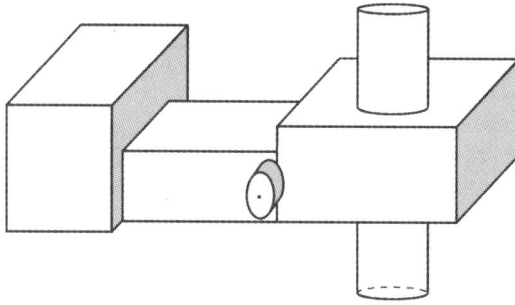

图 3.22　集成波导腔

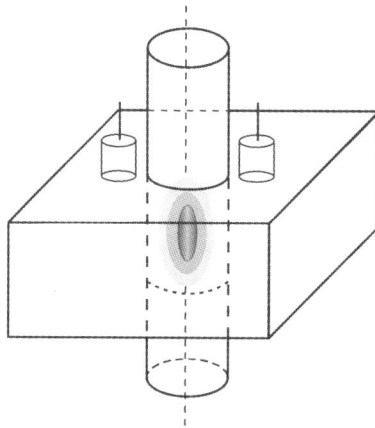

图 3.23　正方形腔

所描述的那样,通过将入射功率分配到两个波导臂中,人们可以从两个方向激发等离子体。从阻抗匹配的观点来看,Surfaguide 器件(见图 3.21)的渐缩形部分是必要的。此种结构的几种非分析应用已经被成功地用于等离子体化学中。[64]

(2)TM$_{010}$ 模式的圆形谐振腔(Beenakker 腔)

TM$_{010}$ 模式的 Beenakker 腔也可归类为 TEM 模式腔,它们拥有相同的电磁场分布。等离子体在谐振腔轴线上的石英管里被激发。近年来,有一些能量耦合和频率调节方法上的改进。最初提出的环耦合和插入绝缘棒调节频率的方法被发现不足以提供高功率下的能量耦合匹配。现在,平板天线和圆盘形调谐器是最常用的解决方案。[65]通常,等离子体腔的调节需要两个参数:一个用于调节谐振频率,另一个用于调节耦合系数。通过引入一个电容式圆盘频率调谐器和一个可调节的圆盘耦合天线(见图 3.24),Beenakker 腔中的这两个参数都已可调节。

(3)带 Surfatron 调谐器的 Beenakker 腔

Beenakker 腔的新的改进型中,有一种是利用 Surfatron 作为让能量对称耦

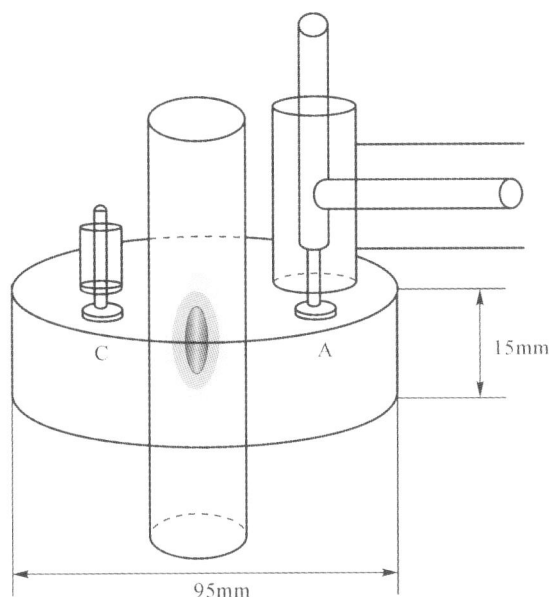

图 3.24　Beenakker 腔中的圆盘天线(A)和电容式圆盘调谐器(C)

合的调谐器。如果所有调谐的部件都是轴对称的,或者放置在离等离子体足够远的地方,就能实现能量的对称耦合。关键设计因素是腔体的 Q 值。在低 Q 值下,当腔体振幅被等离子体大幅衰减时,保持对称能量供应和等离子体稳定的一个办法是避免使用耦合或调谐元件,这些元件会干扰对称性。一个最好的办法可能是把 Surfatron 改装成一个设计精巧的调谐器,[46,61]如图 3.25 所示。

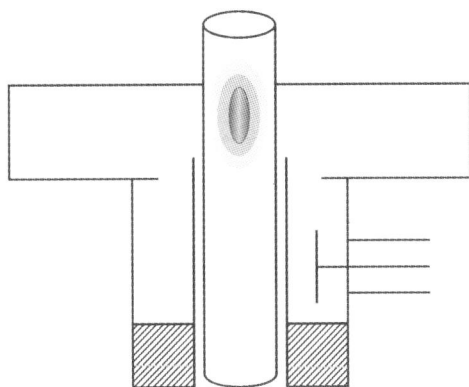

图 3.25　用 Surfatron 调谐器使 Beenakker 腔对称耦合

(4)环形 TM_{020} 模式谐振腔

目前,这种腔只建议用于加热液体样品。[13]它也许能产生比在 Beenakker

腔中获得的更大的等离子体。这种腔必须有更大的直径,幸运的是,它可被做成折叠式的。由于在腔的横截面上有 3 个半波长,调谐器和耦合装置可以放在距等离子体有一定距离的地方。耦合和调谐的隔离可以通过一小段低阻抗部分实现,如图 3.26 所示。腔体的双折叠结构如图 3.27 所示。

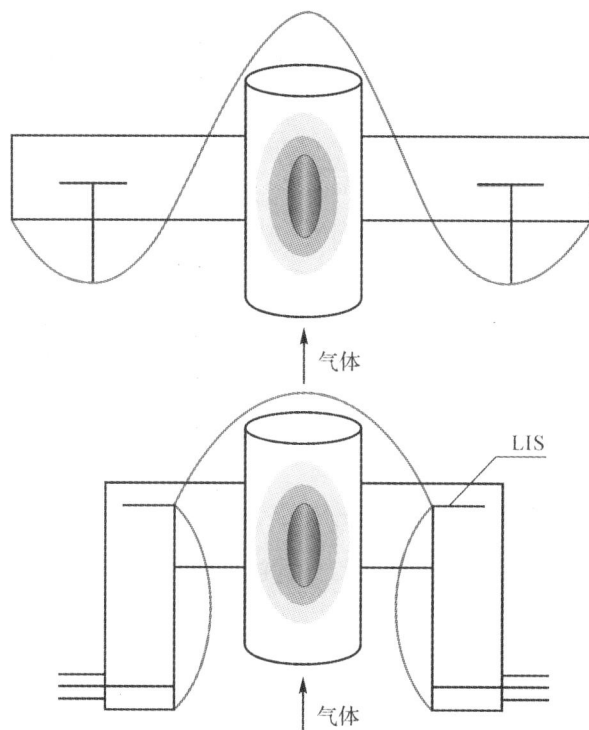

图 3.26 TM_{020} 模式腔(上)及其折叠版本(下),折叠版本有一段用于纯化环形模式对称性的低阻抗部分(LIS)

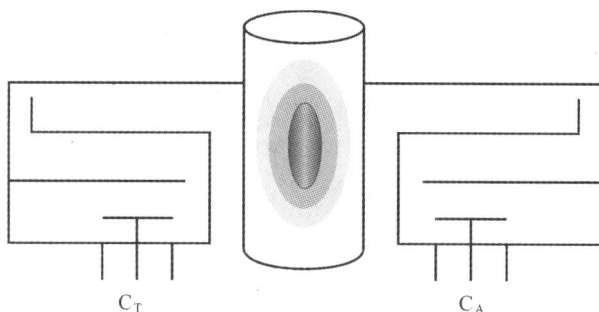

图 3.27   另一种双折叠结构的 TM_{020} 腔:C_T 是电容式圆盘调谐器,C_A 是圆盘天线

（5）长度下标非零的环形谐振腔

像 TM_{011} 和 TM_{013} 这些谐振腔,大多用于构建等离子体处理和熔接实验用的高功率等离子体管(见图 3.28、3.29)。[21,66,67]

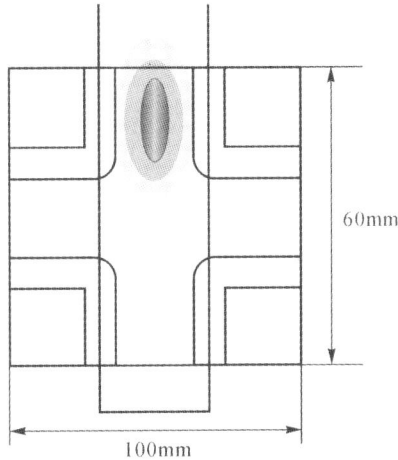

图 3.28　TM_{011} 模式等离子体管

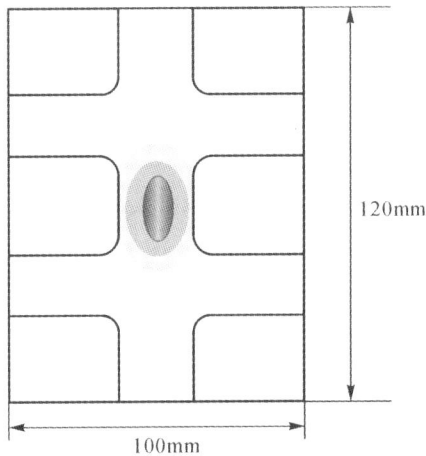

图 3.29　氖气等离子体管[21]

在微波对称耦合已经做得很好的等离子体源中,一种基于径向谐振器的等离子体管值得一提。该器件如图 3.30 所示,见于 Galliker[29] 的论文,最初用于产生功率达 100kW 的等离子体。可以看出,在波导转为同轴之后,以径向谐振器的形式引入了一个过滤模式,其保证了微波能以对称耦合的形式进入等离子体。人们可以想到,尽管这个腔相对比较复杂,但能够作为一个好的等离子体发生器。请注意,Okamoto 腔(见图 3.36)可简单地通过如下方法得到:从图 3.30

所示的原始腔中切去径向线部分。

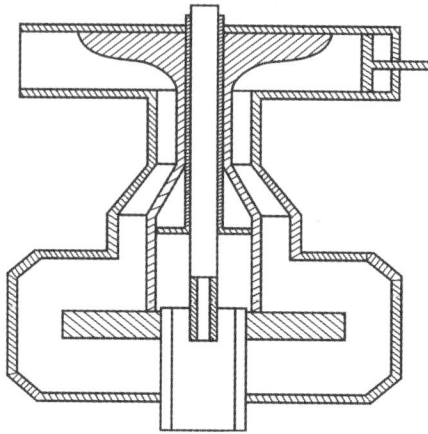

图 3.30　带径向线滤波器的等离子体管

平面介质阻挡层(见图 3.31)的使用可在低压下产生平面慢波放电(slow wave discharge,SWD)等离子体。[61]实际上,SWD 等离子体更适合在低压下使用,此时微波传输损耗更小。

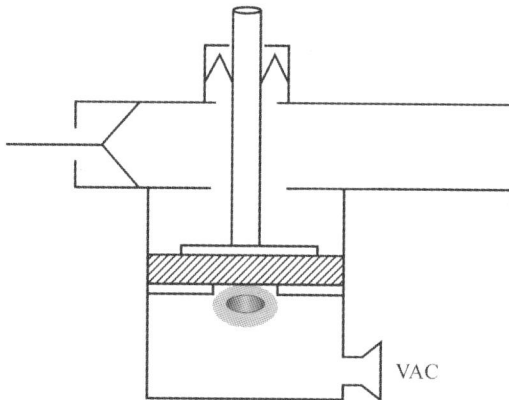

图 3.31　平面 SWD 耦合器

(6)梯度型耦合谐振腔

如 Kirjushin[33]提出的结构(见图 3.32),能量可通过侧壁耦合进谐振腔,侧壁上有对称分布的缝隙和孔,这些孔缝能从由腔体周围空腔构成的波导中耦合微波能。这种思想的不同应用,如被称为 SLAN[34]、Cyrranus[35]等的技术,已被很多人提到。另一种常见的类似结构是由同一个功率分配器向多个对称分布的天线供电的同相激励的圆形谐振腔。尽管这种器件的好处是微波场的对称性非常好,但是对于分析应用来说,它们的几何形状太大了。一种如图 3.33 所示的梯度型耦合设计能更完整地说明这种器件。如果等离子体激发缝隙设置在中间,就不会发生能量耦合。因此,缝隙被移向矩形波导的窄边平面,结果获得了更好的阻抗匹配和更对称的微波激发。

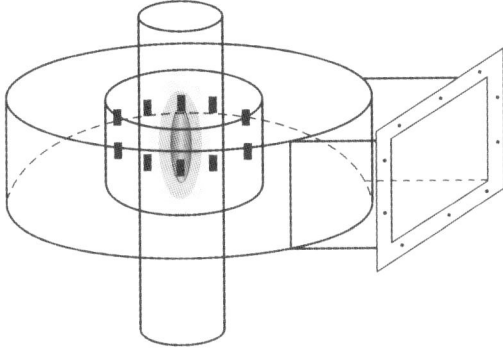

图 3.32　一种等离子体管[33]

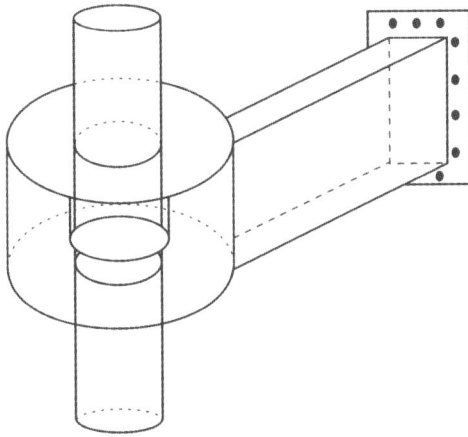

图 3.33　梯度型耦合设计

(7)同轴 MIP 谐振腔

同轴 MIP 谐振腔可被视作折叠的 TM_{010} 或 TM_{012} 腔,该腔内导体呈管状,中间的等离子体管穿过其轴线。同轴谐振腔可能会有一个环形缝隙以促进表面波的激发。这种叫作 Surfatron 的器件(见图 3.34)有一个包围着等离子体的薄管,用以提升轴对称表面波的激发效果。有很多可能的结构(例如,见图 3.35),但是真正有用的表面波能在低气压下获得,此时表面波传输损耗低,可以产生长等离子体柱。[61] 在当前的分类中,Okamoto 腔(见图 3.36)就属于这一类同轴腔。在 Okamoto 腔中,圆形缝隙的形状对于形成电场具有决定性作用,由于形状规整的边缘场的应用,电场是对称的,并且在等离子体边缘有同样的密度。多缝隙

("漏墙")的应用可以进一步提升等离子体的稳定性。微波场的对称激发是非常重要的。Jankowski 等[68]提出了一种 TEM 模式腔(见图 3.37),在这种腔中对称是通过使用同轴耦合器和一个前置环形调谐器实现的,它们都被对称地放置在径向腔体的轴线上。有很多方式可以获得径向对称激发。

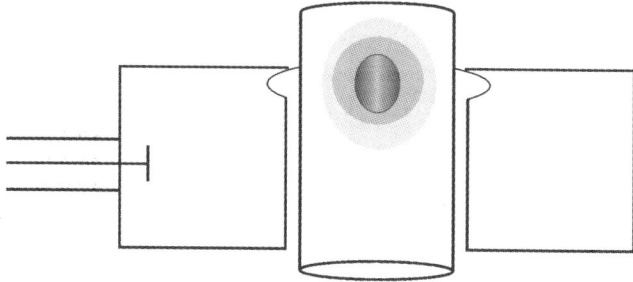

图 3.34　厚的径向腔(Surfatron)

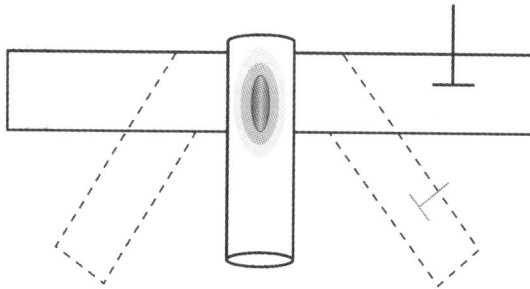

图 3.35　径向到同轴的转换

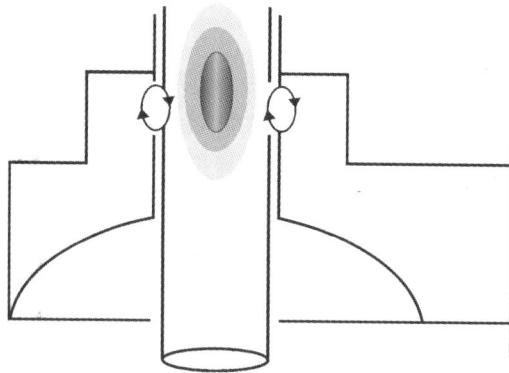

图 3.36　一种 Okamoto 腔[22]

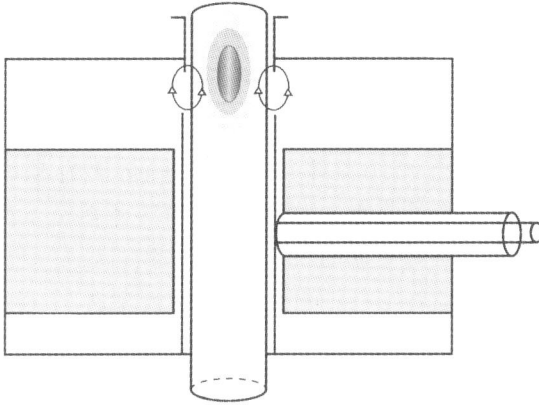

图 3.37　一种 TEM 模式腔

在图 3.38 所示的腔前部,额外安装了一个圆环调谐器来调整谐振腔的频率。在后部,用了一个径向谐振腔,以保证从后短路板到同轴馈入线所在点的电

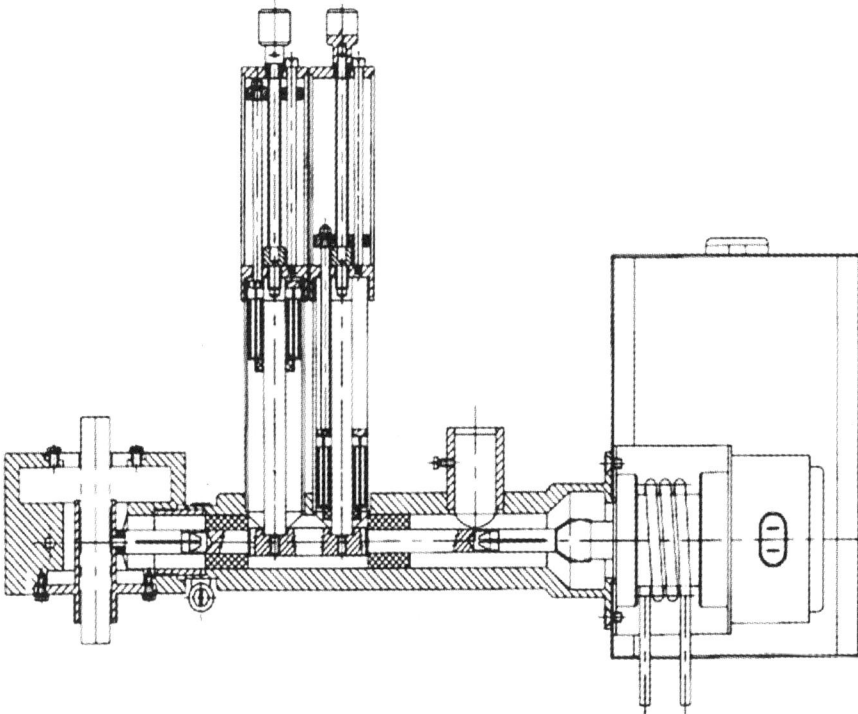

图 3.38　一种 TEM 模式腔的剖面图(打开的"短烟囱"是为了放置反射计;注意,所有磁控管天线都用同轴连接)

学长度为 3/8 波长。从馈入线到前置腔的平面大约为 1/4 波长。馈入线配有双销钉同轴调谐器,它由连续波磁控管的天线直接供电。TEM 模式腔的腔体装备水冷,这是必要的,因为该腔的最大工作功率超过 800W。

(8)折叠式同轴谐振腔

折叠结构的应用是为了减小腔体的三维尺寸,同时也是为了减少耦合和调谐的干扰。在如图 3.39 所示的腔中,同轴线的内导体在 1/4 波长处被折叠。结果,调谐器和耦合天线都朝向锥形端所形成的高阻抗区域。[69]

图 3.40 所示的是一种新型 TEM 模式腔,该腔额外装备了低阻抗部分和一个前置调谐环,可以更加对称地传输微波场分布。

最后一个例子(见图 3.41)具有天线和藏在折叠屏蔽层后面的调谐电容,在末端形成了一个低阻抗的锥形部分。人们可以期待,这种腔将会吸引潜在用户的注意力。

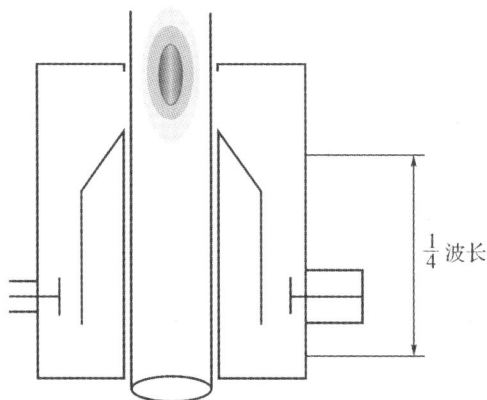

图 3.39   TEM 模式同轴腔的折叠版本

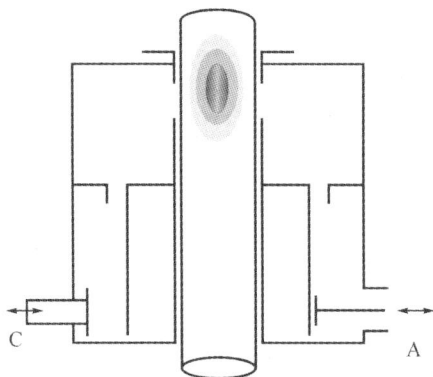

图 3.40   另一种带有低阻抗部分的 TEM 模式腔

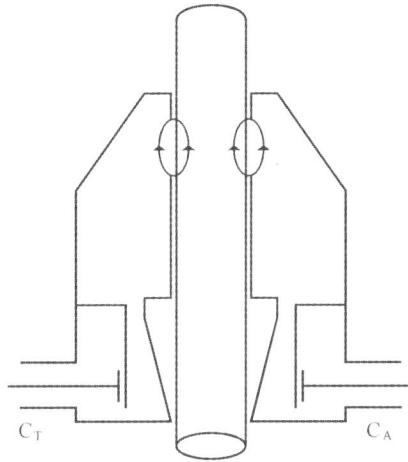

图 3.41　一种新型 TEM 模式腔

(9)微波驱动的辉光放电

　　一种带有折叠式介电管的腔已被用于产生无电极的辉光放电等离子体。已申请的专利对其单光源和双光源结构(见图 3.42)都提出了权利要求。[70]折叠管的结构可以很容易地通过同时焊接两个不同直径的石英管边缘来实现。当气压在 100～10 000Pa 范围内、功率在 10～250W 范围内时,所获得的空气、氧气、氮气和氦气等离子体都很稳定。

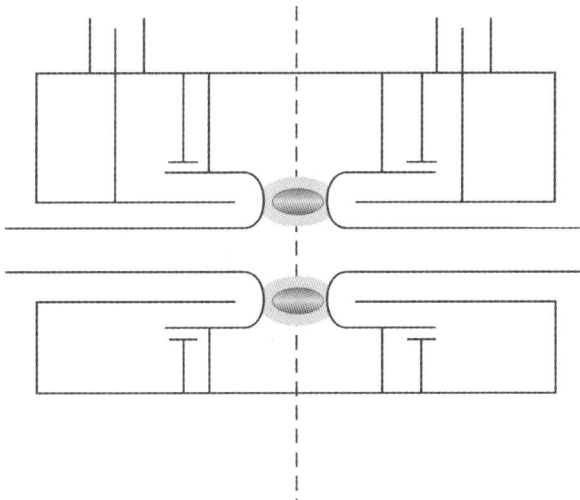

图 3.42　内嵌石英管的双辉光放电光源

(10)双环谐振腔

这种腔[12,60]与 Knapp 等[10]报道的所谓稳定电容等离子体(stabilized capacitive plasma, SCP)腔很相似,激发是由附着在放电管上的两个圆环实现的,能量由射频电源提供。请注意,在本书的分类中,带有介电管阻挡层的微波驱动 SCP(见图3.43)是 MIP,而不是通常提到的 CMP。

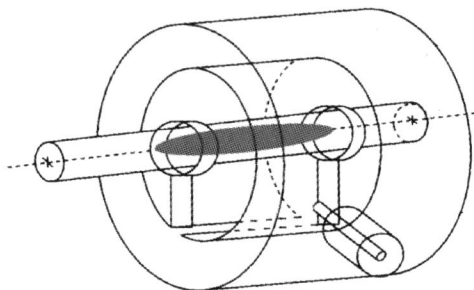

图 3.43   Piotrowski 等[12] 提出的谐振腔

(11)带状线谐振腔

带状线谐振腔(见图3.44),最初是由 Barnes 和 Reszke[71]申请了专利,装备了一个能够通氩气和氦气的绝缘管,可以在带的两边形成两个等离子体。另一方面,当一边的缝隙高度降低时,该器件会促进表面波沿等离子体的传输,与 Surfaguide 类似,它显然可以被称为"Surfastrip"(见图3.45)。

现代带有插入蓝宝石陶瓷的介电管的带状线谐振腔和带有介质阻挡层的各种可能的带状线组件已经被广泛报道(见图3.46、3.47)。[54—56]

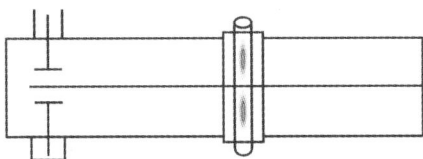

图 3.44   带状线谐振腔

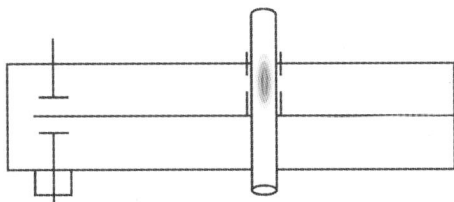

图 3.45   Surfastrip 谐振腔

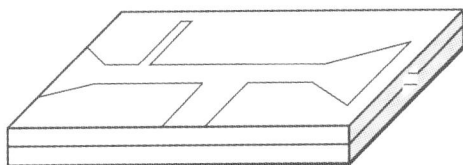

图 3.46　基于等离子体发生器的带状线谐振腔

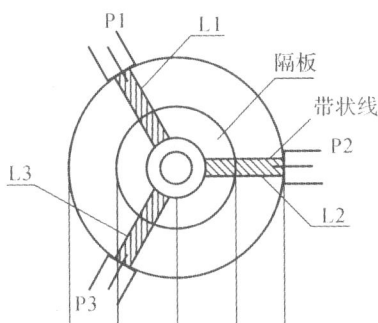

图 3.47　一种三相位带状线谐振腔：L1～L3 是带状线，P1～P3 是功率输入

(12)平板线谐振腔

Outred 等[72]在一个平板线谐振腔中使用了单电极设计，这种设计把采用 1/4 波长天线耦合环的简单思想和用以提升无极放电灯(electrodeless discharge lamp，EDL)匹配的低阻抗部分(low impedance section，LIS)结合了起来(见图 3.48)。这种耦合利用了 1/4 波长波导段，这种波导段在本书描述的多相位腔中已用到过。

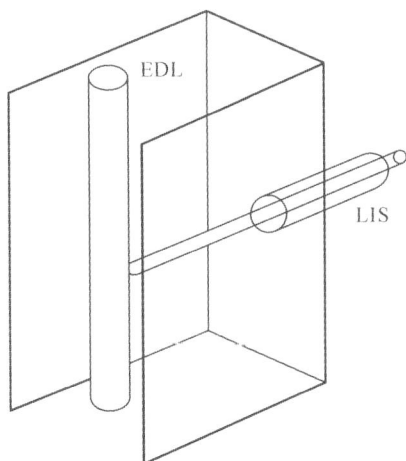

图 3.48　平板线谐振腔中的 1/4 波长耦合环

(13)带有正交旋转场的圆形波导谐振腔

两个 TE_{11} 模式可以在两个正交平面中被同时激发,结果就形成了一个在圆形波导中传播的旋转场(见图 3.49)。这种腔可以产生稳定的等离子体,但是可能体积太大而不适合用于分析应用。这种思想已被应用到高效微波激发灯的能量传输上。

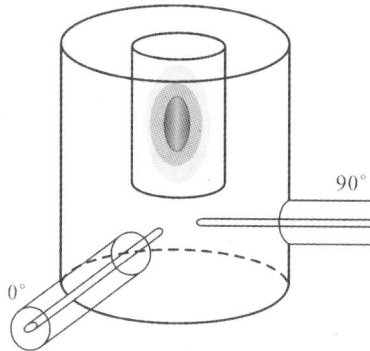

图 3.49 TE_{111} 旋转模式等离子体管

另一种旋转场系统已经申请了专利,该系统以封闭的充气灯泡供能高密度放电灯。[73] 利用混合耦合器已获得了四相位的射频电源。把首先出现的在俄国设计与实现的用于激发等离子体的旋转场系统加在该系统上,应该很有意思。一种工作在 915MHz 下的 500kW(!) 等离子体管已被用于等离子体化学处理,例如 H_2S 的重整。[74]

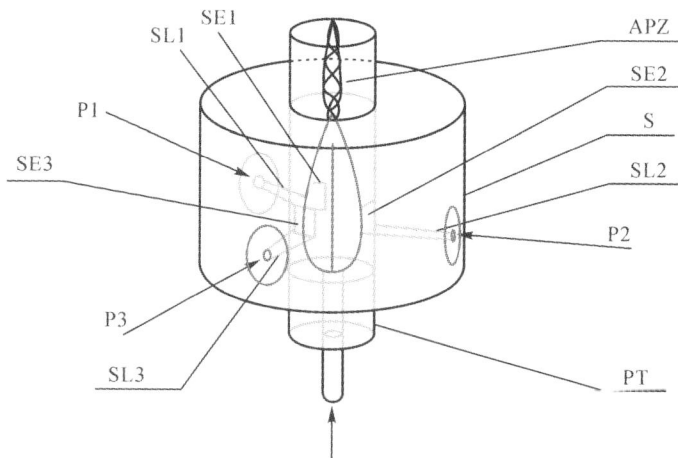

图 3.50   三相位 MIP:P1~P3 是功率输入,SL1~SL3 是带状线,SE1~SE3 是带状电极,PT 是等离子体炬管,APZ 是等离子体分析区域,S 是屏蔽层

(14)带有带状线和绝缘屏蔽层的旋转场设计

一种带有介质阻挡层和旋转微波场的谐振腔如图 3.50(见上页)所示,能量从同轴端口 P1、P2 和 P3 输入,每个端口相位差为 120°。能量通过置于接近等离子体管外表面的电容片耦合进等离子体。类似的由 4 个螺旋线圈组成的多螺旋耦合结构如图 3.51 所示。

值得注意的是,旋转场方式在采用多相市电电源供电产生大体积辉光放电的时候也很有用。12 相位的系统已有报道。[83]

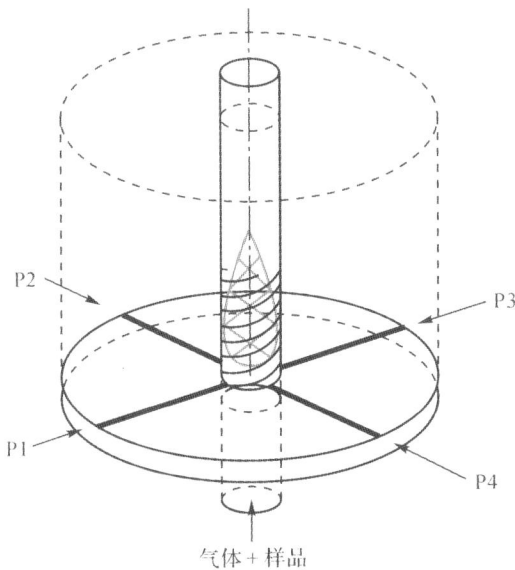

图 3.51　多螺旋 MIP:P1～P4 是功率输入

3.3.2　H 型微波等离子体光源

3.3.2.1　带有螺线管型磁场线分布的 TE_{011} 模式谐振腔

采用这种腔产生等离子体有着悠久的历史。这种方法有几个不足,例如:谐振腔调谐困难和高效的 TE_{011} 模式耦合困难(见图 3.52)。Asmussen 等[75]发明了一种可在低压下工作的腔。文献[27]中用 2.45GHz 频率在 1500W 下获得了常压的氧等离子体。

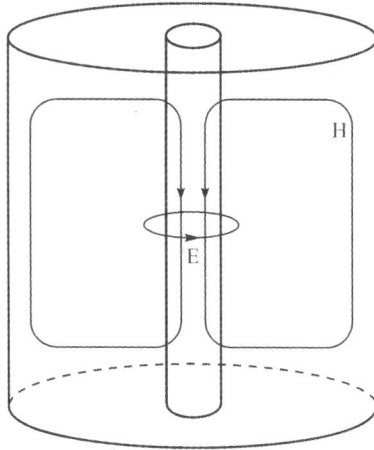

图 3.52　带有 TE$_{011}$ 模式谐振腔的微波 ICP

3.3.2.2　带集总电感的 H 型腔

(1)平面线圈的类 ICP 等离子体

这种等离子体只有在低压下才能形成。[2]有一种蛇形或阿基米德螺旋的设计(见图 3.53、3.54),用频率为 144MHz 的常规射频发生器在 50W 功率下就能产生常压等离子体。[16]

Hopwood[76]研究了采用微加工工艺制作的单圈和多圈 ICP 结构,可以在低气流下工作。

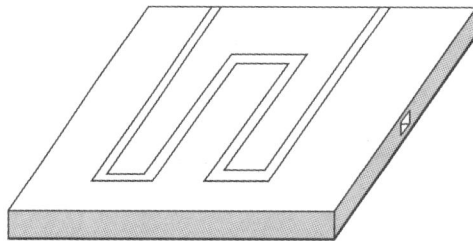

图 3.53　蛇形耦合线圈

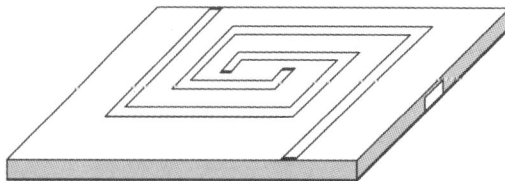

图 3.54　平板 ICP 的阿基米德线圈

（2）半集总多螺旋线型 MW-ICP

这是一种使用多螺旋线圈的新思想，每一个螺旋只有一圈中的一段，每一段的长度都比微波波长小，结果开发出了一种 H 型类 ICP 的微波驱动的等离子体发生器（见图 3.55、3.56）。[6] 学者们提出的这种新思想不仅可以使微波频率受益，因为此时 ICP 线圈的单圈长度对于集总电感来说太长了，而且也能作为改进传统射频电路对称性的方法，去进一步最小化通常与常规射频线圈相伴的电场。

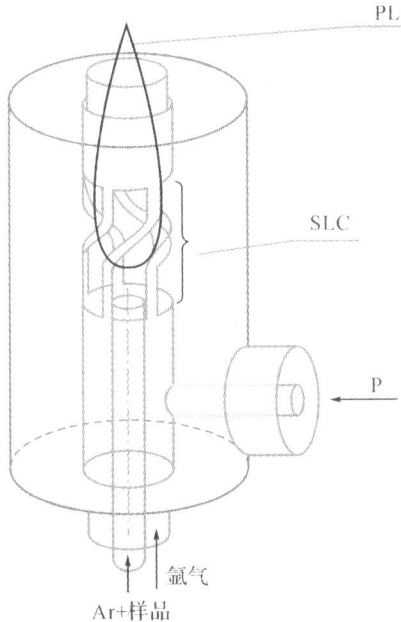

图 3.55　MW 型半集总线圈（semi-lumped coil,SLC）:PL 是等离子体,P 是功率输入

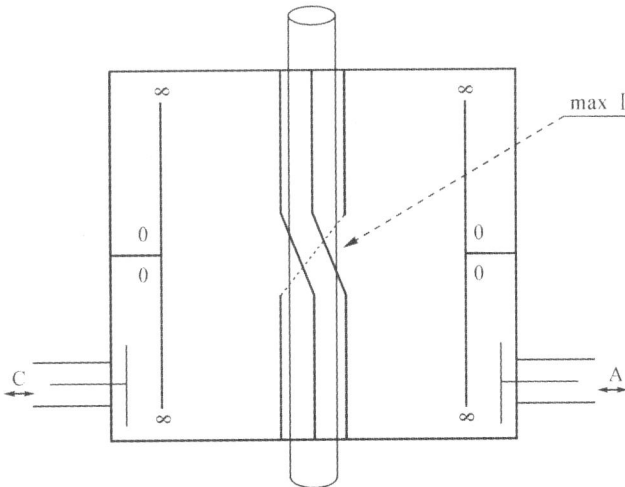

图 3.56　MW-ICP 的实际耦合器

在微波范围内,这种新方法可以让 H 型条件通过合并由部分线圈的半集总电感产生的场来实现,从而可在等离子体管中产生非常纯净的磁场。[6,27]

(3)多回路分体式功率源设计

一种可获得流行磁场的多回路分体式功率源可采用如图 3.57 所示的设计。这种装置也可被用作解释前面所述的非整圈螺旋线圈工作原理的基础。把它们分开来讲可能过于说教,因为不用分体式功率源,也可以引入多个功率放大器,每一个都以相同的相位或以期望的相位偏移工作(见图 3.58)。

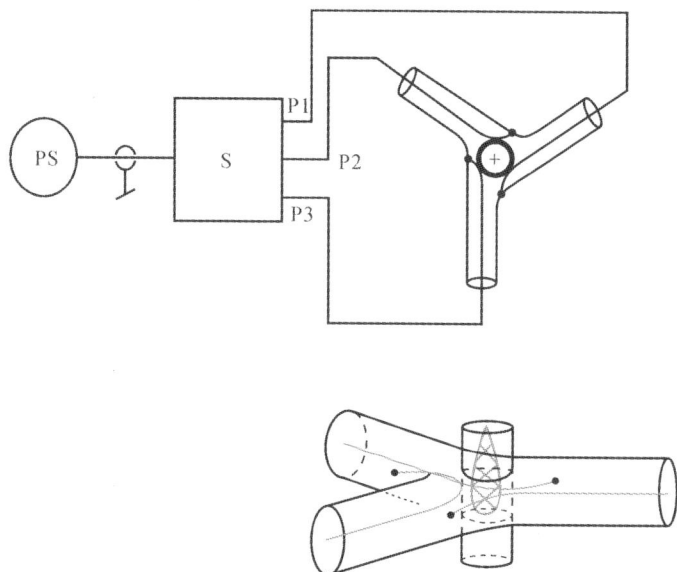

图 3.57 一种多回路耦合器:PS 是功率源,S 是功率分配器,P1～P3 是等相位功率输入

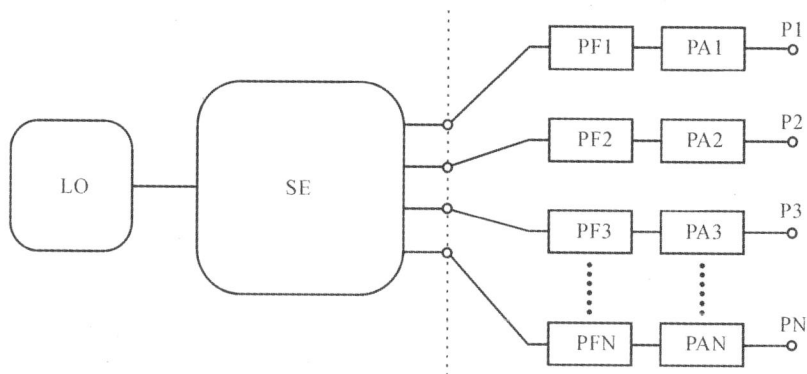

图 3.58 多功率放大器的应用:LO 是本机振荡器,SE 是分配器,PF1～PFN
是相移器,PA1～PAN 是功率放大器,P1～PN 是功率输入

（4）单个矩形波导中的磁场耦合

在单个矩形波导的磁场耦合结构（见图 3.59）中，炬管垂直于波导的窄边。[7]与圆柱形的 TE_{011} 谐振腔相比，这种耦合方式的好处是：可采用标准的电磁场或多销钉调谐器调节矩形波导中的阻抗。其缺点是：这种磁场并不是精确地围绕着等离子体炬呈对称分布。然而，所报道的分析结果还令人满意。

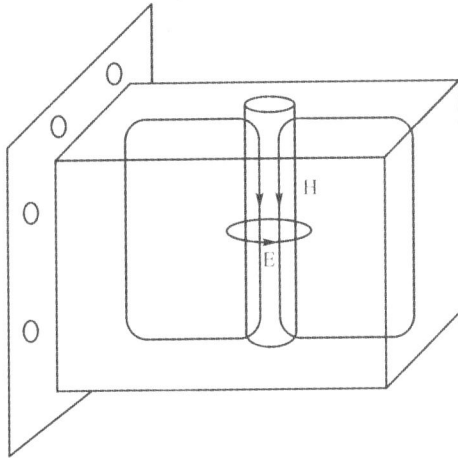

图 3.59　Hammer[7]所公开的 H 型波导耦合

（5）多个矩形波导的磁场耦合

按目前的分类方法推论，一种非常对称的 H 型等离子体加热装置可以通过采用由多个矩形波导组成的微波电路（见图 3.60）获得。这种 Hammer 装置的

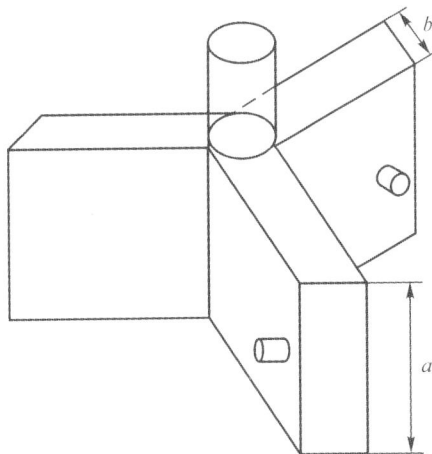

图 3.60　矩形 H 型等离子体耦合器的星形连接，它可用一个功率分配器或几个独立的微波功率源工作

改进型想法来自于等离子体的无方向性分体式微波源。这种想法由作者在2007年首次提出。[77]用于此情况的三相位不仅限于采用三个矩形波导,而且也可用三个鳍线集中器或三个带状线耦合器。此外,还可以用更多的相位和其他类型的微波传输线,例如,常规或共平面的带状线结构也都是可行的。

3.3.3 电磁混合型微波等离子体源

这种类型的腔很明显是 E、H 型分类的结果,单、双螺旋结构都已试验过了,并已证实了它们对用于激发常压和减压放电的等离子体耦合器的适用性。这类腔体的优点是:具有很好的阻抗匹配特性,其阻抗匹配似乎与等离子体气体无关,并且不经操作者的调谐就可达到。

3.3.3.1 单螺旋单相位设计

这种设计和螺旋形射频等离子体反应器相似,[64]如图 3.61 所示。

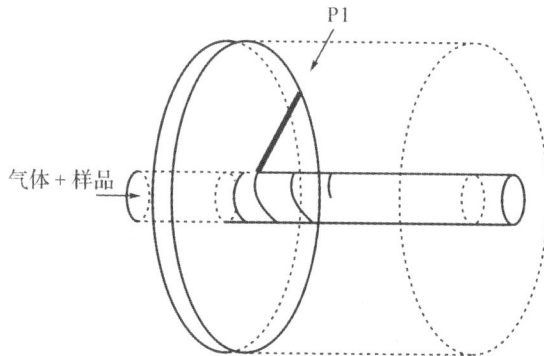

图 3.61 单螺旋耦合器:P1 是功率输入

3.3.3.2 双螺旋双相位设计

双螺旋双相位的装置可按照双螺旋间相位差为 90° 或 180° 来组装(见图 3.62)。当相位差为 90° 时,人们可以利用自匹配原理,这是基于相位差为 180° 的反射波不能被叠加到分体式功率源上且只能返回去再次加热等离子体的事实。

3.3.3.3 三或四螺旋

三或四螺旋结构可能对应的是三个或四个相位(见图 3.63)。如果有需要的话,也可以用更多的相位。多相位结构的一个典型特征就是对称加热,这应该是旋转场的效果,为等离子体阻抗和分体式微波源阻抗的自匹配提供了可能。相位数越多,越能够对称地加热等离子体,也越容易获得环状的放电。

3.3.3.4 环-隙概念

Froncisz 和 Hyde[78]发明了一种有趣的半集总微波电路,叫作环-隙谐振器。这种谐振器用在电子顺磁共振波谱仪上,样品里磁场的均一性在这里是很重要

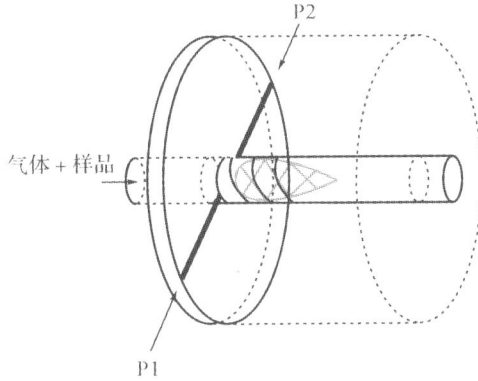

图 3.62　双螺旋耦合器:P1、P2 是功率输入

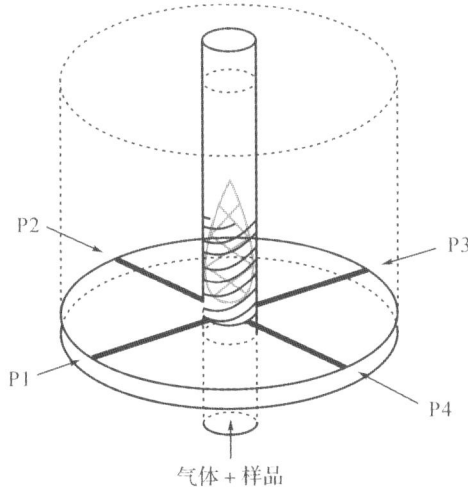

图 3.63　一种四螺旋四相位供能的等离子体腔

的。在一个已公开的专利[79]里,提到过一种类似的隙长约为其一半的器件,声称这是保证在最小功率下就能点燃等离子体的一种方法,同时也确保等离子体得以维持。

3.3.3.5　环-隙与波导的结合

已经有人申请了用环-隙与波导结合作为等离子体器件的技术专利。[79]它包含单个或多个环-隙谐振器,采用矩形波导提供能量(见图 3.64)。如此安装的等离子体源能够在常压下产生稳定的氧气、氮气或空气等离子体。

3.3.3.6　用介电波导产生的放电

考虑到我们身边能用的氧化硅无穷无尽,如果能够开发出这样一种等离子体源将会很有用:等离子体炬管起微波波导结构的角色,同时也是将微波能聚焦

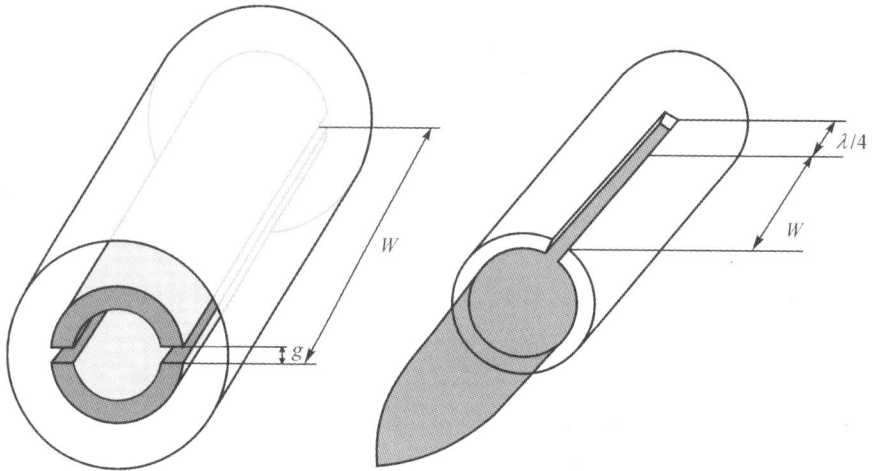

图 3.64　环-隙谐振器[78]和一个已公开专利中的环-隙等离子体耦合器[79]

到放电中的手段。这种器件已被作为一种紧凑的照明用无极放电灯注册了,[80]在不久的将来,它可能会成为一种有前景的 MIP。

3.4　环形微波等离子体的获得

3.4.1　用对称微波能耦合结构获得环形等离子体

3.4.1.1　平稳场的实例

在高功率等离子体管中,要想获得对称的振荡模式,必须用专门的方法引入高模式纯度,例如,前面提到的模式纯度过滤,可用将一个径向线谐振器与一个平滑的波导到同轴转换器相串联加以实现(见图 3.30)。下面是一些实现方法。

(1)好的对称性可以通过在 TEM 模式腔中低阻抗部分加上一个圆形谐振腔的对称同轴耦合来实现,如图 3.40 所示,也可以用诸如那些用在 Surfatron 中的对称同轴缝隙来实现(见图 3.34)。

(2)环形等离子体可以用 MPT 获得,在 MPT 中等离子体能够沿轴线对称地铺开,如图 3.9 所示。

(3)如图 3.13 所示,以常见的分相位多焰方式实现 MPT 的延续。

(4)不同的 TEM 模式谐振腔装置与同轴耦合及低阻抗部分以如图 3.40 所示的方式联用。

(5)通过狭缝实现多点无方向耦合,如 SLAN、Cyrranus 和 Kirjushin 设计

（见图 3.32），以及如图 3.19 所示的"漏墙"。

（6）用多个对称分布的天线实现多点等离子体激发，例如，在等离子体周围放置多个短路环（见图 3.57），也包括如图 3.51 所示的多螺旋线圈技术。

（7）采用多波导结构，特别是那些能促进 H 型放电的结构。

3.4.1.2　非平稳场的实例

（1）利用由同一功率源分裂或组合了多个经过精密综合和同步的独立功率源的旋转场。

（2）在一个圆形波导中，两个正交的 TE_{11} 基模所传递的同步旋转场在其轴线上有最大的场强。这种系统已被建议用来给无电极放电灯提供微波能。

（3）随机旋转的场可以利用两个独立的、相位和频率都不同的功率源获得。场的旋转频率与两个功率源之间的频率差相同。一个起偏器-合成器可以用于引入功率源之间的隔离。

（4）将多个电极连接到三个以上的相位上，并使每个相位的相移等于 360°除以相位的个数，可产生一个在轴线上场强最小的同步旋转场。

（5）换相（切换）场可能是用多个小功率源为几个微放电供能的较佳技术选择。许多微波开关（PIN 二极管或机械开关）都可用于产生一个功率脉冲序列并发送到围绕等离子体的耦合元件中。这种耦合可被布置用于产生预期的等离子体形状。

3.4.2　产生环形等离子体的方法

（1）利用强趋肤效应并控制适当的气流形状。可以将样品沿放电轴的无场强区域注入等离子体。这种技术可以用于大直径等离子体，即当等离子体是用相对大的微波功率和大直径的炬管产生的情况。

（2）仅控制气流形状。通常在炬中有两路分离的气流。这种方法通常效率低，并且在等离子体和样品气流之间需要精确的隔离。

（3）控制圆形缝隙中的边缘场形状（如 Okamoto 腔、Surfatron）。场被部分地限制在对称的缝隙中，以使等离子体边缘能提供比轴线上更强的耦合，从而等离子体轴线上基本没有电流。多个缝隙或密集的螺旋可能形成一种有同样作用的"漏墙"（见图 3.19）。

（4）利用 MPT（见图 3.9）或引入多焰结构（见图 3.13）。

（5）利用有三个以上相位的同步旋转场。

（6）控制能量脉冲的耦合，让其绕等离子体轴线旋转。

3.4.3 环形微波等离子体的获得

旋流状或层流状的屏蔽气可以阻止等离子体炬被熔化;然而,引入对称的微波能量能够保证放电向管壁移动的趋势在所有径向方向上都一致。就算场的对称性是理想的,仍然有必要用足够好的气流形态以维持稳定的等离子体位置。一种新的可产生足够对称的场的例子是采用多圈螺旋线的多环耦合器,它引出了微波驱动型类 ICP 放电概念。实际的环形等离子体已经通过如图 3.65 所示的微波驱动型 ICP 装置实现。

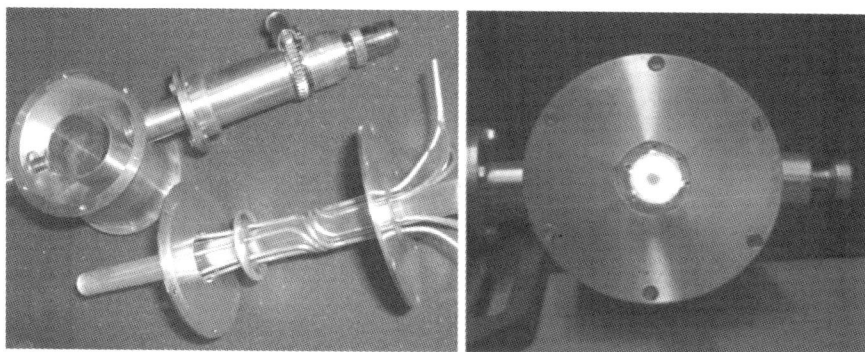

图 3.65   200W 功率的 MW-ICP 装置,氩气为层流(约 1L/min)

使用一种新的 H 型等离子体装置可把微波能对称地耦合进等离子体,该装置采用可能成为微波驱动型 ICP 结构单元的多螺旋线耦合器。普通相电流的应用展示了一种减小圈间电场的方法。这种明显的特点也给传统非微波结构带来了一些改进,如用于射频驱动型 ICP 以减小纵向电场过多引起的扰动,并且可用这种思想让射频能量同时由多个功率放大器提供。H 型微波等离子体具有很大的应用潜力,它们的发展似乎只是个时间问题。

另一个环形等离子体的例子是一种带有双流路炬管的具有良好性能的 E 型 TEM 模式环形腔(见图 3.66)。低气流环形氦 MIP 已被其他作者研究过了。[68,81] 这种新的腔体是同轴耦合器和径向 TEM 模式谐振器相结合的很好的例子。MIP 发展的目标之一就是要把微波能对称耦合进等离子体。最简单的对称模式是 TEM 传输线中所传播的那种。在 TM_{010} 谐振腔中也可以看到这种对称模式,但它仅在其对称性不被扰动的情况下存在。Beenakker 腔的耦合和调节部件是非对称放置的,它们对电场有明显的扰动。若在 Beenakker 腔轴线上放置同轴的耦合和调谐部件,如图 3.24 所示,就可引入所期望的对称性。通过这种方法,作者在低流量(1~3L/min)下获得了环形氦等离子体(见图 3.67)。[68]

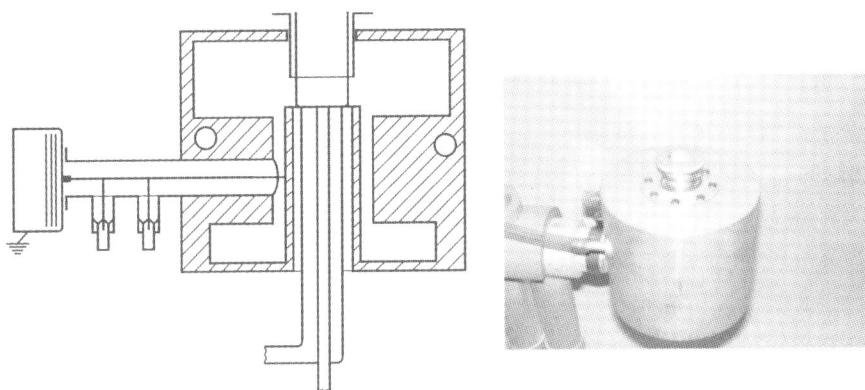

图 3.66　TEM 模式环形腔截面和实物

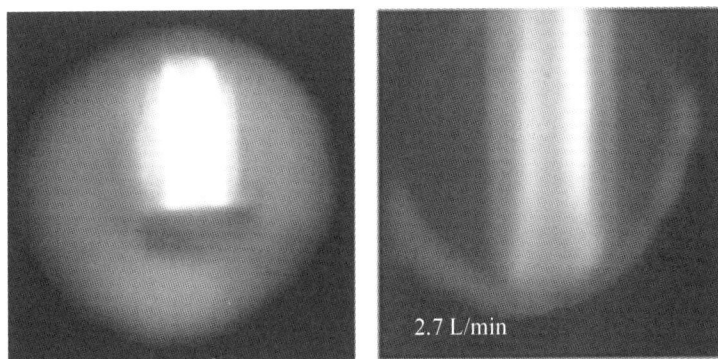

2.7 L/min

图 3.67　低流量下环形氩等离子体

有人已详细描述了一种对称 TEM 模式的双(折叠的)MIP 腔的想法。[69]如图 3.37~3.41 所示的 TEM 模式腔结构,也可以被用作如何让微波能对称耦合进谐振腔而不扰动等离子体加热对称性的例子。

3.5　带旋转微波场的微波谐振腔概念

多相位等离子体(multi-phase plasma)的工作原理非常简单。假设微波能通过电极直接地或通过绝缘层耦合到等离子体中。当相位的数量 $N=2$ 且相位差是 $360°/N=180°$ 时,电极之间的场向量表现为平稳场,平稳场不动,但在交变中两电极都表现出对于接地屏蔽的对称性。然而,当相位差选择 $90°$ 时,场将每周期转动一次。当涉及两个天线的时候,场可能只有在其能在谐振腔中被激发的时候才会产生。也就是谐振腔必须至少有能允许基模被激发的尺寸。如果没有腔，则至少要用两对(四个)电极，每对电极产生 180°相位差的 TEM 模式；第二对电极的相位差也是 180°但是呈正交形式，也就是说，它与第一对是正交的。当包含三个或三个以上电极时，场能以 TEM 模式传播，绕着电极(至少是电极边缘附近)转动，不管是接触等离子体还是通过介电材料的屏蔽起作用。每一个所涉及的电极，即便是它和等离子体接触的时候，都可以工作而不会出现由于蚀刻或溅射而释放出电极材料的问题。如果电场频率很低，例如交流电源的线路频率，则取决于电极上的实际信号，电极会随着所传导的交流电流的变化而周期地变为阳极或阴极。这种类型的旋转场不只可在微波频率下被激发。首先是在电源频率下发生两相电弧。通过变换不同的频率，可以获得电源频率、声音频率、射频频率和微波频率的放电。在较高的射频和微波情况下，放电在电极尖端周围发生，电极与等离子体间的电容通常都足够高，以至能以电容传导的方式传递电流。这意味着在微波频率下不用实体介电阻挡层的无电极模式也可以实现。旋转场激发的放电已经被应用于无极放电灯[73]和等离子体处理过程[74]。这种用旋转微波场在圆形波导里产生等离子体的方法已被用于一种超高功率等离子体管[64,82,86]和一种金刚石生长等离子体设备[77]中。

　　多相位混合功率源系统可以用多个高功率振荡器或带功率放大器的常规振荡器来实现，振荡器需要手动调节同步相位以实现所需的通道数，每个通道幅度相同，相位不同。从明确实验条件的观点看，每一个通道都应该用铁氧体隔离器或带有阻抗匹配用三端口的环形器来终止。在这种情况下，无论等离子体对传输线的匹配参数如何，反射功率都不会受功率和相位改变的影响。[3]使用稳定的功率放大器也能保证多相位系统所需的刚性。更仔细地研究等离子体匹配问题，将会看到多相位系统中容易发生的自补偿可能性。当把几个模相同但相位不同的阻抗展示在史密斯图上时，就可清楚地显示出这种可能性。[3]首先对每一个通道阻抗适当加和的结果会使总阻抗的虚部减小到 0，这意味着该系统具有自动调节其谐振频率的能力。这种特征可以通过对一个简单的多相系统进行分析推断得到，该多相系统由 N 段同轴线组成，每一段同轴线都有不同的长度以提供不同的相移。每一段都有代表该等离子体负载的任意终端导纳，还有通过具有特征波导纳 Y_0 那段长度所实现的 Y_L 的转换所得的输入导纳 Y_n。所有这些导纳加和得到的导纳总值可用下式计算：

$$Y_{in} = \sum_{n=1}^{N} Y_n = \sum_{n=1}^{N} (G_n + jB_n) ,$$

$$Y_n = G_n + jB_n = \frac{Y_L + jY_0 \tan(\beta l_n)}{Y_0 + jY_L \tan(\beta l_n)}$$

其中,Y_n 是可以用通用公式计算出来的第 n 段的复输入导纳。[3]

　　用上面的公式可以证明一些结论,例如电极数量 $N \geqslant 3$ 时,输入导纳的虚部(即输入电纳 B_{in})就消失了,只留下需要与微波源的输出导纳相匹配的实部值 G_{in}。然而,微波能量均分只有在所有 Y_n 的实部(即电导 G_n)都相同的情况下,例如,当相位数量 $N=4$ 且 Y_1 的相位角是与 $\lambda/8$ 相匹配的 $45°$ 时。在这种情况下,才可能获得如图 3.68 所示的最简单的等离子体腔结构,此处 $l_1 = \lambda/8 + n\lambda/2$,$l_2 = 3\lambda/8 + n\lambda/2$,$l_3 = 5\lambda/8 + n\lambda/2$。另一种类似等离子体腔的简单结构如图 3.69 所示,在这里 4 个长度为 $\lambda/4$ 的天线用具有不同特征阻抗的 $\lambda/4$ 同轴线连接到了一个共同的接点上。

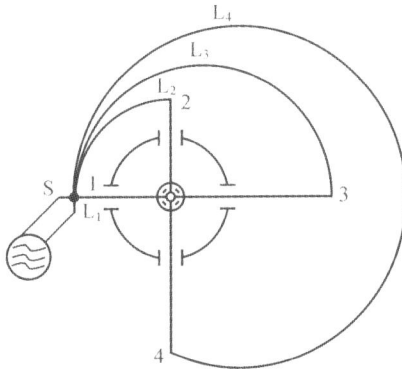

图 3.68　简单的四相位电极微波腔

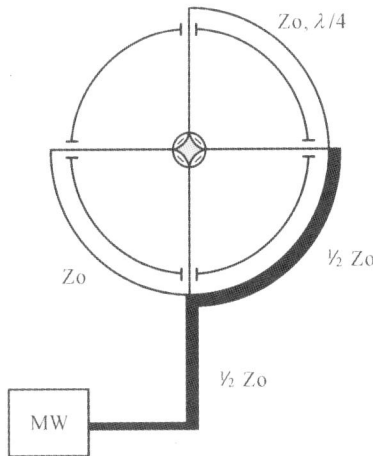

图 3.69　基于通用 TV 天线分配器设计的一种腔

　　在更一般的情况下,当涉及任意数目的相位时,将通道加以分隔是必要的。这可以通过铁氧体环形器实现。出于实验目的,若要控制系统中每一路功率流,利用铁氧体隔离器是很方便的,铁氧体隔离器可以保证反射功率不会影响电极间微波能量相等的部分。隔离器也可以用第三个臂接到一个假负载上的铁氧体环形器替代,如图 3.70 所示。

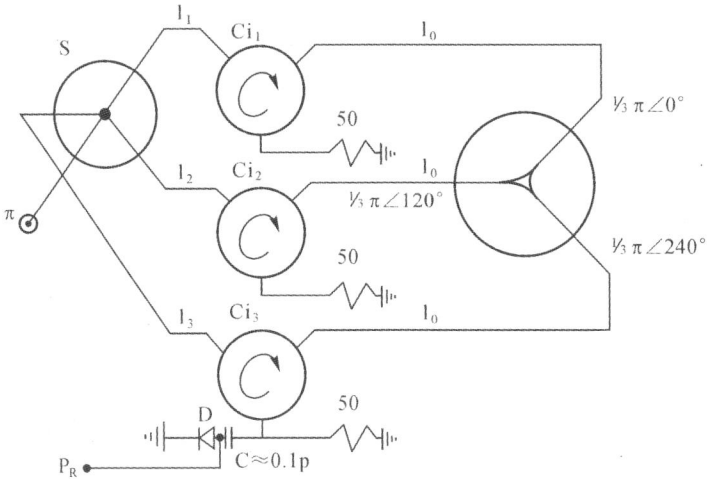

图 3.70　一套典型的实验系统,带有 1 个功率分配器(S)、3 个隔离器(环形器)和 1 个反射功率监控二极管(D)

　　然而,微波环形器还能起非互惠相移器的作用,它的使用使得真正补偿等离子体的反射功率成为可能,如图 3.71 所示。实际上,最初的想法是如何建立一个无须调谐的系统。对每一个通道(见图 3.71)来说,从等离子体反射的波会有 120°相位差,并且由于它们的向量和总是为 0,以致各个通道的波不能叠加,因此,波只能再次返回等离子体。当然,这也可用于较大数量具有相同自调谐特性

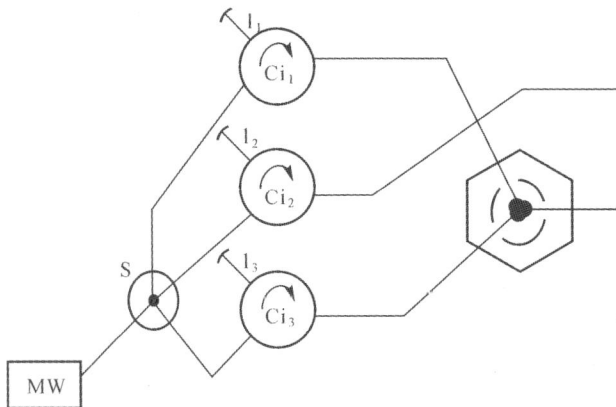

图 3.71　带自补偿反射功率的等离子体系统(一个三相位的实例)

的相位。

通道隔离器的作用可通过在每一个通道都分别引入功率放大器来实现。将功率按通道分配的新系统对固态源的应用特别适合,甚至是有益的。在图 3.72 中,一套功率放大器(5 个)被用于等离子体的产生。

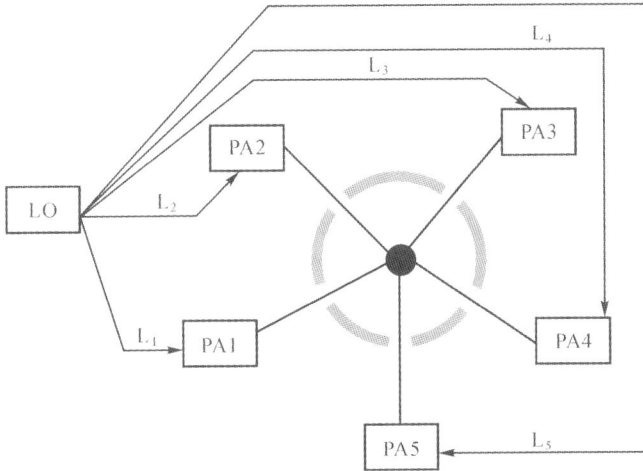

图 3.72　一个由单个本机振荡器(LO)驱动的、用功率放大器 PA1～PA5 构成的等离子体系统

甚至可将一个相对大的功率(1～3kW)用于采用常规功率放大器的 10 通道系统中,而对于每个相位都必需的向量运算则可在低功率端完成。

3.5.1　对新的 CMP 系统中等离子体污染的评论

具有所有 CMP 特性的旋转等离子体电极系统可能通过电极材料的溅射、熔化或者与样品、等离子体气体、溶液、样品载气等的化学反应而使等离子体被电极材料污染。为了保护电极,人们可以利用一路特别的电极保护气,在适当的流量下阻止电极烧蚀。相应的实验结果如图 3.73 所示。

其他无污染系统已经通过在电极尖端覆盖一层铂实现。而且,通过把 CMP 系统转换为 MIP 系统,也已经有了成功的尝试。该目标也可以简单地通过把电极尖端嵌入耐高温的蓝宝石陶瓷外壳实现。

类似的无管结构可以通过使用基于圆杜形谐振腔的 MIP 来实现,该 MIP 带有一套附加的用于改进等离子体稳定性的、增强样品通过等离子体的能力以及提高微波场对称性的 CMP 绝缘包埋式电极。

新的多电极 CMP 腔有几个有趣的特点。首先,等离子体在平面上产生,电极和屏蔽罩之间的电流不重要了或者可以忽略。第二,这种新的腔不仅可以在

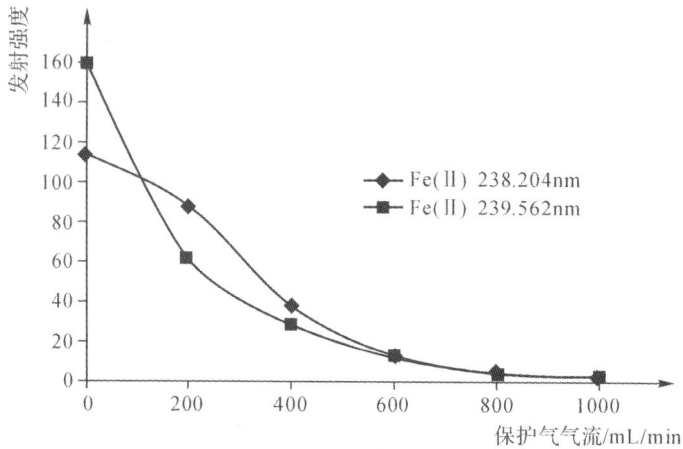

图 3.73　Fe 发射线的减弱与保护气气流的关系

微波频率下工作,而且可以在更低的频率下工作。这考虑到了公用相(多焰炬)和多相旋转场的设计。在低频情况下,公用相 $1/4\lambda$ 类威尔金森(Wilkinson)分配器可以通过应用末端带有谐振电容器的串联电感来实现。

旋转等离子体工作在电源频率并在 20 世纪 80 年代应用于分析化学。[84]这种等离子体也可以在音频和射频频率产生。使用更高的频率似乎是有利的。在我们的一个实验中,利用 27MHz 的频率和 TV 馈线,已取得了肯定的结果。此外,在大气压辉光放电应用中,实验频率向下扩展到了音频,并且在低于 1kHz 的频率下获得了非常稳定的冷等离子体,这是该技术的完全非周期性的一个有力证明。例如,一个由三相电源衍生而来的基于 12 相的频率为 600Hz(音频)的等离子体系统在碳纳米管的生产上获得了应用。[83]三相旋转场激发的等离子体在特殊纤维的拼接方面已有工业应用,[84]这里所用的三相场工作在 30kHz 频率下。还有人报道了一种频率在 915MHz、功率达 500kW 的旋转微波场等离子体加热系统。[85]

值得强调的是,多相技术可能也适用于产生除圆形之外的等离子体,例如,利用带有内嵌或双列封装的带状线阶梯结构的多相电极,平面型等离子体可以在微机电系统(micro electro-mechanical system,MEMS)的表面产生。

3.6　结束语:对未来的思考

按目前的等离子体分类,需要阐明一些术语上的难点。其中一个难点与 CMP 有关,CMP 是多年前提出的一种单电极同轴腔结构,尽管等离子体和金属存在接触,但是光谱并没有受到污染。这是由于微波有一种很特别的特性,即微波能可以很高效地通过等离子体和金属电极间的缝隙所形成的很小的电容耦合进等离子体。在射频频率,电容耦合等离子体通常意味着有一个固体绝缘介质把等离子体和电极分开。如果没有固体绝缘介质,则该放电叫作射频电弧。另一个难点与 MIP 有关,它明显是微波而不是射频器件。再往更低的频率去,人们会注意到,术语"介电阻挡层"实际上用得更广泛,并被扩展应用到其他电容耦合射频或交流等离子体,以及类推至所有 MIP。然而必须注意,这里的介电阻挡层并不是用于隔离电势,而首先是用于限制射频或每单位表面的交流电流(电流密度),并以这种方法消除任何形成电弧的趋势。电阻或其他一些电流限制方法也可扮演同样的电流密度限制角色,例如,带有小孔网的金属或非金属板材可使等离子体收缩,并让等离子体看起来像煤气灯。

已知的微波频率 H 和 EH 型等离子体大部分是 MIP,但或许人们也可以想到一些可能的 CMP 实现方式。

目前的分类方法清晰地表明了其在创造新的 MIP 腔和指出高效微波等离子体激发源或离子源的设计要素方面的有效性。换句话说,至少有 5 种新的结构是通过此分类被推导出来并被确认是值得尝试而设计出来的。其中有 3 种 TEM 模式对称腔,2 种新型 H 型腔和 3 种螺旋形混合 EH 型腔,还有一些不同的非平稳场设计,包括一些可能的振幅调制或开关调制等离子体加热场及多相位激发模式。

分析仪器的发展可能是一个永无尽头的故事。每年都可以看到一些特别的改进或完全的创新。这一说法用于 MWP 也是合适的。每一项创新都将受到广泛的检验并被很多实验室的研究者接受,最终还应被设备制造商接受。新的分类方法当然已经拓展了可能的设计范围,并可能有助于在未来找到一些新的解决方案。

参考文献

[1] G. I. Babat. *News of Electro-industry*,1942,3:47-51. In Russian.

[2] M. F. Zhukov. *Theory of the Electric Arc*. Novosibirsk:Nauka,1977. In Russian.

[3] D. M. Pozar. *Microwave Engineering*. New York:Wiley,2005.

[4] E. H. Evans, J. J. Giglio, T. M. Castillano and J. A. Caruso. *Inductively Coupled and Microwave Induced Plasma Sources for Mass*

Spectrometry. Cambridge: RSC, 2005.

　　[5]E. Reszke *et al.*. *Microwave H-type Discharge Trials*. Plazmatronika Report 2001/2.

　　[6]E. Reszke, K. Jankowski and A. Ramsza. *Pol. Pat. Appl.*, P-385484,2008.

　　[7] M. R. Hammer. *US Pat.*, 7030979, 2006; *US Pat.*, 6683272, 2004.

　　[8] M. R. Hammer. *Spectrochim. Acta, Part B*, 2008, 63: 456-464.

　　[9] J. D. Cobine and D. A. Wilbur. *J. Appl. Phys.*, 1951, 22: 835-841.

　　[10] G. Knapp, E. Leitner, M. Michaelis, B. Platzer and A. Schalk. *Int. J. Environ. Anal. Chem.*, 1990, 38: 369-378.

　　[11] A. Simon, T. Frentiu, S. D. Anghel and S. Simon. *J. Anal. At. Spectrom.*, 2000, 20: 957-965.

　　[12] A. Piotrowski, R. Parosa, E. Reszke and J. Rzepka. In: *Proceedings of the 18th ICPIG*. Swansea, 1987, 4: 860-861.

　　[13] M. Willert-Porada. *Advances in Microwave and Radio Frequency Processing*. Berlin: Springer, 2006.

　　[14] A. C. Metaxas. *Foundations of Electroheat*. New York: Wiley, 1996.

　　[15] Gerling Applied Engineering, Inc.. *Advanced Microwave Heating Technology*. www.2450mhz.com.

　　[16] T. Ichiki, T. Koidesawa and Y. Horiike. *Plasma Sources Sci. Technol.*, 2003, 12: S16-S20.

　　[17] M. Miclea and J. Franzke. *Plasma Chem. Plasma Process.*, 2007, 27: 205-224.

　　[18] J. A. C. Broekaert, V. Siemens and N. H. Bings. *IEEE Trans. Plasma Sci.*, 2005, 33: 560-561.

　　[19] C. I. M. Beenakker. *Spectrochim. Acta, Part B*, 1976, 31: 483-486.

　　[20] J. Asmussen, R. Mallavarpu, J. R. Hamann and H. C. Park. *Proc. IEEE*, 1974, 62: 109-117.

　　[21] P. L. Kapica. *J. Exp. Theor. Phys.*, 1969, 57: 1801. In Russian.

　　[22] E. Reszke *et al.*. *Square Shaped Microwave Plasma Cavity*. Plazmatronika Report 2001/1.

[23] H. Feuerbacher. *Microwave Plasma Emission Spectroscopy*. Commercial Leaflet, AHF, Tübingen.

[24] H. Matusiewicz. *Spectrochim. Acta, Part B*, 1992, 47: 1221-1227.

[25] J. Yang, J. Zhang, C. Schickling and J. A. C. Broekaert. *Spectrochim. Acta, Part B*, 1996, 51: 551-562.

[26] K. Jankowski, R. Parosa, A. Ramsza and E. Reszke. *Spectrochim. Acta, Part B*, 1999, 54: 515-525.

[27] E. Reszke. *H-type Microwave Plasmatron*. Ertec Report 2002/3.

[28] P. P. Woskov, D. Y. Rhee, P. Thomas, D. R. Cohn, J. E. Surma and C. H. Titus. *Rev. Sci. Instrum.*, 1996, 67: 3700-3707.

[29] J. Galliker. *Bull. d'Information, Union Internationale d'Electrothermie*, Paris, 1972, 11: 1-12. As cited in M. Hering, *Foundations of Electroheat, Part II*, WNT, Warsaw, 1998. In Polish.

[30] Y. Okamoto. *Anal. Sci.*, 1991, 7: 283-288.

[31] K. Oishi, T. Okumoto, T. Iino, M. Koga, T. Shirasaki and N. Furuta. *Spectrochim. Acta, Part B*, 1994, 49: 901-914.

[32] Y. Okamoto, M. Yasuda and S. Murayama. *Jpn. J. Appl. Phys.*, 1990, 29: L670-L672.

[33] V. P. Kirjushin. *US Pat.*, 3577207, 1971.

[34] H. Conrads and M. Schmidt. *Plasma Sources Sci. Technol.*, 2000, 9: 441-454. See also www. plasmaconsult. com.

[35] R. Spitzl, B. Aschermann and M. Walter. *US Pat.*, 6198224, 2001. See also www. cyrranus. com/pages/welcome. html.

[36] L. Liang, Z. Guixin, L. Yinan, Z. Zhijie, W. Xinxin and L. Chengmu. *Plasma Sci. Technol.*, 2008, 10: 83-88.

[37] R. K. Skogerboe and G. N. Coleman. *Anal. Chem.*, 1976, 48: 611A-622A.

[38] S. Murayama. *Spectrochim. Acta, Part B*, 1970, 25: 191-200.

[39] G. F. Larson and V. A. Fassel. *Anal. Chem.*, 1976, 48: 1161-1166.

[40] Q. Jin, C. Zhu, W. Borer and G. M. Hieftje. *Spectrochim. Acta, Part B*, 1991, 46: 417-430.

[41] Y. S. Bae, W. C. Lee, K. B. Ko, Y. H. Lee, W. Namkung and M. H. Cho. *J. Korean Phys. Soc.*, 2006, 48: 67-74.

[42] R. Stonies, S. Schermer, E. Voges and J. A. C. Broekaert. *Plasma Sources Sci. Technol.*, 2004, 13: 604-611.

[43] S. J. Ray and G. M. Hieftje. *The Winter Conference on Plasma Spectrochemistry*. Florida, 2010.

[44] Q. Jin, G. Yang, A. Yu, J. Liu, H. Zhang and Y. Ben. *J. Natl. Sci. Jilin Univ.*, 1985, 1: 90. In Chinese.

[45] S. J. Ray and G. M. Hieftje. *Anal. Chim. Acta*, 2001, 445: 35-45.

[46] M. Moisan, G. Sauve, Z. Zakrzewski and J. Hubert. *Plasma Sources Sci. Technol.*, 1994, 3: 584-592.

[47] J. Torres, E. Iordanova, E. Benova, J. J. A. M. van der Mullen, A. Gamero and A. Sola. *J. Phys.: Conf. Ser.*, 2006, 44: 179-184.

[48] J. D. Yan, C. F. Pau, S. R. Wylie and M. T. C. Fang. *J. Phys. D: Appl. Phys.*, 2002, 35: 2594-2604.

[49] J. Kim and K. Terashima. *Jpn. Pat.*, 2007, 29: 9720.

[50] J. Kim, M. Katsurai, D. Kim and H. Ohsaki. *Appl. Phys. Lett.*, 2008, 93, 191505.

[51] M. Goch, M. Jasinski, Z. Zakrzewski and J. Mizeraczyk. *Czech. J. Phys.*, 2006, 56(Suppl. 2): B795-B802.

[52] E. J. Wilkinson. In: J. L. B. Walker, D. Myer, F. H. Raab and C. Trask. *Classic Works in RF Engineering*. Boston: Artech House, 2006: 311-313.

[53] M. Horvath, E. Reszke and G. Heltai. *The Colloquium Spectroscopicum Internationale XXXVI*. Budapest, Hungary, 2009.

[54] J. Gregorio, O. Leroy, P. Leprince, L. Alves and C. Boisse-Laporte. *IEEE Trans. Plasma Sci.*, 2009, 37: 797-808.

[55] F. Iza and J. A. Hopwood. *IEEE Trans. Plasma Sci.*, 2003, 31: 782-787.

[56] A. M. Bilgic, E. Voges, U. Engel and J. A. C. Broekaert. *J. Anal. At. Spectrom.*, 2000, 15: 579-580.

[57] M. Nagai, M. Hori and T. Goto. *J. Vac. Sci. Technol. A*, 2005, 23: 221-225.

[58] T. Goto, M. Hori, S. Den and M. Nagai. *US Pat.*, 20080029030.

[59] J. Kim and K. Terashima. *Appl. Phys. Lett.*, 2005, 86, 191504.

[60] R. Parosa and E. Reszke. *Advances in Low-Temperature Plasma*

Chemistry, *Technology*, *Applications*. Lancaster, PA: Technomic Publishing, 1991, 3: 264-274. See also E. Reszke and R. Parosa, *ibid.*, 1991, 1: 1-7.

[61] M. Moisan and Z. Zakrzewski. *J. Phys. D: Appl. Phys.*, 1991, 24: 1025.

[62] M. Jasinski, M. Dors and J. Mizeraczyk. *J. Power Sources*, 2008, 181: 41-45.

[63] Z. Machala, M. Janda, K. Hensel, I. Jedlovsky, L. Lestinska, V. Foltin, V. Martisovits and M. Morvova. *J. Mol. Spectrosc.*, 2007, 243: 194-201.

[64] I. N. Toumanov. *Plasma and High Frequency Processes for Obtaining and Processing Materials*. New York: Nova Publishers, 2002.

[65] K. A. Forbes, E. E. Reszke, P. C. Uden and R. M. Barnes. *J. Anal. At. Spectrom.*, 1991, 6: 57-71.

[66] W. F. Burov and Y. W. Strizhko. *Microwave Plasmatron with Freely Floating Plasmoid*. Publication U. D. K. 621. 181. 662. 9. In Russian.

[67] W. F. Burov. *WO Pat. Appl.*, 2009, 128: 741.

[68] K. Jankowski, A. Jackowska, A. P. Ramsza and E. Reszke. *J. Anal. At. Spectrom.*, 2008, 23: 1234-1238.

[69] E. Reszke *et al.*. *Folded Coaxial Cavities*. Plazmatronika Report 2001/5. In Polish.

[70] K. Jankowski, A. Ramsza and E. Reszke. *Pol. Pat. Appl.*, P-385512, 2008.

[71] R. M. Barnes and E. Reszke. *US Pat.*, 5049843, 1991.

[72] M. Outred and C. B. Hammond. *Phys. Scr.*, 1976, 14: 81.

[73] J. E. Simpson and M. Kamarehi. *US Pat.*, 5227698, 1993.

[74] A. Z. Bogautdinov, V. K. Zhivotov and V. D. Rusanov. *Problems of Nuclear Science and Engineering*, 1987, 2: 57-58.

[75] J. Asmussen, H. H. Lin, B. Manring and R. Fritz. *Rev. Sci. Instrum.*, 1987, 58: 1477-1486.

[76] J. A. Hopwood. *J. Microelectromech. Syst.*, 2000, 9: 309-313.

[77] K. Jankowski, A. Ramsza and E. Reszke. *The East European Symposium on Plasma Chemistry*. Brno, 2007. See also K. Jankowski, A. Ramsza and E. Reszke. *The 19th Slovak-Czech Spectroscopic Conference*. Casta-Papiernicka, Slovakia, 2008.

[78] W. Froncisz and J. S. Hyde. *J. Magn. Reson.*, 1982, 47: 515-521.

[79] A. Yonesu. *US Pat.*, 20090260972.

[80] F. M. Espiau and Y. Chang. *US Pat.*, 2009243488.

[81] K. Jankowski, A. Ramsza and E. Reszke. *The 2010 Winter Conference on Plasma Spectrochemistry*. Fort Meyers, FL, 2010.

[82] M. A. Lieberman and A. J. Lichtenberg. *Principles of Plasma Discharges and Materials Processing*. New York: Wiley, 1994.

[83] T. Matsuura, K. Taniguchi and T. Watanabe. *Thin Solid Films*, 2007, 515: 4240-4246.

[84] T. R. Mattoon and E. H. Plepmeier. *Anal. Chem.*, 1983, 55: 1045-1050.

[85] R. Wiley and B. Clark. *Area Isothermic Plasma for Large Diameter and Specialty Fiber Splicing*. 3SAE Technologies, Franklin, TN. Optical Fiber Communications, National Fiber Optic Engineers Conference. San Diego, CA, 2008. See also *US Pat.*, 2008187273(A1), 2008.

[86] V. Ivanov, B. Nikitin, S. Brykov, G. Eilenkrig, V. Rusanov, V. Zhivotov, S. Dresvin, D. Ivanov and N. K. Shi. *Highly Efficient Plasma Technologies Using Powerful High-Frequency and Microwave Sources*. 2010. www. leonardo-energy. org/webfm_send/80.

第 4 章

微波安全

4.1 引言

MWP 系统可用若干功能模块(如:微波功率源、带有水负载或水冷阻抗调谐器的循环器或隔离器、等离子体应用模块)互相连接组装而成。其中等离子体应用模块由气源、采光组件或带有质量流量控制系统的离子抽吸取样锥(ion sucking skimmer)组成。另外,系统还需配有微波电缆或波导管、调谐器和等离子体点火工具、风冷和/或水冷模块、有排水通风功能的样品引入系统及使用说明书(一般都会非常长)。操作 MWP 系统需遵循实验室的通常规定,但对化学家来说,还有一项全新的任务就是:确保微波危害符合必需的标准和规定。如果设备由公司供给,则公司必须提供设备制造符合当地法律规定的必要证明。[1,2]实践中经常遇到由实验室制造或改动过的自制设备,例如,在设备改动刚刚完成时就地进行测量。在这种情况下,为了满足最基本的安全要求,需要在改动现场和刚投入使用时实地进行一些基本的测量。[3,4]

4.2 分析仪器中允许使用的微波频率

至少有 3 种微波频率可用于微波加热:915MHz(长波段)、2.45GHz(短波段)和 5.8GHz,其中 2.45GHz 使用最为广泛。S-波段的 2.45GHz 电磁波已可用大功率晶体管产生,MIP 器件也已可用固态功率源供能。迄今为止,廉价的微波炉用磁控管仍被用作 MWP 系统的构建模块,因为晶体管与之相比并没有真正的优势。当需用多种功率源同步工作时,这种情况也许会因第 3 章中所描述的新型微波谐振腔而改变。组装一个由多种相对较小的固态源组成的系统会比使用真空管的系统更容易、更便宜,也更加可靠。尽管如此,似乎还有必要提一下使用更高频带的情况,其在现代微波材料处理中已经得到了应用。在 Willert-Porada 的书[5]中,除了一些标准频率,还列举了一些非标准的可选频率,一直高至次毫米波,同时书中还引用了一些高功率源(如行波管、回旋管)方面的文献。

4.3 微波等离子体的使用

每一台微波设备首先必须要有生产厂商的检验合格证书。其次,设备在实验室安装完成后,须以书面形式报告设备在使用现场受检查时的情况。问题在于大多数等离子体装备都被用作实验仪器,都允许实验过程中对其进行改装。因此,如前所述,操作更需小心谨慎,以保护操作者免受微波辐射的危害。使用者不仅需要了解设备的基础知识,而且要懂得如何测量和处理微波泄漏。研究组内最好要有一名至少配有一种标准泄漏检测器(如 Holaday Instrument 公司出品的 1501 型检测器)的微波工程师。也可以用更简单、更便宜的测量仪表。用它们可以检测泄漏的存在,并得知是否存在更严重的问题。一般认为,一个好的检测器应该能检测到:内置一玻璃杯自来水的微波炉加热时距离炉腔 5cm 处的场强约为容许值的一半。专业的仪器应该比微波炉密封得好 2~10 倍。当等离子体点火时辐射场会显著增加,所以开始放电时更需多加小心。如果点火的工具是一小段导线,则点火时的辐射可能会非常高。点火时间不能过长,因为在此期间,操作者即便不把更敏感的性腺暴露于辐射中,也会把手和头暴露。点火时操作者应该尽量多移动身体,因为在辐射场中,静止比运动要危险得多。一般来说,这种放电点火的方法是危险的,点火时间应小于 1s。更合理的方法是:用电磁铁移动导线,用压电发生器或特斯拉(Tesla)变压器产生高压火花,将点火过程自动化。

4.4 微波防护的通用规则与方法

必须把微波能封闭在金属箱子中,箱子可以留有开口,但是这些开口必须能严密地封住微波能量。按照著名的墨菲定律,如果一个有等离子体的腔能辐射微波,它就一定会辐射。因此,必须总是采取适当的屏蔽措施和合适的手段,以消除受到辐射的可能。

好的微波屏蔽关键在于屏蔽的连续性。如果开口大小接近半波长,就需要额外的连续性接触屏蔽,通常使用金属网。如果铆钉间的距离小于 1/8 波长,连续接触(焊接或熔接)也可以用铆接来代替。粘接用铝胶带也可用于密封连接点。大的开口则可采用在微波系统中嵌入现代微波炉炉门处使用的无接触扼流器的方法来密封。

事实上,也可用空的微波炉腔作为法拉第(Faraday)笼,这样就能防止微波从 MIP 系统中泄漏出来。但同时又需要使用另一组特殊的馈通扼流器,以使所有电缆和金属管解耦。

在构建微波等离子体腔时,一般都认为无接触扼流器可被用于商用设备。这是因为考虑到了如下事实,即微波炉的扼流器比不太复杂的传统接触组件需要更多的优化操作。

当开口与波长相比非常小时(如 1%),可以置之不理。可以使用金属网,以便透过屏蔽观察,就像微波炉炉门上所用的一样。如果与半波长处于同一个量级但小于半波长的开口具有所谓的下临界管(under-critical tube)形式,且其长度足以将波强烈衰减并反射回谐振腔内,也可不予理会。

但屏蔽层与下临界管必须以焊接、熔接或带有多个铆钉、螺丝、螺栓的法兰相连通。事实上,只要沿电流流经途径的屏蔽连续性得以保证即可。举例来说,供测量阻抗用的开槽线的槽若沿着同轴导线外导体,则顾名思义,该槽不会产生辐射,因为在同轴导线中的所有电流都只沿轴流动。然而,为了设计好带有槽的屏蔽层,设计者必须弄清场的确切分布。

一般来说,腔内发射出的等离子体起着类似于微波天线的作用,且微波电流沿着等离子体流动。所以,沿屏蔽方向切开的槽既便于观察等离子体又不会泄漏微波能。

实验过程中对微波的防护工作做得再多也不为过。微波源的功率应逐步设定,这样即便存在泄漏也能及早发现问题。最好能在微波辐射出现的地方检测并确定其最大值。根据规定(不同国家可能不同),距离泄漏点 d_x 处测得的最大值不应超过 S_{max}。d_x 一般为 5cm,而不同国家对 S_{max} 有不同的规定,一般 S_{max} 处于 $1\sim10\text{mW/cm}^3$ 区间。微波电力工程师普遍认为,实验中 S_{max} 应该小于 2MW/cm^3,而 24 小时工作的商用仪器应该小于 0.2MW/cm^3。[3]在欧洲,仪器必须满足所谓低电压指令(Low Voltage Directive,LVD)框架内的安全要求[1],并且辐射失真必须符合 EMC 管理者规定的等级[2]。详细的欧洲实验室设备的有关规定已经汇集成集出版。[6]

参考文献

［1］European Commission. *CE Conformity Requirements in Frames of the LV Directive*, *Electrical Safety*: *Low Voltage Directive*, 2006/95/EC.

［2］European Parliament. *Electromagnetic Compatibility* (*EMC*). Directive 2004/108/EC.

［3］P. Vecchia, R. Matthes, G. Ziegelberger, J. Lin, R. Saunders and A. Swerdlow. *Review of the Scientific Evidence on Dosimetry*, *Biological Effects*, *Epidemiological Observations*, *and Health Consequences concerning Exposure to High Frequency Electromagnetic Fields* (*100kHz to 300GHz*). International Commission on Non-ionizing Radiation Protection, ICNIRP 16/2009.

［4］*NRL for Non-ionizing Electromagnetic Fields and Radiation*; *Electromagnetic Field* (*0Hz to 300GHz*), *Status as of 1 January 2009*. ICNIRP Information No. 16/2009.

［5］W. van Loock. European Regulations, Safety Issues in RF and Microwave Power. In: M. Willert-Porada. *Advances in Microwave and Radio Frequency Processing*. The 8th International Conference on Microwave and High Frequency Heating. Bayreuth, Germany, 2001, Part II: 85-91.

［6］*Selected Contemporary European Documents*: (a) CISPR11. Industrial, Scientific and Medical (ISM) Radio-Frequency Equipment, Electromagnetic Disturbance Characteristics, Limits and Methods of Measurement. (b) EN61010. Safety Requirements for Electrical Equipment, Control and Laboratory Use. (c) EN60519. Safety in Electroheat Installation, Part 6, Specifications for Safety in Industrial Microwave Heating Equipment, Control and Laboratory Use.

微波等离子体光学发射光谱法

5.1 原子光谱的起源

样品特征辐射的发射需要使用具有足够高温度的激发光源,以使分子热分解,并使所形成的原子发生碰撞激发或辐射激发及离子化。一旦原子或离子处于激发态(以寿命很短为特征,典型值为 10^{-8} s),它们就能通过辐射能量转移跃迁至较低的能级,继而所有受激原子和离子将发射出其特征辐射。光谱化学光源可同时为多种不同的元素布居大量不同的能级。由具有最低能量的第一激发态跃迁到基态所产生的发射线称为共振线。值得注意的是,许多 MWP-OES 的杰出谱线是原子(或离子)的共振线(参见第 5 章 5.5 节)。[1] 电磁光谱中最常用于分析原子光谱法的区域是紫外/可见光区域(160~800nm)。OES 的核心优势在于多元素检测能力和对单个元素有多个不同发射波长可供选择的灵活性。然而,当发射波长数量增加时,因发射谱线波长彼此过于靠近以致难以单独测量所引起的谱线干扰的可能性也增加了。

总体来说,由于 MWP 可在较宽的实验条件下工作,因此很难提出一个通用模型来解释 MWP 的光谱特性。常压下氩 MIP 具有复合等离子体的特性,可用由 Boumans[2] 提出的碰撞-辐射模型来描述。为 ICP 方法提出的将原子发射线分为"软"和"硬"谱线的分类方法也适用于 MWP 光谱法。[3] 另一方面,据称在整个放电过程中,MWP 中的电子都处于欠布居状态,等离子体保持在电离模式。[4] Brassem 等[5] 为低压 MIP 提出了一个辐射电离复合(radiative ionization recombination,RIR)模型,该模型早期由 Schlüter[6] 为阐述氢放电现象而提出。从本质上讲,RIR 模型意味着部分热力学平衡模型,即其接近电离限(ionization limit)的能级布居受局部热力学平衡模型控制,而基态附近的布居则受电晕辐射复合模型控制。被称为"热限"(thermal limit)的中间区域似乎对 MWP 来说不太重要。该模型主要考虑了在待测物原子和离子激发过程中发生的与高能电子的碰撞过程、辐射电离和复合过程。同时也假设了放电中存在两组不同的电子，即占主要部分的低能组和另外一个高能组。高能电子的电离过程被低能电子的复合过程平衡。后者的温度仅达几千开氏度，因此它们不会参与碰撞激发过程。

在低能场中电子是活性物质，它们的动能遵循 Maxwellian 分布。从 MPT 和 TIA 获得的汤姆森(Thomson)散射光谱显示出它们严重偏离了能量分布的高斯轮廓。[7-9]常压 MPT 的电子能量分布方程显示出其在整个波长范围(相当于 0.1~0.6eV 的电子能)均明显偏离 Maxwellian 分布。因此，作者假设等离子体中存在两种类型的电子：高能的和低能的。高能电子的数目密度低于低能电子 3 个数量级以上，但是它们的温度却高于低能电子 1 个数量级以上。

对 MWP 中待测物激发机理的详细描述超出了本书的范围。在这里我们仅提及一些基本的过程。[3,10-13]最常被建议的激发机制是由下式描述的 Penning 电离：

$$X + G^m \rightarrow X^+ + G + e^-$$

其中，X 表示待测物中性原子，X^+ 表示待测物离子，G 表示等离子体气体原子，m 表示亚稳态(或其他能态)。

随后发生伴随辐射发出的离子-电子复合：

$$X^+ + e^- \rightarrow X^* + h\nu_c$$

或者离子被激发：

$$X^+ + G^m \rightarrow X^{+*} + G$$

其中，* 表示激发态。

亚稳态也可能直接使待测物原子或离子激发：

$$X + G^m \rightarrow X^* + G$$

$$X + G^m \rightarrow X^{+*} + G + e^-$$

这些过程由高能电子碰撞过程完成，尤其是在具有高电离电位的待测物的激发过程中：

$$X + e^- \rightarrow X^* + e^-$$

$$X^+ + e^- \rightarrow X^{+*} + e^-$$

$$X + e^- \rightarrow X^+ + 2e^-$$

$$X + e^- \rightarrow X^{+*} + 2e^-$$

低能电子则可参与三体离子-电子复合过程：

$$X^+ + e^- + e^- \rightarrow X^* + e^-$$

$$X^+ + G + e^- \rightarrow X^* + G$$

提出有电荷转移过程存在，是为了解释存在 Cl、Br、I、S 和 P 离子线的强发射，特别是在氦等离子体中[4,14]：

$$X + G^+ \rightarrow X^{+*} + G$$

此外，在氦等离子体中，亚稳态氦气分子也能参与下述激发过程：

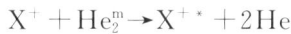

$$X^+ + He_2^m \rightarrow X^{+*} + 2He$$

激发过程受等离子体中能量/质量转移过程支持，包括通过等离子体气体或基体元素共振能级的辐射能量转移、电离平衡移动和双极扩散、增强的待测物渗透和涉及基体元素的共振碰撞。[3,15,16]由于 MIP 中存在待测物渗透到热等离子体区域的问题，这些过程对丝状 MIP 中具有较低电离电位元素的有效激发特别重要。

5.2　基本光谱学实践

5.2.1　谱线强度

在 OES 中，样品的定量与定性信息均可从光谱中获得。定性信息与所发射辐射的波长有关。指定波长处发射的光强度可被测量并用于确定感兴趣元素的浓度。谱线强度取决于基态或较低电子态和较高激发态的相对布居。基态和激发态原子的相对布居可由波尔兹曼分布定律表达如下：

$$\frac{N_1}{N_0} = \frac{g_1}{g_0}\exp\left(-\frac{\Delta E}{kT}\right)$$

其中，N_1/N_0 是受激原子数与基态原子数或低能态原子数之比，g_1/g_0 是上能态与下能态中具有相同能量的能级数之比，ΔE 是上能态与下能态之间的能量差，k 是波尔兹曼常数，T 是温度。

待测物谱线强度随着等离子体参数的改变而变化。在较高气流条件下其强度会降低，这可能是由于激发温度较低或待测物在等离子体中滞留时间较短造成的，从而还可能导致较低的原子化和激发效率。随着样品气流的增大，待测物发射强度也呈现出普遍增强的趋势。然而,这又受到等离子体对样品耐受力有限的限制。增加所用的微波功率,也可以观察到较高的待测物发射强度;然而,这种情况往往伴随着背景的增加。

5.2.2　背景校正

在 MWP 中,多种元素的强发射都出现在一个较弱的、相对来说非结构化的等离子体背景之上,尤其是在紫外和近红外区域。一般而言,CMP 光谱都具有比 MIP 光谱背景值更高的特征。由非待测物发射、散射辐射和检测器特性引起的背景信号通常可借助 OES 使用的背景校正技术和策略加以校正。[17]通常,一个光谱区域的背景信号与另一光谱区域的背景信号不会相同,因此应使用同一区域同时做分析和背景校正。背景的测量通常在毗邻分析线的波长处进行。只有当空白、标准和样品的背景发射都稳定时,背景校正才仅受分析波长处测量值的影响。依次测量样品、标准和空白,然后将空白值减掉。如果背景是简单的连续发射且在谱线附近稳定,则做一次测量足矣;当背景随着波长稳定变化时,则谱线两侧均需进行测量。当背景高度结构化时,应谨慎选择要测量的精确位置。背景被测量之后,可在数据处理系统中将其除去,或用电子学方法同步加以扣除。

主要困难在于如何辨识并精确测量需要扣除的背景信号。当背景比待测物信号大且不稳定(即接近检出限)时,有必要使用较复杂的信号处理方式,甚至有必要使用化学分离法将待测物从基体中分离出来。当背景随样品发生变化时,则准确的背景校正还需要对另外一些波长处进行测量。在有干扰元素谱线重叠的情况下,则可测量干扰物重叠谱线和参比谱线的相对强度,以估算前者对分析波长处背景的贡献。

如果背景较小、可重现,且待测物信号较大,则背景校正可通过简单地扣除先前测量的空白或使用空白样品对仪器进行“调零”而实现。在 MIP 原子发射检测器中已研发了一种多点背景校正程序,这使其在选择性上得到了实质性的改进。[18]可在较宽光谱范围内执行背景扣除的光谱采集模式能使 MPT 仪器中基于电荷耦合器件(charge-coupled device,CCD)的光学检测系统的灵敏度增强。[19,20]波长调制技术也已被成功应用于一些 MIP-OES 技术中稳态和瞬态信号的背景校正。[21,22]

5.2.3　瞬态信号测量

在多种光谱技术(包括与 MWP-OES 联用的色谱和电热蒸发技术)中,都用瞬态(强度对时间)信号做待测物的定量测定。然而,这一技术较易发生光谱干扰与背景变动,故其样品基体应被分离除去或用时间加以分辨。在基于 MWP 的技术中通常都可以观察到背景的增加,有时还会形成一个与待测物峰重叠的尖峰。[23,24]该尖峰的出现可用小体积等离子体在蒸发阶段的压强变化造成实质性影响或易电离基体组分的瞬时通过造成等离子体发射发生突变加以解释。背景校正可消除这些偏移量。在多波长检测情况下,对某个待测物的几条谱线的瞬时信号使用元素内乘法(intra-element multiplication),可以改善其信号对背景噪声的比值,进而改善检出限。[25]

当 MWP-OES 系统与 GC 系统联用时,待测物与基体会有短暂的分离,因此该光源的背景发射会被最小化。然而,GC 流出物中的某些组分也会对背景发射有所贡献。例如,已发现,由于氢和氘谱线不能完全分开,含氢化合物中氢的背景发射就会限制在 656.28nm 处检测 GC 流出物中氘的能力。[26]等离子体气体中水蒸气的存在也使氧用 777.194nm 谱线的检测变得复杂。[27]

5.3　仪器

5.3.1　光谱仪结构

如第 1 章所述,尽管 MIP 有限的体积造成了一些技术上的限制,但各种光学和检测系统仍被成功应用于 MWP-OES 技术。当前已有的 MWP 仪器使用了顺序限摆扫描单通道单色仪和直读多通道光谱仪。[28,29]第一种类型的仪器在选择合适的分析发射谱线和背景校正策略方面有灵活性。第二种类型的仪器则提供了真正同时测量的能力和较高的样品通量,但价格昂贵。一台顺序扫描型光谱仪通常由一个入射狭缝、一个平面光栅、一个(Ebert 型)或两个(Czerny-Turner 型)用于准直和聚光的反光镜及单个出口狭缝组成。在侧向配置的 MPT 和 CMP 中,将外部聚焦光学元件与反光镜结合使用,可测量等离子体内不同高度处的发射信号。[30]在多通道光谱仪中,常使用 CCD 或光电二极管阵列检测器。业已证明,通过同时测量背景信号和待测物谱线(所谓同步背景校正),某些元素的检出限可被改善。这种同时收集背景和待测物谱线强度的方法消除了由样品引入系统的噪声。传统的光谱系统都在 200~800nm 波长范围内工作。为了观测低于 200nm 波长的原子发射谱线,应使用有氩气或氮气吹扫的单色仪。或者,也可将光学系统与真空系统连接。图 5.1 所示为多种可用于 MWP-OES 的光学系统。

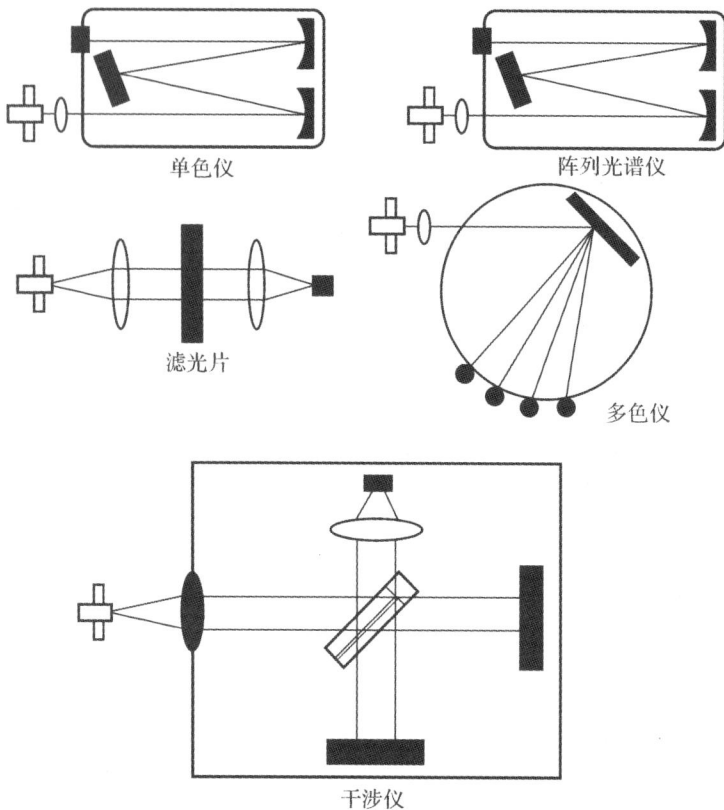

图 5.1   可用于 MWP-OES 的光学系统

同时观测的另一种方法是使用一个基于检流计驱动摆镜的快速扫描型光谱仪。镜子的移动扫过了出口狭缝上给定的光谱区域，重复频率为每秒几十幅光谱。增加扫描数和进行数据平滑可提高信噪比。报告显示，这种快速扫描光谱仪在与电热原子化器或色谱技术以及 MWP 结合使用时，具有用作多元素检测器的潜力。[31,32] 其缺点是波长窗口相对较窄，且与单通道检测器相比，由于积分时间较短以致检出限变差。已有人尝试将 MPT 光源与声光可调滤光片光谱仪联用，以获得高扫描重复性。[33]

5.3.2   使用中阶梯光栅观测微波等离子体发射

多元素同时分析的另一种可能办法是使用中阶梯光栅。中阶梯光栅光谱仪主要部件的差异是光栅，它利用光谱级次最大化波长覆盖范围。中阶梯光栅光谱仪与传统光谱仪相比有一些优点，但同时也存在一些缺点。首先，光学元件在每个光谱级次均可获得较好的效率。由于使用了分辨率更好的高级次光谱线，仪器的物理尺寸也可被减小。然而,为了分散垂直于衍射光栅的光谱级次又需进行二次色散,通常是采用一个棱镜或第二个光栅。结果,可获得一个二维光谱"地图",其中光谱级次呈垂直排列,而波长则水平排列。然而,由于使用了双色散系统,从而光圈数较大,以致只有较低的辐射能进入检测器,导致检出限变差。

配有 CCD 检测的中阶梯光栅发射光谱仪已被用于气相色谱用元素特效 MIP-OES 检测器中,它可进行多波长同时检测,甚至提供完整的样品指纹图。采用 H—、C—、F—、Cl—、Br—、I— 和 S— 的选择性信号时,则可用一个特殊的近红外中阶梯光栅系统做 GC 分离所得有机物的检测,如卤代烃和硫代烃类。[34]最近已报道了一种配有 MPT 光源、中阶梯光栅和紫外增强 CCD 的高分辨率光谱仪。[35]对于空间发射研究,可使用配有硅增强靶摄像管的单色成像光谱仪,[36]该系统可提供 $110\mu m$ 的空间分辨率。

5.3.3　干涉滤光片

MWP 发射的光谱相对简单,主要由基态跃迁产生的谱线组成,连续背景也较低,因此不需要用高分辨率来减小分析波长处背景的影响。用于特殊光谱技术[例如,MWP 与色谱法、氢化物发生或电热蒸发(electrothermal vaporization, ETV)联用]的光学系统,特别是在光谱选择性高的情况下,都可用低成本、低分辨率、高光学孔径光谱仪有效地工作。有些应用,如已分离的样品组分,甚至单个颗粒化学成分的测定等,可使用能同时监测几个波长的、由一组干涉滤光片[22]或低分辨率单色仪[37]组成的光学系统准确而快速地完成。使用振荡干涉滤光片的基本思想是这种滤光片正中央的带通波长取决于光的入射角。如果该角度小于 90°,则中央带通波长向短波方向移动。正是这一性质,使其可用于等离子体发射检测器的背景校正。[38,39]

总的来说,当需要分析基体或用于色谱分离的流动相会产生结构性背景时,就需要使用具有高波长分辨率的仪器来解决背景校正问题。[40]使用高分辨率光谱仪减小光谱重叠效应,可使选择性得到明显改进。高波长分辨率光学系统对于发展小型化的光谱仪也很有用。[20,41]

5.3.4　基于光导纤维的仪器

光导纤维系统常被用于将 MWP 发射的光传输到光学系统中。[22,34,38,41]它们可使实验装置布置灵活化,然而其可用的波长范围受限于光纤材质,且其测量灵敏度在波长低于 240nm 时通常较低。另一个问题是如何将来自于等离子体的光束聚焦到光导纤维中,以增加集光效率。已开发了一种双透镜聚焦组件,增强了系统的灵敏度和信号的稳定性。[19]

5.3.5 检测系统

在 OES 中应用的检测器主要有三种不同的类型:光电发射类[光电倍增管(photomultiplier tubes,PMT)]、光电导类[光电二极管阵列(photodiode arrays,PDA)]和光电荷存储类[电荷转移器件(charge-transfer devices,CTD),包括电荷耦合器件(charge-coupled devices,CCD)和电荷注入器件(charge-injection devices,CID)]。一直到 20 世纪 90 年代,PMT 都是 OES 的"辕马"(working horse),它们现在也仍是常用的最佳检测器件。然而新近,基于 CCD 技术的多通道检测器已获得了广泛认可。PMT 的主要优点在于:具有较宽的波长覆盖范围、高灵敏度和对测量的光强信号有超过 9 个数量级的宽响应范围。先进的 CCD 在分析波长选择方面较为灵活,可对同一元素使用多条谱线(波长)以扩展线性动态范围,具有定量分析的潜力,包括光谱干扰识别方面的一些改进。此外,它们能够在相对较宽的动态范围内以较高的量子效率(高达 70%)测量光通量,然而,其量子效率仍比 PMT 低。CCD 可直接连接信号采集板和数据采集系统,在给定的光谱范围内可提供全光谱覆盖。然而,CTD 还受到一些限制,包括个别像素饱和时会产生"溢出"效应、比 PMT 高得多的读出噪声(当单个像素读出时引入)和在紫外光谱区的响应差。

无论是 PDA 还是 CCD,在室温环境下均有明显的读出噪声和暗电流,从而产生相对较大的背景信号。为了克服这个问题,CCD 通常在低温环境(低至 125K)下工作以降低暗电流。然而,这又会产生一些技术问题,包括检测器结露现象。

CCD 更适合用作中阶梯光栅光谱仪的检测器,尽管线阵 CCD 也常用于多色仪系统中。一个配有 2048 像素线阵 CCD 检测器的小型集成化光谱仪可覆盖 40nm 的光谱范围,已被用在便携式 MPT 光源仪器(EPD1)中,并用于环境分析。[19,42]线阵紫外增强 CCD 已在一个小型 MPT-OES 光谱仪设计中被用作检测器。[20]

用于 OES 的理想检测系统应该能够同时观测分析谱线及其相邻背景,并可灵活选择分析谱线。PDA 检测器可满足这两点要求。然而,增强型 PDA 应被用于获得可与 PMT 相媲美的光度灵敏度,读出噪声必须被降低以获得较低的检出限。基于 PDA 的检测系统易与计算机数据处理相连,可获得 10~200nm 的光谱范围,且可允许同时测量多达 10 种元素。配有可动 PDA 的平像场光谱仪已被成功用于构建一种气相色谱用 MWP 检测器。[18]

检测器的输出信号在被用于分析解析之前需要进行电子处理。这种处理可能包括选通、放大、积分和模拟数值计算。使用 PMT 检测器的 MWP-OES 系统中,用于信号处理的电子设备通常是简单明确的。第一步是将代表发射强度的阳极电流转化为电压信号,随后再通过 A/D 转换器转换为数字信息。这一数字信息可被计算机用于进一步处理,最终的结果是将信息传送到主机上,或以表示相对发射强度或浓度的数字形式提交给分析员。因此,数据的后处理很容易完成。

已有人尝试过将傅里叶变换光谱技术(Fourier transform spectroscopy, FTS)应用到 MWP-OES 技术中。FTS 可提供非常准确和精密的波长测量(预先确定且不需校准),并且可在整个观测光谱区内同时测量;由于已将谱线重叠和其他光谱背景问题最小化,故可达到高分辨率,并可同时进行定性和定量测量。然而,这些优点并不能导致信噪比及检出限的改善。

已使用 FTS 对 MIP 在近红外光谱区的非金属原子发射的检测进行过广泛的研究。[43—46] 然而,对 GC-MWP-OES 的系统性研究已经证明了 FTS 可提供最高的测量选择性,但是其检出限与那些使用 PMT 或 PDA 作检测器的技术所获得的,甚至与使用多条谱线元素内乘法所获得的结果相比,都要差约 1 个数量级。[25,47]

有些光学系统,包括快速扫描光谱仪、声光可调滤光片光谱仪和配有 CCD 或 PDA 检测器的光谱仪,都能测量瞬时发射信号的时间分辨光谱。这为多元素检测分析光谱研究提供了更多的可能。时间分辨光谱的其他可能应用包括:对随时间变化的进样过程(如 ETV、GC 或 LC)做进一步优化、形态分析中元素的鉴定,或者基于元素比的化学成分测定。[31,32,48—51] 在色谱分离中,按保留时间进行鉴定的可靠性高度依赖于分离的质量。一个未知化合物可通过研究其在洗脱阶段收集到的光谱(强度—波长—时间)得到确认。在预期波长处有预期相对强度的多条特征谱线(通常为杰出谱线)即可确认该待测元素的存在。当同时也使用质谱技术检测其同位素分布模式时,可获得更加可靠的鉴定依据。

5.4　微波诱导等离子体光谱:概述

从 MWP 所观测到的发射光谱是不太复杂的,它们主要由元素周期表上几乎所有元素的中性原子(和离子)的共振跃迁谱线组成。特别是,氦等离子体能够产生来自非金属元素的很强的原子和离子发射线,而在低能量氩 MWP 中则只能观测到这些元素的带状光谱。MWP-OES 中大多数有用的分析谱线都落在 190~450nm 范围内;然而,在 160~190nm 和高于 450nm 的范围内也存在一些重要谱线。

　　MIP 的背景光谱非常简单且较弱。在 190～250nm 范围内,随着波长的增加,光谱的背景强度呈现连续增长趋势,其中还带有因等离子体气体中存在含碳物质而出现的碳 193.09nm 和 247.86nm 谱线。在可见光谱区会出现巴尔默(Balmer)系氢谱线和等离子体气体的原子谱线。由于石英放电管的腐蚀,可能还会出现低强度的硅和碱土元素的最强谱线信号。

　　由于分子组分(离子化的或中性的,以及自由基)激发出现的带状光谱使MWP 发射光谱进一步复杂化,它们很可能会引起谱线干扰。带状光谱都有一个强的带头,其强度视特定分子中振动特性而定,向短波或长波方向下降。位于281nm 和 306nm 两处的强 OH 带和336nm 处的 NH 带似乎是 MWP 的一个较严重的问题。在紫外区,背景发射的主要贡献者是 NO、OH 和 NH 分子发射带,以及低于 200nm 的 O_2 吸收带。其他可能相关的二元分子(包括电离组分)有 C_2、CH、C、CO、CS 和 SO,它们是由等离子体中所含的有机物、水或二氧化碳等发生多种可能的化学反应产生的。表 5.1 收集了干扰发射带的主要来源。

表 5.1　常压 MWP 中最突出的背景光谱特征

源组分	波长/nm	跃迁
NO		$[A^2\sum^+ - x^3\pi]$
	205.24	2.00
	215.49	1.00
	226.94	0.00
	237.02	0.10
	247.87	0.20
	259.57	0.30
OH		$[^2\sum^+ - {}^2\pi]$
	281.13	1.00
	287.53	2.10
	294.52	3.20
	306.36	0.00
NH		$[A^3\pi - x^3\sum^-]$
	336.00	0.01
	337.09	1.10
N_2		$[^3P_u - B^3P_g]$
	296.20	3.10
	311.67	3.20
	315.93	1.00

续表

源组分	波长/nm	跃迁
	337.13	0.00
	353.67	1.20
	357.69	0.10
	371.05	2.40
	375.54	1.30
	380.49	0.20
N_2^+		$[B^2\sum{}^+ - x^2\pi]$
	391.44	0.00
CO^+	219.0	0.00
	221.5	1.10
	230.0	0.10
CN		$[B^2\sum - x^2\sum]$
	358.59	2.10
	359.04	1.00
	385.47	3.30
	386.19	2.20
	387.14	1.10
	388.34	0.00
	416.78	3.40
	419.72	1.20
	421.60	0.10
CH		$[A^2\Delta - x^2\pi]$
	431.42	0.00
C_2		$[A^3\pi - x^2\pi_u]$
	473.7	1.00
	512.9	1.10
	516.5	0.00

　　这些分子带强度会因样品组分、样品引入技术和所用 MWP 的不同而出现不同。[52−56]对于水溶液雾化进样 MWP-OES 来说,OH 和 NH 是背景发射的主要谱带,如图 5.2 所示。与 MIP 相比,CMP 和 MPT 的背景发射较为复杂,这是因为等离子体直接暴露在空气中。结果,可观测到如 NO、NH、N_2 或 N_2^+ 等的分子带状发射,它们覆盖了一个很宽的波长范围。N_2-MWP 光谱也存在类似的

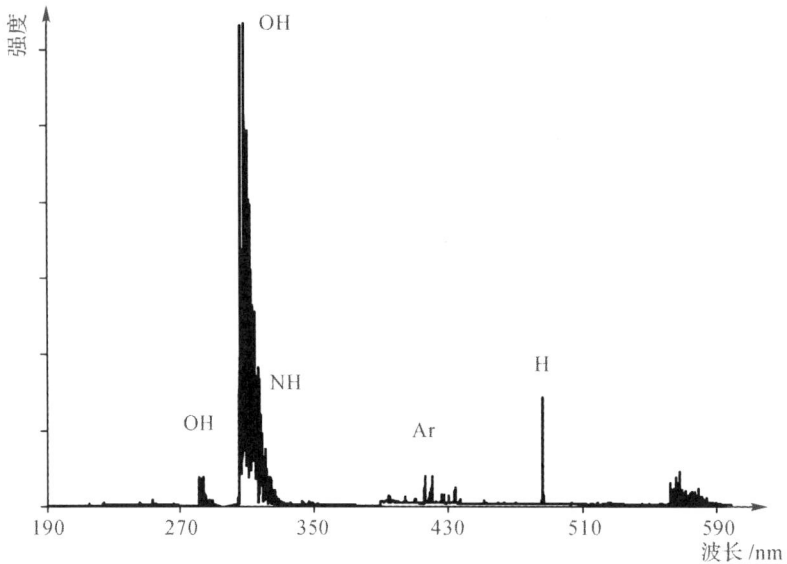

图 5.2　水溶液雾化进样的 Ar-MIP 光谱

分子发射带。为了解决这个问题,已开发了氧屏蔽 MPT 和氮/氧 MIP-OES。[57,58] 在使用 GC-MIP-OES 或超临界流体色谱(supercritical fluid chromatography,SFC)-MIP-OES 所获得的光谱中,来自各种含碳分子的带状发射尤为重要。

　　用于发射光谱法的激发光源在发射光谱图谱方面彼此并不相同。对典型的由放电和等离子体激发的发射光谱之间所做的比较说明,高压电火花发射的光谱最为复杂。ICP 是非常有效的激发光源且其光谱结构非常复杂,包含了许多元素的强离子线。直流电弧与 ICP 的光谱具有类似的复杂性。与 ICP 发射光谱相比,MWP 的光谱相对简单,看起来更像"类电弧"而非"类火花",由于 MWP 较小的激发能,使其具有较多的原子线和相对较少的特定元素谱线。Beenakker 等[59] 已报道,与 ICP 相反,MIP 不存在待测物离子线的检出限优于各自原子线检出限 1～3 个数量级的"离子线优势"。根据样品电离度将激发源进行分类,可以得出如下顺序[15,60,61]:

$$火花 > ICP > 电弧 \approx DCP > MIP$$

因此,MWP 预期可作为定性分析的激发光源,因为它具有相对少量的谱线,从而有利于它的解析。

　　应该强调的是,MIP 光谱具有两个不同于 ICP 光谱的基本特征。首先,就谱线数目而论,可明显看出 ICP 光谱比 MIP 光谱更为复杂。其次,MIP 光谱中的最灵敏线覆盖了一个紫外和可见光波长的很宽范围。特别是高功率 N_2-MIP 发射的杰出谱线,有的波长大于 300nm。[58,62]这减少了直读光谱仪的谱线选择问题。而在 ICP 中,主要的强发射谱线大多位于紫外区域。另一方面,某些元素又有若干强发射谱线出现在 306~320nm 范围内,它们与强 OH 带重叠,这又成了 MIP 光谱应用的一个局限。

两种等离子体光源的原子和离子谱线的强度分布也彼此不同。举例来说,Ti 与 V 的离子线是 ICP 中这些元素的最强谱线,但在 MIP 光谱中并没有被找到,而它们的强原子谱线却都可被确认。同样,MIP 中 Cd、Co、Cr、Hg、In、Mn、Mo、Ni、Pb 和 Pt 的离子线强度也都比 ICP 光谱中的要低得多。[1,3]

5.5　微波诱导等离子体光谱用暂行波长表

MWP 光谱分析技术的发展已要求建立专用于这些特殊技术的谱图集。可以预期,MWP 光源用户将获得一个全面的光谱线数据库。MWP 研究尚未受到此种全面的对待,主要是因为该类仪器还没有如 ICP 仪器一样的大规模制造业,这阻碍了 MWP 技术在 OES 中的广泛使用。在一些论著[63-66]中也只给出了一些零碎的报道,因此有时要想选择合适的波长用于痕量分析就较为困难。由经典光源和 ICP 得到的著名的光谱波长表与 MWP 强度数据并没有很好的关联度。[67-70]这不奇怪,因为 MWP 方法与 ICP 技术和其他光源有质的区别,甚至有些 ICP 光谱中的杰出谱线也没有在 MWP 光谱中出现。我们编制这个暂行图谱的主要目的是想获得一个可用于痕量和超痕量浓度检测的元素最杰出谱线的全面总结,同时也可提供一个有关元素杰出谱线的分析能力和潜在光谱干扰情况的基本信息。这里我们查找了仪器全部工作范围(190~800nm)内的元素谱线,详细分析了特别有意义的光谱区域。多年的研究得以收集大量与一些特定元素相关的光谱数据。表 5.2 中列出了 80 种元素约 300 条谱线,其中包括每种元素通常认为是最强的原子线和离子线、最好的信背比及估算得的元素检出限。光谱是在常压下使用 TE_{101} 微波腔将水样引入低功率(200W)氩 MIP 中获得的,这当中不包括卤素、硫和氮,它们需通过化学蒸气发生法以 He-MIP-OES 进行研究。谱线根据元素字母顺序列出,对每种元素取其信背比最高的那条谱线作为参比强度标准。表中还包括 300~700nm 范围内的 Ar 谱线和 300~710nm 范围内的 He 谱线。根据 Boumans 等[2,59]的研究,检出限可通过下式进行估算:

$$DL_{exp} = \frac{0.03 \times RSD_b \times C_{exp}}{I_n / I_b}$$

其中，C_{exp}是实验中使用的待测物浓度，RSD_b是背景的相对标准偏差（通常适用于所有分析线的典型值为1%），I_n/I_b是对给定元素浓度所得到的信噪比。

表 5.2　MIP-OES 最常用的光学发射谱线

元素		波长/nm	I_n/I_b	DL_{exp}/ng/mL	备注
Ag	I	338.29	100	9	
	I	328.07	96	14	OH 带
	II	243.78	5		
Al	I	396.15	100	110	
	I	394.01	50	200	
	I	309.27	n. m.		OH 带
	I	237.64	30		
Ar	I	415.86	100		
	I	420.07	98		
	I	419.83	44		
	I	419.03	42		
	I	427.22	42		
	I	425.94	39		
	I	430.01	34		
	I	433.37	30		
	I	404.44	29		
	I	426.63	28		
	I	394.90	27		
	I	668.44	27		
	I	451.07	21		
As	I	228.81	100	90	
	I	234.98	47	190	
	I	200.33	35		
	I	193.70	27		
	I	278.02	27		
	I	197.20	25		
	I	198.97	23		
Au	I	267.59	100	90	
	I	242.79	82	95	
	I	197.82	18		
	I	201.20	10		
	II	191.89	10		

元素		波长/nm	I_n/I_b	DL_{exp}/ng/mL	备注
B	I	249.77	100	110	
	I	249.68	84		
	I	208.96	80		
	I	208.89	73		
Ba	II	493.41	100	110	
	II	455.40	85	190	
	II	233.53	32		
	I	553.55	24		
Be	I	234.86	100	2	
	I	332.13	29		OH 带
	I	249.47	21		
	II	313.04	18		OH 带
Bi	I	223.06	100	80	
	I	472.24			
Br	II	470.49	100	20	
	II	478.55	65		
	I	635.07	45		
	II	481.67	40		
C	I	193.09	100	50	
	I	247.86	89		
	I	199.36	2		
Ca	II	393.37	100	3	
	I	422.67	62	4	
	II	396.85	47		
Cd	I	228.80	100	5	
	II	214.44	39	8	
	II	226.50	34		
	I	479.99	20		
	I	326.11	15		
Ce	II	413.77	100	80	
	II	422.26	95		
	II	399.92	70		
Cl	II	479.54	100	14	

续表

元素		波长/nm	I_n/I_b	DL_{exp}/ng/mL	备注
	II	481.01	72		
	I	725.66	65		
	II	481.95	54		
Co	II	238.89	100	85	
	I	240.73	90	90	
	I	345.35	45		
Cr	I	357.87	100	45	
	I	359.35	90	55	
	I	425.43	85	60	
Cs	I	455.53	100	65	
	I	459.32	24		
	II	452.67	5		
Cu	I	324.75	100	20	OH 带
	I	327.40	52	25	
	II	213.60	17		
	II	217.89	14		
	I	223.01	13		
	II	219.23	12		
	II	224.70	10		
Dy	II	364.54	100	36	
	II	396.84	90		
	II	353.17	65		
Er	II	390.63	100	44	
	II	369.26	80		
	II	323.06	75		OH 带
Eu	II	420.51	100	12	
	II	381.97	80		
	II	412.97	70		
F	I	685.60	100	4000	
	I	623.96	80		
	I	634.85	60		
	I	690.25	48		
Fe	I	248.32	100	45	

元素		波长/nm	I_n/I_b	DL_{exp}/ng/mL	备注
	I	373.49	67		
	I	371.99	60		
	I	248.82	53		
	I	252.29	44		
	I	249.06	43		
	II	238.20	35	65	
Ga	I	417.21	100	16	
	I	403.30	53		
Gd	II	342.25	100	40	
	II	376.70	97		
	II	358.50	65		
Ge	I	265.12	100	65	
	I	265.16	62		
	I	275.46	47		
	I	303.91	41		
H	I	656.28	100		
	I	486.13	36		
	I	434.05	6		
	I	410.17	2		
He	I	587.60	100		
	I	706.57	28		
	I	388.87	26		
	I	667.82	24		
	I	501.57	18		
	I	447.15	12		
	I	492.19	8		
Hf	II	368.22	100	37	
	II	339.98	85		
	II	277.34	45		
Hg	I	253.65	100	23	
	I	365.02	90		
	I	435.83	65		
	I	546.07	62		

续表

元素		波长/nm	I_n/I_b	DL_{exp}/ng/mL	备注
	II	194.23	43		
Ho	II	389.10	100	20	
	II	381.07	50		
I	I	206.24	100	60	
	II	516.12	71		
	II	546.46	35		
In	I	451.13	100	18	
	I	303.90	70		
	I	325.61	n. m.		OH 带
Ir	I	380.01	100	130	
	I	208.88	65		
	I	322.08	n. m.		OH 带
K	I	766.49	100	2	
	I	769.90	53	5	
	I	404.70	7		
La	II	408.67	100	60	
	II	398.85	60		
	II	379.48	55		
Li	I	670.78	100	0.3	
	I	610.36	21	2	
	I	460.30	3	11	
Lu	II	261.54	100	7	
	II	350.74	65		
Mg	II	279.55	100	7	OH 带
	II	280.27	60	9	
	I	285.21	43	11	
	I	383.83	27		
	I	383.23	18		
Mn	I	403.08	100	25	
	II	257.61	98	30	
	I	403.30	83		
	II	259.37	81		
	I	279.48	70		

元素		波长/nm	I_n/I_b	DL_{exp}/ng/mL	备注
Mo	II	202.03	100	350	
	I	379.83	85	420	
	I	386.41	70		
N	I	746.88	100		
	I	744.26	61		
	I	742.39	31		
Na	I	588.99	100	0.9	
	I	589.59	55		
	I	330.29	2.3		
Nb	I	405.89	100	580	
	I	407.97	75		
	I	410.09	56		
	II	202.93	40		
Nd	II	410.95	100	110	
	II	430.36	99		
	II	401.22	80		
Ni	I	232.00	100	90	
	II	221.65	92		
	I	231.10	90		
	I	232.58	68		
O	I	777.19	100		
	I	777.41	70		
	I	777.54	49		
Os	I	201.81	100	600	
	I	202.02	95		
	I	305.86	60		
P	I	213.61	100	70	
	I	214.91	70		
	I	253.56	40		
	I	255.33	35		
Pb	I	405.78	100	60	
	I	368.35	41		
	I	261.42	32		

续表

元素		波长/nm	I_n/I_b	$DL_{exp}/ng/mL$	备注
	I	363.96	31		
Pd	I	340.46	100	55	
	I	363.47	83		
	I	360.96	64		
	I	324.27	62		OH 带
	I	344.14	38		
	I	342.12	36		
Pr	II	390.84	100	230	
	II	417.94	90		
	II	422.53	85		
	II	422.30	80		
Pt	I	265.95	100	160	
	I	217.47	84		
	I	292.98	56		
	II	214.42	44		
Rb	I	420.18	100	65	
	I	421.56	42		
Re	II	227.53	100	75	
	II	221.43	88		
	I	346.05	85		
	I	488.92	57		
Rh	I	343.49	100	60	
	I	369.24	88		
	I	350.25	75		
	I	352.80	71		
	I	339.68	69		
	I	248.33	67		
Ru	I	372.80	100	85	
	I	372.69	85		
	II	379.93	50		
S	I	469.41	100	70	
	I	190.03	54		
	II	545.39	54		

元素		波长/nm	I_n/I_b	DL_{exp}/ng/mL	备注
	II	481.55	50		
Sb	I	252.85	100	50	
	I	259.81	92		
	I	217.92	26		
	I	231.15	21		
Sc	I	391.18	100	27	
	I	402.04	90		
	I	361.38	75		
Se	I	203.99	100	47	
	I	196.03	76		
	I	206.28	36		
Si	I	251.61	100	75	
	I	250.69	42		
	I	252.85	42		
	I	252.41	37		
	I	221.67	30		
	I	251.43	30		
	I	212.41	29		
	I	221.09	20		
Sm	II	359.26	100	170	
	II	442.43	95		
	II	363.43	90		
Sn	I	235.48	100	190	
	I	242.95	88		
	I	270.65	88		
	I	224.61	68		
Sr	II	407.77	100	7	
	II	421.55	53	11	
	I	460.73	50		
Ta	II	268.51	100	750	
	II	263.56	70		
Tb	II	384.87	100	340	
	II	387.42	90		

续表

元素		波长/nm	I_n/I_b	DL_{exp}/ng/mL	备注
	Ⅱ	350.92	65		
Te	Ⅰ	214.28	100	140	
	Ⅰ	238.58	45		
	Ⅰ	225.90	32		
	Ⅰ	238.33	30		
Th	Ⅱ	401.91	100	160	
	Ⅱ	374.12	45		
Ti	Ⅱ	334.94	100	70	
	Ⅱ	336.12	70		
	Ⅱ	337.28	45		
Tl	Ⅰ	535.05	100	17	
	Ⅰ	377.57	63		
	Ⅰ	351.92	19		
	Ⅰ	276.79	19		
Tm	Ⅱ	384.80	100	23	
	Ⅱ	376.13	60		
	Ⅱ	370.03	30		
	Ⅱ	424.22	30		
U	Ⅱ	385.96	100	360	
	Ⅱ	409.01	80		
	Ⅱ	393.20	70		
V	Ⅰ	437.92	100	90	
	Ⅰ	438.47	75		
	Ⅰ	411.18	70		
W	Ⅱ	209.48	100	500	
	Ⅰ	400.86	85		
Y	Ⅱ	371.03	100	12	
	Ⅱ	437.49	80		
	Ⅱ	360.07	75		
Yb	Ⅱ	369.42	100	17	
	Ⅱ	328.94	70		
	Ⅰ	398.80	45		
Zn	Ⅰ	213.86	100	15	

续表

元素		波长/nm	I_n/I_b	DL_{exp}/ng/mL	备注
	II	202.55	71	26	
	I	481.05	65		
	II	206.20	46		
	I	472.22	40		
Zr	II	339.20	100	320	
	II	343.82	85		
	II	349.62	70		
	II	360.12	47		

符号和缩略语说明：①符号 I 和 II 分别代表中性原子和单电离态；②DL_{exp}是实验检出限；③n. m. 表示由于备注栏所列谱线干扰而无法测定。

参考文献

［1］K. Jankowski. *J. Anal. At. Spectrom.*，1999，14：1419-1423.

［2］P. W. J. M. Boumans. *Spectrochim. Acta*，*Part B*，1982，37：75.

［3］K. Jankowski and M. Dreger. *J. Anal. At. Spectrom.*，2000，15：269-276.

［4］M. Huang. *Microchem. J.*，1996，53：79-87.

［5］P. Brassem，F. J. M. J. Maessen and L. de Galan. *Spectrochim. Acta*，*Part B*，1978，33：753-764.

［6］H. Schlüter. *Z. Naturforsch.*，1963，18A：439.

［7］M. Huang，K. Warner，S. Lehn and G. M. Hieftje. *Spectrochim. Acta*，*Part B*，2000，55：1397-1410.

［8］M. Huang，D. S. Hanselman，Q. Jin and G. M. Hieftje. *Spectrochim. Acta*，*Part B*，1990，45：1339-1352.

［9］J. van der Mullen and J. Jonkers. *Spectrochim. Acta*，*Part B*，1999，54：1017-1044.

［10］C. I. M. Beenakker. *Spectrochim. Acta*，*Part B*，1977，32：173-187.

［11］J. P. Matousek，B. J. Orr and M. Selby. *Prog. Anal. At. Spectrosc.*，1984，7：275-314.

[12] C. F. Bauer and R. K. Skogerboe. *Spectrochim. Acta, Part B,* 1983, 38: 1125-1134.

[13] K. Tanabe, H. Haraguchi and K. Fuwa. *Spectrochim. Acta, Part B,* 1983, 38: 49-60.

[14] P. G. Brandl and J. W. Carnahan. *Appl. Spectrosc.,* 1995, 49: 1781-1788.

[15] M. H. Miller, D. Eastwood and M. S. Hendrick. *Spectrochim. Acta, Part B,* 1984, 39: 13-56.

[16] J. P. Matousek, B. J. Orr and M. Selby. *Spectrochim. Acta, Part B,* 1986, 41: 415-429.

[17] J. B. Dawson, R. D. Snook and W. J. Price. *J. Anal. At. Spectrom.,* 1993, 8: 517-537.

[18] J. J. Sullivan and B. D. Quimby. *Anal. Chem.,* 1990, 62: 1034-1043.

[19] Y. Duan, Y. Su, Z. Jin and S. P. Abeln. *Rev. Sci. Instrum.,* 2000, 71: 1557-1563.

[20] G. Feng, Y. Huan, Y. Cao, S. Wang, X. Wang, J. Jiang, A. Yu, Q. Jin and A. Yu. *Microchem. J.,* 2004, 76: 17-22.

[21] T. M. Spudich and J. W. Carnahan. *J. Anal. At. Spectrom.,* 2001, 16: 56-61.

[22] B. Rosenkranz and J. Bettmer. *Trends Anal. Chem.,* 2000, 19: 138-156.

[23] J. Yang, J. Zhang, C. Schickling and J. A. C. Broekaert. *Spectrochim. Acta, Part B,* 1996, 51: 551-562.

[24] M. Wu and J. W. Carnahan. *Appl. Spectrosc.,* 1990, 44: 673-678.

[25] C. Lauzon, K. C. Tran and J. Hubert. *J. Anal. At. Spectrom.,* 1988, 3: 901-905.

[26] S. R. Goode, J. J. Gemmil and B. E. Watt. *J. Anal. At. Spectrom.,* 1990, 5: 483-486.

[27] S. R. Goode and L. K. Kimbrough. *J. Anal. At. Spectrom.,* 1988, 3: 915-918.

[28] L. Zhao, D. Song, H. Zhang, Y. Fu, Z. Li, C. Chen and Q. Jin. *J. Anal. At. Spectrom.,* 2000, 15: 973-978.

[29] Y. Okamoto. *Anal. Sci.,* 1991, 7: 283-288.

[30] T. Maeda and K. Wagatsuma. *Microchem. J.*, 2004, 76: 56-60.

[31] K. J. Mulligan, M. Zerezhgi and J. A. Caruso. *Spectrochim. Acta*, *Part B*, 1983, 38: 369-375.

[32] K. J. Mulligan, M. Zerezhgi and J. A. Caruso. *Anal. Chim. Acta*, 1983, 154: 219-226.

[33] L. W. Zhao, Y. H. Zhang, M. J. Wang, D. Q. Song, H. Q. Zhang and Q. Jin. *Spectrosc. Spectr. Anal.*, 2002, 22: 472-475.

[34] J. Koch, M. Okruss, J. Franzke, S. V. Florek, K. Niemax and H. Becker-Ross. *Spectrochim. Acta*, *Part B*, 2004, 59: 199-207.

[35] J. Jiang, Y. F. Huan, W. Jin, G. D. Feng, Q. Fei, Y. B. Cao and Q. H. Jin. *Spectrosc. Spectr. Anal.*, 2007, 27: 2375-2379.

[36] M. Selby, R. Rezaaiyaan and G. M. Hieftje. *Appl. Spectrosc.*, 1987, 41: 749-761.

[37] K. Kobayashi, A. Sato, T. Homma and T. Nagatomo. *Jpn. J. Appl. Phys.*, 2005, 44: 1027-1030.

[38] B. Rosenkranz, C. B. Breer, W. Buscher, J. Bettmer and K. Camman. *J. Anal. At. Spectrom.*, 1997, 25: 993-996.

[39] T. Twiehaus, S. Evers, W. Buscher, J. Bettmer and K. Camman. *Fresenius' J. Anal. Chem.*, 2001, 371: 614-620.

[40] G. Heltai, B. Feher and M. Horvath. *Chem. Pap.*, 2007, 61: 438-445.

[41] P. Pohl, I. J. Zapata, M. A. Amberger, N. H. Bings and J. A. C. Broekaert. *Spectrochim. Acta*, *Part B*, 2008, 63: 415-421.

[42] Y. Duan, Y. Su, Z. Jin and S. P. Abeln. *Anal. Chem.*, 2000, 72: 1672-1679.

[43] J. E. Freeman and G. M. Hieftje. *Appl. Spectrosc.*, 1985, 39: 211-214.

[44] D. E. Pivonka, W. G. Fateley and R. C. Fry. *Appl. Spectrosc.*, 1986, 40: 291-297.

[45] J. Hubert, H. V. Tra, K. C. Tran and F. L. Baudais. *Appl. Spectrosc.*, 1986, 40: 759-766.

[46] D. E. Pivonka, A. J. J. Schleisman, W. G. Fateley and R. C. Fry. *Appl. Spectrosc.*, 1986, 40: 766-772.

[47] J. Hubert, S. Bordeleau, K. C. Tran, S. Michaud, B. Milette, R.

Sing, J. Jalbert, D. Boudreau, M. Moisan and J. Margot. *Fresenius' J. Anal. Chem.*, 1996, 355: 494-500.

[48] J. P. Matousek, B. J. Orr and M. Selby. *Talanta*, 1986, 33: 875-882.

[49] J. A. Seeley, Y. Zeng, P. C. Uden, T. I. Eglinton and I. Ericson. *J. Anal. At. Spectrom.*, 1992, 7: 979-985.

[50] R. Łobiński and F. C. Adams. *Trends Anal. Chem.*, 1993, 12: 41-49.

[51] R. Łobiński and F. C. Adams. *Anal. Chim. Acta*, 1992, 262: 285-297.

[52] A. T. Zander and G. M. Hieftje. *Anal. Chem.*, 1978, 50: 1257-1260.

[53] L. J. Galante, M. Selby, D. R. Luffer, G. M. Hieftje and M. Novotny. *Anal. Chem.*, 1988, 60: 1370-1376.

[54] B. Riviere, J. M. Mermet and D. Deruaz. *J. Anal. At. Spectrom.*, 1988, 3: 551-555.

[55] M. Ohata, H. Ota, M. Fushimi and N. Furuta. *Spectrochim. Acta, Part B*, 2000, 55: 1551-1564.

[56] S. A. Estes, P. C. Uden and R. M. Barnes. *Anal. Chem.*, 1981, 53: 1829-1837.

[57] Q. Jin, W. Yang, F. Liang, H. Zhang, A. Yu, Y. Cao, J. Zhou and B. Xu. *J. Anal. At. Spectrom.*, 1998, 13: 377-384.

[58] M. Ohata and N. Furuta. *J. Anal. At. Spectrom.*, 1998, 13: 447-453.

[59] C. I. M. Beenakker, B. Bosman and P. W. J. M. Boumans. *Spectrochim. Acta, Part B*, 1978, 33: 373-381.

[60] K. Jankowski. *Chem. Anal., Warsaw*, 2001, 46: 305-327.

[61] R. K. Winge, E. L. de Kalb and V. A. Fassel. *Appl. Spectrosc.*, 1985, 39: 673-676.

[62] Z. Zhang and K. Wagatsuma. *J. Anal. At. Spectrom.*, 2002, 17: 699-703.

[63] A. E. Croslyn, B. W. Smith and J. D. Winefordner. *CRC Crit. Rev. Anal. Chem.*, 1997, 27: 199-255.

[64] Q. Jin, Y. Duan and J. A. Olivares. *Spectrochim. Acta, Part B*,

1997，52：131-161.

[65] W. Yang，H. Zhang，A. Yu and Q. Jin. *Microchem. J.*，2000，66：147-170.

[66] K. Tanabe，H. Haraguchi and K. Fuwa. *Spectrochim. Acta*，*Part B*，1981，36：119-127.

[67] G. R. Harrison. *Massachusetts Institute of Technology Wavelength Tables*. Cambridge：MIT Press，1969.

[68] A. N. Zaidel. *Tables of Spectral Lines*. 3rd ed.. New York：Plenum Press，1970.

[69] C. C. Wohlers. *ICP Inform. Newslett.*，1985，10：593-688.

[70] R. K. Winge，V. J. Peterson and V. A. Fassel. *Appl. Spectrosc.*，1979，33：206-219.

第6章

微波等离子体气体和蒸气进样技术

6.1 引言

　　本章介绍几种常温下用于气态物质的检测技术,气体样品无须任何前处理即可被直接引入微波等离子体中。它们通过与等离子体气体混合的方式连续输入,或以一份微量样品直接注入。样品能以其自然状态直接引入等离子体,但更为常见的是通过化学或电化学过程转化后再行引入的方式。[1—4]应用特别广泛的是氢化物发生法(hydride generation,HG),这是由于一些典型的挥发性氢化物发生元素都能被氩,特别是氦微波等离子体有效地激发。另外,对于某些元素来说,除了氢化物发生法以外,还可以通过其他反应来生成能被微波等离子体有效激发的挥发性组分。由于气体的传输效率比液体气溶胶高出很多,使用气体发生技术可以使方法的灵敏度得到显著改善。此外,气液分离步骤的引入,还可以大幅降低基体效应。待测物的预浓缩则可以使用多种捕集技术。电热原子化技术和石墨炉原子化技术有时也被归入气体进样技术。但本书中将把这些技术作为固体进样技术进行讨论,这是因为在使用这些技术向等离子体中引入气相物质时,需要大幅提高温度,且样品在高温下已部分发生原子化。本章重点讨论GC-MIP-OES联用技术,该技术操作流程为:首先将微量样品在较高温度下形成的蒸气注入载气流中,再进行色谱分离,最后引入 MIP 中。

　　进样技术中有多种可以将待测样品以气体形式引入的方法,其中最常见的有两种:直接蒸气进样法(direct vapour sampling,DVS)和指数稀释(exponential dilution,ED)进样法。其样品引入系统如图 6.1 所示。

　　DVS 技术是将部分液体待分析材料置于腔室中,并在液体上方通热载气或使用载气鼓泡的方法将待测物蒸气引入等离子体中。[5—8]在测量过程中,要确保引入等离子体中的待测物蒸气浓度保持不变。

　　ED 技术是将少量样品注入一个带有搅拌器的气体流通腔室中,并记录其

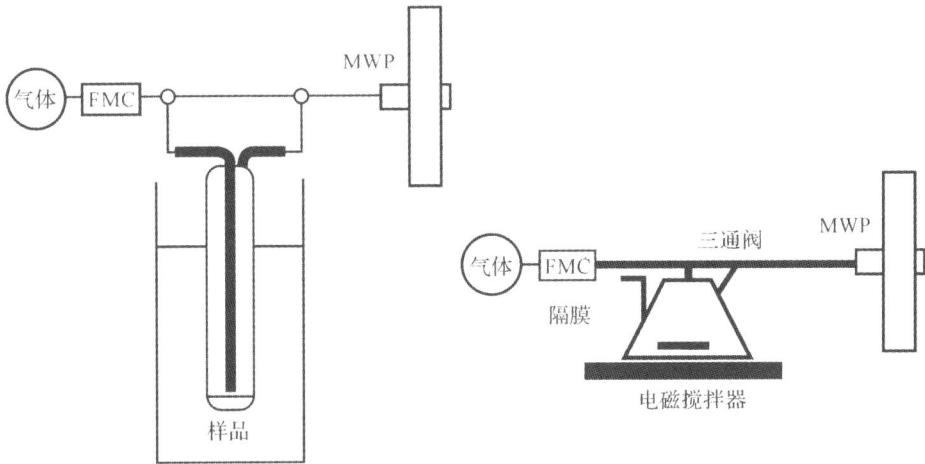

图 6.1　DVS(左)与 ED(右)气体进样系统示意:FMC,质量流量控制器

被载气逐步稀释的过程。样品通过指数腔室顶部的橡胶隔膜注入,通过磁力搅拌使样品蒸气和载气在腔室内混合均匀,并保持温度恒定;在烧瓶的入口和出口处分别连有一个三通阀,可以使烧瓶与载气隔离,以便在样品混合时测量背景水平。切换旁通阀,载气即可进入腔室中将气态样品引入等离子体中。ED 进样过程中,待测物浓度随时间的连续变化满足如下定义明确的函数:

$$C_t = C_0 \exp(-Ft/V)$$

其中,C_t 为 t 时刻的浓度,C_0 为起始浓度,F 为载气流量(mL/s),V 为指数腔室的体积(mL),t 为时间(s)。

　　为满足痕量分析的需要,这项技术已经过改进以降低基体效应。其假设是:在某个样品稀释度时,如果源自该待测物的信号仍可以被观测到,则其基体浓度就已足够小而不会影响测定结果。在这种条件下,可以通过将记录所得的 ED 曲线外推求得样品的初始浓度。ED 技术还可用于标准曲线的获取和检出限的确定。[9—11]

　　正如前文所述,由于 MWP 的能量有限,最方便的进样方法是以气体或蒸气形式引入样品,因为这样可确保其原子化和激发所需的最佳条件。然而,考虑到一个特定等离子体对气体样品负荷的耐受力,则需要根据样品基体、腔体类型、进样方式、载气流量、操作压力和所用功率等因素选择合适的样品引入量。早期的各种 MIP 在不会严重降低信号强度和稳定性的前提下,所能承受的样品引入量约为 1mg/min 或 5μg 的绝对量。[12]然而,现今的 MWP 设计已增强了等离子体对引入样品的负载能力。

众所周知,把气体分子加入氩或氦的等离子体中会影响其原子化效率和激发效率。McKenna 等[13]曾报道,向 TM_{010} 腔内的氦等离子体中通入多于 1％的氧气、氮气或氩气,会导致其原子组分发射的降低。然而与常压情况下相比,低压氦等离子体发射的降低并不明显。Olsen 等[14]曾将 3.3mL/min 的油页岩干馏废气(用氦气作为载气)引入氦 MIP 来检测痕量硒和砷;Serravallo 和 Risby[15]则观察到,至少可将 $100\mu L$ 混有氯乙烯蒸气或甲烷的空气引入低压 MIP 中,不会影响 MIP 等离子体的稳定性。Ducatte 和 Long[16]发现,二氧化碳和氢气的引入会影响氦 MIP 中的非金属发射。他们还观察到硫、磷、氯、溴和碘的离子线信号强度的降低,但等离子体的激发和电离温度仍基本保持不变。

Camuna-Aguilar 等[17]使用注射器将水蒸气以瞬态模式引入等离子体中,以比较三种 MWP 源在氩等离子体猝灭前对水蒸气的耐受力。MPT、Beenakker 腔和 Surfatron 对水蒸气的耐受量分别约为 50mg、10mg 和 0.5mg。氦 MWP 与 Ar 等离子体有类似结果。

各种 MWP 都容易受到过量氢气的影响。然而,细心研究表明,当不用任何接口而将 HG 技术直接与 MPT-OES 连接时,MPT 对氢气有较高的耐受力。氩 MPT 在有 30％体积为氢气时仍能正常工作。另外,向 MPT 中引入适量氢气已被证明可以有效地增强所研究元素的激发效率。[18]研究表明,与不带氢分离器的 HG 系统连用的 TE_{101} 腔内的氩等离子体对氢气也有很高的鲁棒性,该系统对氦等离子体的效果甚至更好。[19]此外,和 HG 连用的用 Okamoto 腔获得的氮等离子体也表现出对氢有高耐受力。[1,20]

在另一篇文献中,Camuna-Aguilar 等[9]对以蒸气形式引入由 Beenakker 腔、MPT 和 Surfatron 获得的 He 等离子体中的氯代烃的原子化和激发能力进行了比较研究。在猝灭之前,由 MPT、TM_{010} 和 Surfatron 维持的等离子体所能耐受的有机化合物的量分别是 100、1 和 0.3mg/min。当用 MIP-OES 对甲烷重整进行监测时,连续引入氩等离子体的甲烷流量可达 7mg/min。[21]还有人利用由 TE_{101} 获得的氩或氦等离子体对直接引入其中的一些金属有机蒸气,如三甲基铝、三甲基镓、三甲基铟中的痕量杂质进行了分析,待测样品的流量范围为 $0.5\sim3mg/min$,所用的微波功率为 150W。[22]

尽管气相色谱使用的样品体积小,但穿过等离子体区的溶剂也会扰动放电,有时甚至会把等离子体猝灭。为确保等离子体放电的稳定性,已提出了一些去溶系统。[23]然而,使用包括 MPT 等更先进的 WMP 光源作为 GC 检测器时,研究表明,含量在 1mg 以下的有机样品可以在不使用去溶系统的条件下直接进样。[24—26]

6.2　连续气体进样

在进行气体分析时,样品应该用注射器直接注射进样或以气流形式连续进样。我们认为,后者可以获得更具代表性的数据。另外,在线分析还能将与不连续采样有关的污染风险降到最低。使用时利用动态混合器件[7,29]、蠕动泵或注射泵[30,31],或者通过把少量液体样品直接注入混合室使样品快速挥发的办法[9—11],把样品气体和标准气体从气体或蒸气容器直接引入 MIP中。[1,5,6,13,14,8—10,21,26—28]不连续进样方法包括使用气密性好的注射器、进样环或采用不同的捕获技术以及色谱分离等技术,[23—24,33,34]直接将一定量的样品注入等离子体气流中。[15,32]操作时记录随时间变化的发射信号,并对峰信号进行积分。流动注射分析(flow injection analysis,FIA)所采用的是类似的过程,它通过准连续方式获得信号。[28,35]

图 6.2 为一些气体进样系统的示意图。两种气体的动态混合采用一种特殊类型的质量流量计实现。[29]一种将无污染气体注入系统、与 MIP-OES 联用直接测定氯化氢中污染物的方法已被开发出来。[31]在减压等离子体系统中,气体经压力计后通过一长段金属管以限制其气流,等离子体的压力则利用气压计在气路的出口处进行检测。[13]

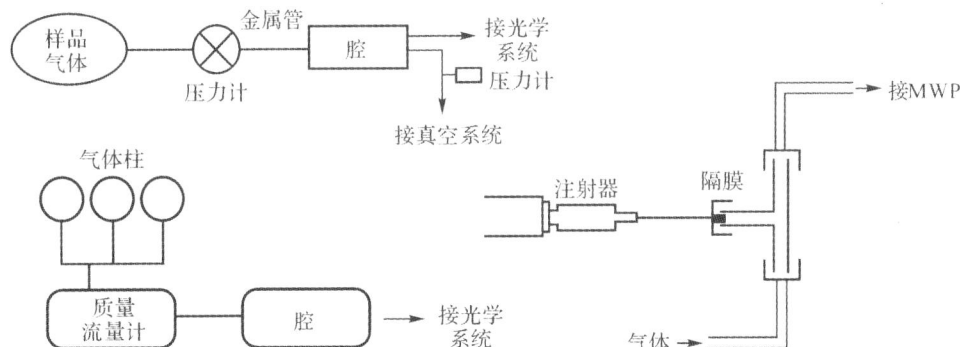

图 6.2　MWP-OES 的气体采样方案:左上图适用于减压 MWP,左下图适用于常压 MWP,右图适用于不连续进样

需特别提及的是,用不连续进样法已测定过氩气中的氮、氧、氢、氦、氖、氨、水蒸气、二氧化碳和有机气体。[30]样品通过位于进样口处的橡胶隔膜进样,检出限低到可以直接做 5.5 个 9 纯度的氩气的分析。Serravallo 和 Risby[15]使用减压氦 MIP 以不连续进样方式及测量 479.45nm 处氯的离子线发射的办法测定

了空气中的氯乙烯浓度。Taylor 等[32]研究并测定了空气中以硫化氢和二氧化硫形式存在的硫的含量。

6.3　氢化物发生法和相关技术

氢化物发生技术是一种有效的进样方法,因为它不需要过多的溶剂就能确保样品以气体的形式进样,这显著增强了测量的灵敏度和选择性。由于低的放电能量使其在这种条件下产生的背景干扰也很低,所以 MWP 是此类样品的理想激发光源。由于氢化物发生反应的效率接近 100%,并且待测物可以自动从样品基体中分离出来,氢化物发生法是一种检测能够形成稳定氢化物的近 10 种元素(As、Ge、Pb、Sb、Se、Sn、Te、Tl、Bi)的有力工具。最近的研究表明,在 HG 条件下,多种其他元素也能够挥发出来,MWP 被认为也可用于这些元素的激发。此外,这个方法也可以方便地应用到预富集过程中,进一步增加进行痕量分析的可能性。有关 HG 及其相关技术所涉及的范围之广,已在对这一领域的一些评述中得到反映。[2,3,36—38]与化学氢化物发生法相比,电化学氢化物发生法能够更加稳定地生成氢化物和氢气,从而使等离子体工作得更加稳定并降低引入污染物的危险。[39]电化学氢化物发生法和化学氢化物发生法已成功地与采用 MPT 和 TE101 光源以氦及氩为工作气体的 MWP-OES 系统联用。[4,39]

值得注意的是,汞冷蒸气原子发生(mercury cold-vapour atom generation,HgCVG)技术可以获得极高的灵敏度,比研究环境的汞背景值所要求的灵敏度还要高。[17,40—42]HgCVG-MIP-OES 联用技术比传统的原子吸收法还要优越。汞蒸气可用二氯化锡还原二价汞的方法从水样品中发生,再用氩气进行吹扫,随后采用金汞齐进行捕集。[42]此外,HgCVG-MIP-OES 已被应用于碘化物的间接检测,其检出限达 0.74ng/mL。[43,44]

HG 或 HgCVG 可按以下几种方法之一完成:定时的、连续的或准连续的。定时的方法由两步组成:在一批容器内完成氢化物发生反应,再把生成的样品挥发组分引入等离子体中。该法将微量样品溶液注射到置于一个适当流通容器内的硼氢化钠片上,这是不连续模式氢化物发生法应用的一个非常有趣的例子。[45]最近,Matusiewicz 和 Ślachciński[46]开发了一种供泥浆制样用的氢化物批量发生系统。流动注射-冷蒸气原子发生技术也成功地与微带等离子体器件结合用于汞的光谱法测定。[28]一种在线 HgCVG 系统已被许多采用各种微波等离子体的实验装置用作进样系统。[17,41,47]

在间断工作模式下,通常可使用捕集接口。氢化物可先被捕集在石墨炉(热捕集）[4,48,49]或液氮（冷捕集）[32—33,50]中，随后再进行蒸发并将其引入等离子体中。另外，捕集还可作为一种强有力的预富集步骤，能很容易地测定亚 ng/ml级的待测物。用捕集阱捕集由氢化物发生法产生的气体，随后进行电热原子化，将其引入氩和氦的等离子体中进行检测，结果发现不同的微波等离子体的检测效果差别很小。[48]Bulska 等[51]将氢化物原位捕集在石墨炉的内壁，随后在脱氢后将其蒸发。还有研究者构建了一种在线汞齐化捕集阱收集由毛细管气相色谱法（capillary gas chromatography，CGC）分离出的含汞组分，然后用 MIP-OES 进行测定。[52]在收集步骤中，含汞组分在金-铂丝上被汞齐化；在分析步骤中，则加热金-铂丝以释放出汞蒸气。

事实上，氢化物的形成往往伴随着氢气的产生，较大量的氢往往会导致等离子体放电的不稳定，这限制了 HG-MIP 联用技术的应用。Beenakker 腔和Surfatron 器件所形成的等离子体受到由硼氢化钠溶液的化学氢化物发生法所产生的过量氢的影响较大。因此，人们都在寻求能最大程度降低被引入等离子体中的氢气和水蒸气量的方法。[53]Tao、Miyazaki[54]和 Gong 等[55]使用膜分离法以除去多余的氢和水蒸气。一种常用的方法就是使用干燥器从气相中除去水蒸气。采用像 Okamoto 腔所产生的氮等离子体一样的高功率氮等离子体，可以避免这些问题。Matsumoto 和 Nakahara[56]就没有提及进入等离子体中的过量氢对其稳定性有什么影响。Liang 和 Li[57]则发现使用氧气作氩 MPT 的保护气会增强等离子体对氢气的耐受力。在氢气存在条件下，已证明低压氩、氦 MIP 比常压下的等离子体更容易维持。[58,59]对于在 200W 功率下用 TE$_{101}$ 腔所形成的MIP，用一个小型化的腔室就可以测定最低浓度只有 0.6μg/L 的硒元素而无须除去过量的氢。[60]因此，用较高的微波能量和改进微波能量的对称耦合性都有利于检测具有相对较高电离电位的元素（As、Se）。[19]

6.4 其他气体组分的发生

除了氢化物外，其他挥发性金属组分（包括无机的和有机的）也可以被发生。挥发性有机金属化合物通常都使用色谱进行分离（见本章 6.5 节）。Skogerboe等[61]提出了一种带热捕集系统的化学蒸气发生（chemical vapour generation，CVG）系统，并用 MIP-OES 对几种金属氯化物进行了测定。另一种有趣的气体进样方法是利用流动注射（flow injection，FI）-CVG-MIP-OES 系统测定了四羰基镍中的镍含量。[35]其对一些重要元素，如 Bi、Cd、Mo、Ni、Pb、Tl 和 Zn 的检出限为 0.5～3ng/mL。

氦 MWP 的一个重要特点是有可能检测包括卤素在内的低浓度非金属元素。有趣的是,MWP 的这种高性能不仅源于以氦作为等离子体工作气体,还与所使用的微波频率有关。研究表明,使用射频驱动的等离子体光源对非金属的检出限不如 MWP。[62,63] 大部分非金属的 MWP-OES 测定方法都采用气相进样。[1] 用化学方法以连续或间歇方式生成的挥发性待测物与反应溶液被气-液分离装置分离后,通常用氦气吹扫进载气流中。进样系统通常用干燥器除去水汽并使用加热的传输线路,以防止由于相对较难挥发组分(如碘、溴)的冷凝而损失待测物。有时,还推荐对发生器、干燥器和连接管的内壁进行硅烷化,以促进待测物的有效传输。[64] 挥发性组分也可用氧化或还原反应生成,并在随后用对样品溶液加以酸化的方法进行制备。卤素通常用多种化学试剂,如高锰酸钾、重铬酸钾、溴酸钾、过氧化氢等制备为分子氯、溴或碘。[1,65,66] 有趣的是,氯、溴或碘也可在固体二氧化铅柱上进行氧化制备。[67] 氯化物和溴化物也可以氢化物形式释放出来,然而其检出限要比分子态的氯、溴差。[64] 使用 CVG-MWP-OES 技术测定卤素有一定的局限性,这是由于氦气中的杂质或由样品产生的气态分子会对等离子体产生较大的影响。研究证明,H_2、H_2O、CO_2 和 N_2 的存在会使待测物的发射强度降低。[9,16,55,57,68] 在其他非金属待测物中,痕量的氨、亚硝酸盐和硝酸盐可以先用 CVG 技术转化成氮气,再用 MWP-OES 测定;而硫化物、亚硫酸盐和碳酸盐则可先酸化使其释放出后再引入 MWP 中。[68,69] CVG-MWP-OES 技术可以用于区分样品溶液中无机氮和碘所处的不同价态,这是由于其不同价态化合物的化学性质具有一定的差异。[68,70] 此外,非金属 CVG 方法也已与 MIP-MS 联用。[71]

6.5 微波诱导等离子体与气相色谱联用技术

MIP-OES 与气相色谱联用是当今使用 MWP 最主要最成熟的技术。MIP 在这里作为典型的元素选择性流通型检测器。含有被色谱柱分离开的待测物的载气被连续引入等离子体中进行检测。通过样品组分的分离时间和元素的选择性检测结果,可以得到大量的定性和定量信息。由于 MIP-OES 是 GC 的一种强有力的检测技术,许多书籍都对其做定期评述[72—79]和更新[80—83]。因此,本章只打算给出一个简短的总结。应用 MIP 技术的微波等离子体检测器(microwave plasma detector,MPD)是当今气相色谱所用的灵敏度最高的检测器之一。[79,84—88]

MWP 谐振腔很容易与 GC 毛细管柱相接,其传输体积很小。MWP 与 GC

在低压和常压条件下的联用都已经过验证。[77]采用减压掺杂等离子体可容许溶剂进入检测器而不至于使放电猝灭。1/4 波长的 Evenson 腔和 Surfatron 都比较适合维持低压氦或氩的等离子体。相反,TM_{010} 型 Beenakker 腔则更易于用在常压 GC-MIP 中。Camuna-Aguilar 等[9]通过对 TM_{010}、Surfatron 和 MPT 的比较研究,证明了 MPT 与 GC 联用具有更好的性能。尽管如此,迄今还只有 TM_{010} 成功地实现商业规模的应用。

当 GC-MIP-OES 装置是由两个独立的商用仪器联用时,需要更精细地描述色谱柱出口与检测器的连接方法。MPD 相对较大的尺寸,使得有必要加长含有待测物的管路,从而导致不利的峰展宽现象。为了尽量减少这种影响,应使用死体积小的铜、镍或钢材制成的传输管路,并加热以避免待测物的冷凝。此外,也可以通过引入尾吹气体或吹扫气体加以改善(见图 6.3)。

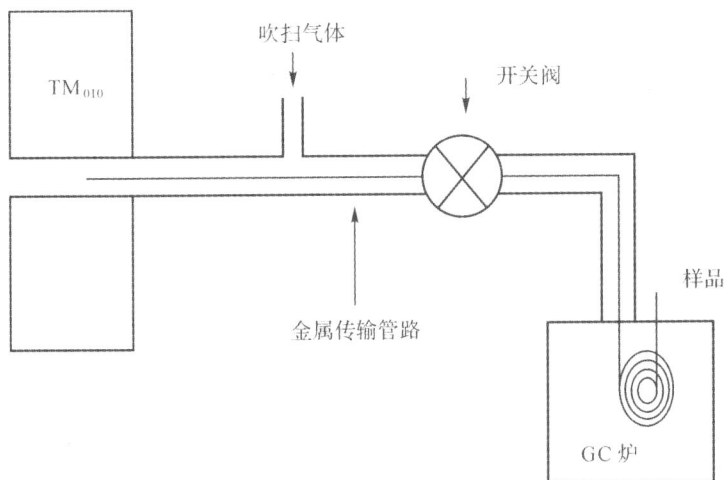

图 6.3　侧臂引入吹扫气体的 GC-MIP 接口

早期的 GC-MIP 系统的强度和可靠性都较差,等离子体在有溶剂通过时容易发生猝灭,放电管也容易出现碳化现象。第一个问题已经通过引入去溶系统[23,89—92]、等离子体自动复燃器件或载气分流[89]等方法得到解决。为了避免在放电管壁上形成积碳,可向等离子体中引入少量吹扫气体(通常用氧气,很少情况下用氢气或氮气)。[11,93—95]

MPD 可配在带有毛细管柱和填充柱的色谱仪上使用。[78]毛细管柱常用于活性化合物的分析,因为活性化合物容易在毛细管的固定相表面发生去活化作用。柔性石英毛细管柱可以用标准压缩配件直接接入等离子体内几毫米处。使用毛细管柱所能引入的最大样品量小于 $1\mu L$,这使毛细管柱的应用受到了一定的局限。要引入较多的样品时可使用填充柱,但这时需要考虑会产生更大的峰展宽。几年前,有人提出将 MPD 与集束毛细管气相色谱(multi-capillary gas chromatography,MC-GC)[96]联用,这使得在缩短样品分离时间的同时还可以引入几微升样品。由此形成了一个非常有效的分析技术,它将色谱的快速、完全分离特性与 MPD 的高灵敏度、高选择性和普适性特点结合了起来。MC-GC 和 MIP 所用气体流量理想地相配是这一联用技术的另一优点。

6.5.1　原子发射检测器

虽然 MPD 只是色谱的原子发射检测器(atomic emission detectors,AED)中的一部分,但其具有与气相色谱法兼容性好、紧凑和廉价等优点,因此有很高的应用价值。用于气相色谱检测器的最重要的等离子体发射光源主要有:氦 MIP、CMP、直流氩等离子体、交流等离子体、射频诱导等离子体。[73,76,77,84,97] MIP 已被认为比 ICP 更适合作为 GC-AED 的激发光源。然而,ICP 则更适合作 GC-ICP-MS 的质谱离子化源。已有人根据用电子电离质谱法(electron ionization mass spectrometry,EI-MS)、MIP-OES 和 ICP 飞行时间质谱法(time-of-flight mass spectrometry,TOFMS)做雨水中有机铅形态分析时的灵敏度、选择性和稳定性对这三种方法的检测能力进行过比较。总的来说,ICP-TOFMS 和 MPD 得到的检出限是相似的。

到目前为止,已有几种 MPD 实现了商品化,包括 MPD850、HP2350 和它的二代产品 G2350A 或 2370AA,以及其他几种早期型号。组成 MPD 的石英毛细管入口可把色谱柱的洗脱气引入微波谐振腔的中心。气相色谱的载气可以使用氩气或氦气,常用的流量也与形成稳定 MIP 的条件相匹配。氩/氦混合气也已被用作载气和放电气体。尤其是氦等离子体,它对金属和非金属的检测都有很高的灵敏度(见表 6.1)。所发射的光谱被聚焦在光谱仪的入射狭缝处,检测系统通常由一个光电倍增管和相关的硬件组成。放电一般用特斯拉线圈的火花点燃。它被维持在水冷式微波重入谐振腔(一种 TM$_{010}$ 谐振腔的改进版[23])里的一个薄壁石英放电管内。

表 6.1　一种 MPD 的分析性能

元素	波长/nm	检出限 /pg/s	对碳的选择性
Al	396.2	5.0	>10 000
As	189.0	3.0	47 000
	228.8	6.5	47 000
B	249.8	3.6	9300
Be	234.9	(10pg)	—

元素	波长/nm	检出限/pg/s	对碳的选择性
Br	470.5	10	11 400
	478.6	30	599
C	247.9	2.6	1
	193.1	0.2	1
^{13}C	171.0	10	—
Cl	479.5	39	25 000
	481.0	7	200
Co	240.7	6.2	182 000
Cr	267.7	7.5	108 000
F	685.6	8.5	3500
Fe	302.1	0.05	3 500 000
	259.9	0.28	280 000
Ga	294.3	约200	>10 000
Ge	265.1	1.3	7600
H	656.3	7.5	160
	486.1	2.2	可变
^{2}H	656.1	7.4	194
Hg	253.7	0.1	3 000 000
	301.2	1.0	—
I	206.2	21	5010
	516.1	50	400
Mn	257.6	0.25	1 900 000
Mo	281.6	5.5	24 200
N	174.2	7.0	—
	746.9	2900	6000
Nb	288.3	69	32 100
Ni	301.2	1.0	200 000
	231.6	2.6	6470
O	777.2	75	25 000
Os	225.6	6.3	50 000
P	177.5	1	5000
	185.9	1.0	—
	253.6	2.1	26 000

续表

元素	波长/nm	检出限/pg/s	对碳的选择性
Pb	261	0.8	314 000
	283.3	0.17	25 000
	105.8	2.3	200 000
	406	0.2	286 000
Pd	340.4	5.0	>10 000
Pt	405.8	(0.1ng/L)	—
	407.8	(1.1pg)	—
Ru	240.3	7.8	134 000
S	180.7	1.7	150 000
	545.4	25	200
Sb	217.6	5.0	19 000
Se	196.1	2.3	135 000
	204.0	5.3	10 900
Si	251.6	7.0	90 000
Sn	271	1.0	295 000
	284.0	1.6	36 000
	303.1	1.4	1 500 000
Ti	338.4	1.0	50 000
V	292.4	4.0	36 000
	268.8	10	56 900
W	255.5	51	5450

GC-MPD 系统的主要优点是元素检测的灵敏度高,对一起流出的待测元素的选择性高及可耐受不完全色谱分辨的情况。

除了 MPD,其他微波驱动的检测器,如光离子化检测器[98,99]、MIP 反射功率检测器[100,101]和更新一些的 MIP-MS 检测器[102—105],也已经被研究和应用过。

MPD 既可代替某种更常用的非金属选择性检测器,也可用作一种金属敏感检测器。从理论上讲,任何元素都可以用 MPD 检测,只要该原子发射可以在紫外/可见波长区域内被检测到。视所使用的等离子体气体和所检测元素的不同,典型的 MPD 绝对检出限可以低达几百皮克。[80]

从理论上讲,MPD 可在多种模式下操作:单元素模式,监测碳的通用模式,或者也可由分子中所有原子的发射确定其经验式。用第一种模式时,MPD 的选择性远远超过了其他所有检测器的选择性。用通用模式时,MPD 是最灵敏的气相色谱检测器,这是由于有机分子通常含有比杂原子更多的碳原子。

MPD 也为用气相色谱仪检测被分离物质的元素组成提供了可能性。通过特定元素的原子数和相应信号之间的线性关系,可以确定未知化合物的经验式。这种检测选择性的提高对于复杂材料的分析具有重要意义。

此外,MPD 还是一种能够实现多种检测方法的通用型检测器,例如,根据碳的浓度和各自的保留时间鉴别样品中存在的所有有机成分;能鉴别所选化合物的类别,例如,根据杂原子发射对卤素衍生物进行鉴定,或者根据一些基本元素(C、H、O、N 和 S)的浓度比确定化合物的化学组成。

利用 GC-MIP-OES 技术进行与化合物无关的标定和对分子组成进行测定,其可行性已经被研究了很长时间。研究表明,MPD 对一些化合物中的某些元素和某些基团几乎有相同的响应,而与该元素所存在的化合物的形式无关。尽管还有一些未解决的问题,但结果表明该技术仍有研究前景,研究将继续进行。[106]

尽管 MIP-OES 具有高的选择性和灵敏度,但在某些情况下,还是需要采用预富集技术来提升 GC-MPD 的分析性能。[77]这些技术包括在线富集[107]、吹扫捕集热脱附[108-110,94]以及不同的衍生方法,如氢化物发生[111,112]、烷基化[113,114]和螯合物形成[115,116]等。

在原子发射之前使用分离技术,可以获得有用的形态信息。一般来说,当选择性检测器与非选择性检测器并联使用时,可以充分发挥其优势。这种联用可以获得关于该样品的最大量信息,尽管其中有部分数据是并不需要的。气相色谱与 MIP-OES 联用是最常见的微波等离子体联用技术。扩展的联用技术则涉及 GC 与平行工作的 AED 和 MS 检测器的联用。[117,118]把两种技术的谱图信息结合起来,可使分析人员推断出一个复杂混合物中许多有关未知化合物的信息。

最后,还应该提及与 MPD 进行耦合或联用技术中的两个特别有趣的应用,即热解(pyrolysis,Py)GC [119,120]和热载气萃取(hot carrier gas extraction,HCGE)GC[121]。前者广泛应用于有机地球化学[122,123]和高分子科学[124,125]。

6.6　固相微萃取

固相微萃取(solid-phase microextraction,SPME)是一种简单、无溶剂的有效萃取技术。到目前为止,固相微萃取已被成功地用于分析气体、液体和固体样品。它可以被容易地耦合到 GC-MWP-OES 中,做一定改进后也可以和高效液相色谱法(high-performance liquid chromatography,HPLC)联用。[126,127]一般来说,可采用两种操作方式:顶空取样和直接液相取样。顶空取样(headspace sampling，HS）-SPME 技术是在样品室的顶部空间放置吸附纤维进行预富集，待达到最佳吸附时间后，将吸附纤维转移到热进样口进行脱附。因此，它在原理上是一种气态待测物的取样技术。对于非挥发的组分则可用直接液相取样技术。

在大多数情况下，固相微萃取常与色谱分离联用。然而，由于 MIP-OES 具有较高的选择性，因此气体样品也可以直接引入等离子体中，无须使用气相色谱仪。这使 MIP-OES 可用于许多应用中，特别是在需要检测无机挥发性组分的场合。作为一种捕集技术，固相微萃取起着一种预富集作用，可以用来减少对等离子体有影响的干扰化合物的负载量，如 HG 技术中的氢气和液相中高浓度酸所产生的挥发性酸。迄今为止，固相微萃取进样技术和 ICP-MS 联用已成为一种很有前途的分析工具。将其应用于 MIP-OES 也会非常有趣，我们实验室正在进行初步研究。

SPME-GC-MPD 联用技术已经有许多成功的应用。[84,95,128—134]文献[87]中使用火焰光度检测器、脉冲火焰光度检测器、MIP-OES 和 ICP-MS 四种检测器对由固相微萃取和色谱分离后的丁基锡和苯基锡化合物进行形态分析，并对四种方法进行了评估。与其他检测器相比，MPD 具有相对差的灵敏度。SPME 和采用不同通用检测器的集束毛细管气相色谱仪联用，对有机硒化合物检测的通用性也已做了评估。[135]其检测方法有 ICP-MS、MIP-OES 和原子荧光光谱法（atomic fluorescence spectrometry，AFS）。实验表明，所有检测器都可适用，而其中具有最高检测灵敏度的是 MIP-OES。该方法已被用于生物样品中挥发性烷基硒的测定。[136]还有人用 CGC 对金属 Cu、Ni、Pd 和 V 的螯合物的分离效果进行了评估，所使用的检测器是火焰离子化检测器和 MIP-OES 检测器。[116]

6.7　气体的定量分析

进样是气体分析的主要问题，因此是系统误差的重要来源。为确定气体中待测物的含量，最好在相同基体上进行校准。在高压混合管线上制备气体校准混合物，在该管线上允许添加需准确检测质量的特定纯气体。这一操作步骤对百分含量的组分有效，之后可按重量分析法稀释。如果基体气体对等离子体的影响可以检测且很小，就无须进行基体匹配了。通过在进样口直接添加一个小流量的标准气体，就可以对所选定的能获得挥发性组分的待测物进行校准。已制备出一系列含有不同量氯乙烯单体的氯乙烯/空气混合物，再通过注入相同体积的各种标准样品即可得到线性校准曲线。[15]在连续进样技术中，通过控制进样速率直接从进样口向等离子气体中注入合适的气体，也可以获得不同组分的校准曲线。[30]研究表明,利用扩散原理也可以方便地用各种载气动态地产生已知浓度的汞蒸气,即仅仅通过改变扩散池的尺寸参数就可以生成浓度范围很宽的汞蒸气。[7]样品气和标准混合气可不断地通过蠕动泵注入 MIP 中,并可以做标准加入法测量。在连续分析过程中,从打开样品瓶到待测物发射达到稳定状态约需 10 分钟。为了实现分析系统对铁测定的校准,需要在氩气中使用经过认证的含标准五羰基铁的样品。为了获得不同浓度的标准气体,则需要用氩气进行稀释。[31]

一种指数稀释瓶可被用来评估以光谱方法制备的自动校准曲线和测定的检出限。记录下在对应于待测元素特定波长处的瞬时信号。指数衰减曲线可通过线性回归进行拟合,得到由净信号的对数和时间为轴的半对数曲线图。求解零时刻的线性方程即可得到初始信号值,该值与样品中待测物的初始浓度成正比。已有用指数衰减法将含氯化合物以气体形式引入等离子体中的研究报道。[9]

参考文献

[1] T. Nakahara. *Anal. Sci.*, 2005, 21: 477-484.

[2] P. Pohl. *Trends Anal. Chem.*, 2004, 23: 21-27.

[3] R. E. Sturgeon and Z. Mester. *Appl. Spectrosc.*, 2002, 56: 202A-213A.

[4] B. Özmen, F. M. Matysik, N. H. Bings and J. A. C. Broekaert. *Spectrochim. Acta, Part B*, 2004, 59: 941-950.

[5] K. Tanabe, H. Haraguchi and K. Fuwa. *Spectrochim. Acta, Part B*, 1981, 36: 119-127.

[6] K. B. Starowieyski, A. Chwojnowski, K. Jankowski, J. Lewiński and J. Zachara. *Appl. Organomet. Chem.*, 2000, 14: 616-622.

[7] V. Siemens, T. Harju, T. Laitinen, K. Laryava and J. A. C. Broekaert. *Fresenius' J. Anal. Chem.*, 1995, 351: 11-18.

[8] S. Schermer, N. H. Bings, A. M. Bilgic, R. Stonies, E. Voges and J. A. C. Broekaert. *Spectrochim. Acta, Part B*, 2003, 58: 1585-1596.

[9] J. F. Camuna-Aguilar, R. Pereiro-Garcia, J. E. Sanchez-Uria and A. Sanz-Medel. *Spectrochim. Acta, Part B*, 1994, 49: 545-554.

[10] B. W. Pack, G. M. Hieftje and Q. Jin. *Anal. Chim. Acta*, 1999, 383: 231-241.

[11] W. Braun, N. C. Peterson, A. M. Bass and M. J. Kurylo. *J. Chromatogr.*, 1971, 55: 237-248.

[12] A. T. Zander and G. M. Hieftje. *Appl. Spectrosc.*, 1989, 35: 357-371.

[13] M. McKenna, I. L. Marr, M. S. Cresser and E. Lam. *Spectrochim. Acta, Part B*, 1986, 41: 669-676.

[14] K. B. Olsen, J. C. Evans, D. S. Sklarew, J. S. Fruchter, D. C. Girvin and C. L. Nelson. *Environ. Sci. Technol.*, 1990, 24: 258-263.

[15] F. A. Serravallo and T. H. Risby. *Anal. Chem.*, 1976, 48: 673-676.

[16] G. R. Ducatte and G. L. Long. *Appl. Spectrosc.*, 1994, 48: 493-501.

[17] J. F. Camuna-Aguilar, R. Pereiro-Garcia, J. E. Sanchez-Uria and A. Sanz-Medel. *Spectrochim. Acta, Part B*, 1994, 49: 475-484.

[18] W. Yang, H. Zhang, A. Yu and Q. Jin. *Microchem. J.*, 2000, 66: 147-170.

[19] A. Jackowska. *PhD Thesis*. Warsaw: Warsaw University of Technology, 2006. In Polish.

[20] K. Wagatsuma. *Appl. Spectrosc. Rev.*, 2005, 40: 229-243.

[21] C. A. Junior, N. K. M. Galvao, A. Gregory, G. Henrion and T. Belmonte. *J. Anal. At. Spectrom.*, 2009, 24: 1459-1461.

[22] K. Jankowski. *DSc thesis*. Warsaw: Warsaw University of Technology, 2001. In Polish.

[23] B. D. Quimby and J. J. Sullivan. *Anal. Chem.*, 1990, 62: 1027-1034.

[24] K. Cammann, L. Lendero, H. Feuerbacher and K. Ballschmiter. *Fresenius' Z. Anal. Chem.*, 1983, 316: 194-200.

[25] Q. Jin, F. Wang, C. Zhu, D. M. Chambers and G. M. Hieftje. *J. Anal. At. Spectrom.*, 1990, 5: 487-494.

[26] A. Granier, E. Bloyet, P. Leprince and J. Marec. *Spectrochim. Acta, Part B*, 1988, 43: 963-970.

[27] E. Denkhaus, A. Golloch and H. M. Kuss. *Fresenius' J. Anal. Chem.*, 1995, 353: 156-161.

[28] U. Engel, A. M. Bilgic, O. Haase, E. Voges and J. A. C.

Broekaert. *Anal. Chem.*, 2000, 72: 193-197.

[29] D. Boudreau, C. Laverdure and J. Hubert. *Appl. Spectrosc.*, 1989, 43: 456-460.

[30] H. E. Taylor, J. H. Gibson and R. K. Skogerboe. *Anal. Chem.*, 1970, 42: 876-881.

[31] S. Kirschner, A. Golloch and U. Telgheder. *J. Anal. At. Spectrom.*, 1994, 9: 971-974.

[32] H. E. Taylor, J. H. Gibson and R. K. Skogerboe. *Anal. Chem.*, 1970, 42: 1569-1575.

[33] C. Dietz, Y. Madrid, C. Camara and P. Quevauviller. *J. Anal. At. Spectrom.*, 1999, 14: 1349-1355.

[34] A. J. McCormack, S. C. Tong and W. D. Cooke. *Anal. Chem.*, 1965, 37: 1470-1476.

[35] W. Drews, G. Weber and G. Tölg. *Fresenius' Z. Anal. Chem.*, 1989, 332: 862-865.

[36] A. D. Campbell. *Pure Appl. Chem.*, 1992, 64: 227.

[37] Q. Deren. *Trends Anal. Chem.*, 1995, 14: 76-82.

[38] P. Pohl. *Trends Anal. Chem.*, 2004, 23: 87-101.

[39] C. Schickling, J. Yang and J. A. C. Broekaert. *J. Anal. At. Spectrom.*, 1996, 11: 739-745.

[40] R. J. Watling. *Anal. Chim. Acta*, 1975, 75: 281-288.

[41] K. Tanabe, K. Chiba, H. Haraguchi and K. Fuwa. *Anal. Chem.*, 1981, 53: 1450-1453.

[42] Y. Nojiri, A. Otsuki and K. Fuwa. *Anal. Chem.*, 1986, 58: 544-547.

[43] T. Nakahara and T. Wasa. *Chem. Express*, 1990, 5: 121.

[44] T. Nakahara and T. Wasa. *Microchem. J.*, 1990, 41: 148.

[45] N. W. Barnett, L. S. Chen and G. F. Kirkbright. *Spectrochim. Acta, Part B*, 1984, 39: 1141-1147.

[46] H. Matusiewicz and M. Ślachciński. *Microchem. J.*, 2006, 82: 78-85.

[47] P. Pohl, I. J. Zapata, E. Voges, N. H. Bings and J. A. C. Broekaert. *Microchim. Acta*, 2008, 161: 175-184.

[48] H. Matusiewicz and R. E. Sturgeon. *Spectrochim. Acta, Part B*,

1996, 51: 377-397.

[49] E. Bulska, J. A. C. Broekaert, P. Tschöpel and G. Tölg. *Anal. Chim. Acta*, 1993, 276: 377-384.

[50] C. Dietz, Y. Madrid and C. Camara. *J. Anal. At. Spectrom.*, 2001, 16: 1397-1402.

[51] E. Bulska, E. Beirohr, P. Tschöpel, J. A. C. Broekaert and G. Tölg. *Chem. Anal.*, *Warsaw*, 1996, 41: 615-623.

[52] J. P. Snell, W. Frech and Y. Thomassen. *Analyst*, 1996, 121: 1055-1060.

[53] J. Yang, C. Schickling, J. A. C. Broekaert, P. Tschöpel and G. Tölg. *Spectrochim. Acta*, *Part B*, 1995, 50: 1351-1363.

[54] H. Tao and A. Miyazaki. *Anal. Sci.*, 1991, 7: 55-59.

[55] Z. Gong, W. F. Chan, X. Wang and F. S. C. Lee. *Anal. Chim. Acta*, 2001, 450: 207-214.

[56] A. Matsumoto and T. Nakahara. *Tetsu Hagane*, 2003, 89: 1-9.

[57] P. Liang and A. Li. *Fresenius' Z. Anal. Chem.*, 2000, 368: 418-420.

[58] F. Lunzer, R. Pereiro-Garcia, N. Bordel-Garcia and A. Sanz-Medel. *J. Anal. At. Spectrom.*, 1995, 10: 311-315.

[59] J. M. Costa-Fernandez, R. Pereiro-Garcia, A. Sanz-Medel and N. Bordel-Garcia. *J. Anal. At. Spectrom.*, 1995, 10: 649-653.

[60] S. Schermer, L. Jurica, J. Paumard, E. Beinrohr, F. M. Matysik and J. A. C. Broekaert. *Fresenius' Z. Anal. Chem.*, 2001, 371: 740-745.

[61] R. K. Skogerboe, D. L. Dick, D. A. Pavlica and F. E. Lichte. *Anal. Chem.*, 1975, 47: 568-570.

[62] K. C. Tran, C. Lauzon, R. Sing and J. Hubert. *J. Anal. At. Spectrom.*, 1998, 13: 507-513.

[63] J. F. Camuna, M. Montes, R. Pereiro, A. Sanz-Medel, C. Katschthaler, R. Gross and G. Knapp. *Talanta*, 1997, 44: 535-544.

[64] N. W. Barnett. *J. Anal. At. Spectrom.*, 1988, 3: 969-972.

[65] T. Nakahara and T. Nishida. *Spectrochim. Acta*, *Part B*, 1992, 53: 211-217.

[66] T. Nakahara, S. Morimoto and T. Wasa. *J. Anal. At. Spectrom.*, 1998, 7: 507-513.

［67］M. D. Calzada，M. C. Quintero，A. Gamero and M. Gallego. *Anal. Chem.*，1992，64：1374-1378.

［68］S. R. Koirtyohann. *Anal. Chem.*，1983，55：374-376.

［69］T. Nakahara，T. Mori，S. Morimoto and H. Ishikawa. *Spectrochim. Acta，Part B*，1995，50：393-403.

［70］K. A. Anderson and P. Markowski. *J. AOAC Int.*，2000，83：225-230.

［71］Y. Duan，M. Wu，Q. Jin and G. M. Hieftje. *Spectrochim. Acta，Part B*，1995，50：1095-1108.

［72］T. H. Risby and Y. Talmi. *CRC Crit. Rev. Anal. Chem.*，1983，14：231-265.

［73］P. C. Uden. *Trends Anal. Chem.*，1987，6：238-246.

［74］E. Bulska. *J. Anal. At. Spectrom.*，1992，7：201-210.

［75］S. R. Goode and C. Thomas. *Spectroscopy，Eugene*，1994，9：14-22.

［76］P. C. Uden. *J. Chromatogr. A*，1995，703：393-416.

［77］R. Łobiński and F. C. Adams. *Spectrochim. Acta，Part B*，1997，52：1865-1903.

［78］R. Łobiński，V. Sidelnikov，Y. Patrushev，I. Rodriguez and A. Wasik. *Trends Anal. Chem.*，1999，18：449-460.

［79］L. L. P. van Stee and U. A. T. Brinkman. *J. Chromatogr. A*，2008，1186：109-122.

［80］R. E. Sievers. *Selective Detectors*. New York：Wiley，1995.

［81］E. H. Evans，J. J. Giglio，T. M. Castillano and J. A. Caruso. *Inductively Coupled and Microwave Induced Plasma Sources for Mass Spectrometry*. Cambridge：RSC，1995.

［82］R. P. W. Scott. *Tandem Techniques*. New York：Wiley，1997.

［83］R. L. Grob and E. F. Barry. *Modern Practice of Gas Chromatography*. Hoboken，NJ：Wiley，2004.

［84］A. M. Carro，L. Neira，R. Rodil and R. Λ. Lorenzo. *Chromatography*，2002，56：733-738.

［85］S. M. Lee and P. L. Wylie. *J. Agric. Food Chem.*，1991，39：2192-2199.

［86］J. R. Baena，M. Gallego，M. Valcarcel，J. Leenaers and F. C.

Adams. *Anal. Chem.*, 2001, 73: 3927-3934.

[87] S. Aguerre, G. Lespes, V. Desauziers and M. Potin-Gautier. *J. Anal. At. Spectrom.*, 2001, 16: 263-269.

[88] M. B. de la Calle-Guntinas, C. Brunori, R. Scerbo, S. Chiavarini, P. Quevauviller, F. C. Adams and R. Morabito. *J. Anal. At. Spectrom.*, 1997, 12: 1041-1046.

[89] B. D. Quimby, P. C. Uden and R. M. Barnes. *Anal. Chem.*, 1978, 50: 2112-2118.

[90] L. Zhang, J. W. Carnahan, R. E. Winans and P. H. Neill. *Anal. Chim. Acta*, 1990, 283: 149-154.

[91] K. M. L. Holden, K. D. Bartle and S. R. Hall. *J. High Resolut. Chromatogr.*, 1999, 22: 159-163.

[92] M. E. Birch. *Anal. Chim. Acta*, 1993, 282: 451-458.

[93] J. P. J. van Dalen, P. A. de Lezenne-Coulander and L. de Galan. *Anal. Chim. Acta*, 1977, 94: 1-19.

[94] N. Campillo, P. Vinas, I. Lopez-Garcia, N. Aguinaga and M. Hernandez-Cordoba. *J. Chromatogr. A*, 2004, 1035: 1-8.

[95] E. Dimitrakakis, C. Haberhauer-Troyer, Y. Abe, M. Ochsenkühn-Petropoulou and E. Rosenberg. *Anal. Bioanal. Chem.*, 2004, 379: 842-848.

[96] I. Rodriguez-Pereiro, V. O. Schmitt and R. Łobiński. *Anal. Chem.*, 1997, 69: 4799-4807.

[97] W. Frech, J. P. Snell and R. E. Sturgeon. *J. Anal. At. Spectrom.*, 1998, 13: 1347-1353.

[98] R. R. Freeman and W. E. Wentworth. *Anal. Chem.*, 1971, 43: 1987-1991.

[99] G. Gremaud, W. E. Wentworth, A. Zlatkis, R. Swatloski, E. C. M. Chen and S. D. Stearns. *J. Chromatogr. A*, 1996, 724: 235-250.

[100] R. M. Alvarez-Bolainez and C. B. Boss. *Anal. Chem.*, 1991, 63: 159-163.

[101] R. M. Alvarez-Bolainez, M. P. Dziewiatkoski and C. B. Boss. *Anal. Chem.*, 1992, 64: 541-544.

[102] W. C. Story and J. A. Caruso. *J. Anal. At. Spectrom.*, 1993, 8: 571-575.

[103] L. K. Olson and J. A. Caruso. *Spectrochim. Acta, Part B*, 1994,

49：7-30.

[104] A. M. Zapata, C. L. Bock and A. Robbat, Jr.. *J. Anal. At. Spectrom.*, 1999, 14：1187-1192.

[105] G. O'Connor, S. J. Rowland and E. H. Evans. *J. Sep. Sci.*, 2002, 25：839-846.

[106] J. T. Andersson. *Anal. Bioanal. Chem.*, 2002, 373：344-355.

[107] R. Łobiński and F. C. Adams. *J. Anal. At. Spectrom.*, 1992, 7：987-992.

[108] A. Wasik, I. Rodriguez-Pereiro and R. Łobiński. *Spectrochim. Acta, Part B*, 1998, 53：867-879.

[109] S. Slaets, F. Laturnus and F. C. Adams. *Fresenius' Z. Anal. Chem.*, 1999, 364：133-140.

[110] N. Campillo, P. Vinas, I. Lopez-Garcia, N. Aguinaga and M. Hernandez-Cordoba. *Talanta*, 2004, 64：584-589.

[111] J. W. Carnahan, K. J. Mulligan and J. A. Caruso. *Anal. Chim. Acta*, 1981, 130：227-241.

[112] R. Reuther, L. Jaeger and B. Allard. *Anal. Chim. Acta*, 1999, 394：259-269.

[113] M. Zabaljauregui, A. Delgado, A. Usobiaga, O. Zuloaga, A. de Diego and J. M. Madariaga. *J. Chromatogr. A*, 2007, 1148：78-85.

[114] M. Ceulemans and F. C. Adams. *J. Anal. At. Spectrom.*, 1996, 11：201-206.

[115] M. Y. Khuhawar, A. Sarafraz-Yazdi, J. A. Seeley and P. C. Uden. *J. Chromatogr. A*, 1998, 824：223-229.

[116] M. Y. Khuhawar, A. Sarafraz-Yazdi, J. A. Seeley and P. C. Uden. *Chromatography*, 2002, 56：729-732.

[117] L. L. P. van Stee, J. Beens, R. J. J. Vreuls and U. A. T. Brinkman. *J. Chromatogr. A*, 2003, 1019：89-99.

[118] L. L. P. van Stee, P. E. Leonards, W. M. van Loon, A. J. Hendriks, J. L. Maas, J. Struijs and U. A. T. Brinkman. *Water Res.*, 2002, 36：4455-4470.

[119] K. L. Sobeih, M. Baron and J. Gonzalez-Rodriguez. *J. Chromatogr. A*, 2008, 1186：51-66.

[120] A. B. Ross, S. Junyapoon, K. D. Bartle, J. M. Jones and A.

Williams. *J. Anal. Appl. Pyrolysis*, 2001, 58/59: 371-385.

[121] H. Kipphardt, M. Czerwensky and R. Matschat. *J. Anal. At. Spectrom.*, 2008, 23: 588-591.

[122] J. A. Seeley, Y. Zeng, P. C. Uden, T. I. Eglinton and I. Ericson. *J. Anal. At. Spectrom.*, 1992, 7: 979-985.

[123] M. P. M. van Lieshout, H. G. Janssen, C. A. Cramers and G. A. van den Bos. *J. Chromatogr. A*, 1997, 764: 73-84.

[124] U. Fuchslueger, H. J. Grether and M. Grasserbauer. *Fresenius' Z. Anal. Chem.*, 1999, 364: 133-140.

[125] M. Brebu, T. Bhaskar, K. Murai, A. Muto, Y. Sakata and M. Uddin. *Chemosphere*, 2004, 56: 433-440.

[126] Z. Mester, R. Sturgeon and J. Pawliszyn. *Spectrochim. Acta, Part B*, 2001, 56: 233-260.

[127] V. Kaur, A. K. Malik and N. Verma. *J. Sep. Sci.*, 2006, 29: 333-345.

[128] S. Tutschku, M. M. Schantz and S. A. Wise. *Anal. Chem.*, 2002, 74: 4694-4701.

[129] F. Yang and Y. K. Chau. *Analyst*, 1999, 124: 71-73.

[130] M. Crnoja, C. Haberhauer-Troyer, E. Rosenberg and M. Grasserbauer. *J. Anal. At. Spectrom.*, 2001, 16: 1160-1166.

[131] N. Campillo, R. Penalver and M. Hernandez-Cordoba. *Food Addit. Contam.*, 2007, 24: 777-783.

[132] N. Campillo, R. Penalver, I. Lopez-Garcia and M. Hernandez-Cordoba. *J. Chromatogr. A*, 2009, 1216: 6735-6740.

[133] A. Chatterjee, Y. Shibata, M. Yoneda, R. Banerjee, M. Uchida, H. Kon and M. Morita. *Anal. Chem.*, 2001, 73: 3181-3186.

[134] A. Delgado, A. Usobiaga, A. Prieto, O. Zuloaga, A. de Diego and J. M. Maradiaga. *J. Sep. Sci.*, 2008, 31: 768-774.

[135] C. Dietz, J. Sanz-Landaluze, P. Ximenez-Embun, Y. Madrid-Albarran and C. Camara. *J. Anal. At. Spectrom.*, 2004, 19: 260-266.

[136] C. Dietz, J. Sanz-Landaluze, P. Ximenez-Embun, Y. Madrid-Albarran and C. Camara. *Anal. Chim. Acta*, 2004, 501: 157-167.

第7章

微波等离子体溶液和悬浮液雾化进样技术

7.1　与微波等离子体相配的雾化技术

液体雾化为常用于各种光谱技术的样品引入技术。1984 年,Browner 和 Boorn[1]曾认为溶液雾化是光谱技术的重大缺陷。与 ICP 或火焰相比,MWP 更容易受到因引入样品而发生的等离子体组成变化的影响。由于等离子体的气体温度低,不能将气溶胶有效地去溶或雾化,使得这种样品引入方法不能很好地适用于 MWP。甚至有人认为,无论如何努力使 MWP 和雾化器能够紧密匹配,气动或超声雾化器都将永远不会在低功率 MWP 设备中得到广泛的应用。然而,进一步的研究已经提出了解决这个问题的一些方法。

对于各种 MWP,在将湿气溶胶引入等离子体之前,可以通过使其去溶来限制进入等离子体的水量。各种去溶系统已被广泛用于与气动和超声雾化器的联用中。[2—9]这样做确实减少了样品中的溶剂量,但却会受到记忆效应的影响。解决等离子体对溶剂耐受力差的另一种方法是:使用中等或大功率 MWP 光源。对于在功率超过 300W 的条件下工作的系统,即使不带去溶系统,气溶胶的引入也同样很容易实现。[8—17]

如果考虑气流和气溶胶密度,雾化器就需要和激发光源的其他要素相匹配。大多数常规气动雾化器达到最佳性能时的最佳气体流量约为 1L/min。当 MWP 在这样的条件下工作时,已经用过同轴式和交叉式雾化器。[10,12,13,15,18—21] 在某些情况下,气溶胶也可不经过去溶装置而直接引入等离子体中。

大量研究表明,一个好的雾化器把溶液转化成气溶胶的效率很高,得到的气溶胶流量稳定且液滴粒径也小。[22—24]如果样品被转换成粒径非常小的气溶胶,则等离子体的稳定性和分析性能也都会不错。然而,这就要求用专门设计的、可与通常所用的气体流量(往往低于 0.5L/min)和待测物流量都比较小的低功率 MWP 匹配使用的雾化器。在这种情况下要保证气溶胶流量稳定且能降低记忆效应是不容易实现的。

已有三种类型的雾化器被设计和开发出来供低功率 MIP 使用。[22,23]超声雾化器在最佳条件下工作时,可产生一个稳定的细气溶胶流(直径约 2μm),这不仅可加大引入等离子体中的样品量,还可确保较好的测量灵敏度和精密度。还有两种气动雾化器,即熔砂玻璃型和集束毛细管阵列雾化器,可以在低至50mL/min 的雾化气流量下工作。能否产生一个浓度和液滴大小分布都符合要求的气溶胶流是影响整个光谱系统分析性能的主要因素。

许多研究已经证明,各种 MWP 都可采用微型雾化器。[25—27]这些器件都比传统气动雾化器的性能好。另外,研究还证明,气溶胶可以直接引入MWP 中。[28—30]

最近的研究证明,一些新的可提供高度对称微波耦合作用的微波等离子体光源设计已在提高 MWP 对气溶胶的耐受力方面取得了进展。[31—33]

7.2　等离子体对溶剂的耐受力

用 MWP 光谱分析水溶液和有机溶液,需向等离子体中引入溶剂含量相对较大的气溶胶时将会遇到困难,因为溶剂的蒸发会消耗相当多的能量。因此,为了避免这个问题,常对气溶胶使用去溶技术。有关 MWP 对溶剂耐受力的可靠数据还很有限。Skogerboe 和 Coleman[2] 早期有关将雾化后的溶液引入氩 MIP 的研究证明,与直接引入湿气溶胶相比,将样品去溶后再引入,可使一些元素的检出限改善 16 倍。而将湿气溶胶和干气溶胶引入 TM_{010} 腔中进行检测时,则视所检测的元素而定,其湿气溶胶的检测灵敏度会比干气溶胶的低 2～10 倍。[18]然而,Haas 等[34] 却使用一个没有去溶装置的气动雾化器,将样品以 1.5mL/min的流量直接雾化,并引入中等功率的氩 MIP 中。由于存在一个可以增强等离子体和样品之间能量传递的中央通道,MPT 对引入的水气溶胶也具有较高耐受力。研究发现,氩 MPT 在猝灭之前所能承受的最大水量要比在 TM_{010} 腔或Surfatron 中测得的高 10～100 倍。[35]然而,也有报告提到,在等离子体中有少量水存在可以提高 CMP[36]、MPT[37] 和 MIP 放电[3] 的稳定性。

因为氦气具有较低的热容,所以在引入外来物质时,He-MWP 更容易被猝灭。另外,使用氦气进行工作时,大部分气动雾化器所表现出的性能都较差。Beenakker[38]采用一个专用低流量雾化器,可以在含水样品流量为 1.7mL/min条件下维持氦 MIP 而不需要去溶。如果雾化效率为 3%,就可求出其水气溶胶负载约为 50mg/min。不过,较大液滴的存在也会降低信号的稳定性。由于

CMP 对水和有机气溶胶有相对较高的耐受力,已实现将由同轴雾化器在样品流量为 1.2mL/min 的条件下生成的气溶胶直接引入氦 CMP 中。[39] 在 TE$_{101}$ 腔中的丝状氦 MIP 在猝灭之前可引入最高达 35mg/min 的水气溶胶,而在 TEM 波中形成的环形氦等离子体甚至可引入 80mg/min 的水气溶胶。[32] 三相旋转场氦等离子体则可以引入超过 100mg/min 的水气溶胶而不发生猝灭。[33]

另外,关于 MWP 对有机液体耐受力的早期研究报告曾辩称,有机物会迅速猝灭等离子体。一些系统研究已经改变了这种说法,这要归功于雾化器和MWP 光源操作上的一些根本性改进。MPT 在处理大量有机物时并不猝灭,且其性能也没有发生本质上的恶化。用带去溶系统的超声雾化[40] 和不带去溶系统的气动雾化[41] 所产生的流量分别为 2.0mL/min 和 2.5mL/min 的乙醇和甲醇气溶胶都可以引入 Ar-MPT 中。与 Ar-MPT 联用的热喷雾雾化器在引入20% 的甲醇溶液时对 MPT 放电的稳定性也没有影响。[7]

Ng 和 Culp[28] 开发了一种用于把液体引入由经过改进的 Beenakker 腔维持的氦和氩等离子体中的直接注入雾化器。他们报道称,连续引入流量高达15μL/min 的甲醇、乙醇和乙腈都是可能的。其他一些研究则将 5μL/min 的四氯化碳引入氦 MIP 中。[4] 在测定有机氟和氯时,煤油已经用气动雾化器以1.2mL/min 的流量引入 He-CMP 中。[39]

含氧 MWP 的应用由于有机挥发物的燃烧,使有机溶剂的直接进样有了很大改善。已有几篇文献报道了通过使用一种特殊的 V 形槽气动雾化器向空气MIP、空气 MPT 和空气 CMP 中引入有机样品气溶胶的研究。[42—44] 据估计,其对乙腈和环己烷气溶胶的承载可达 4.4mg/min。

用 Okamoto 腔获得的氮/氧混合气体 MIP 对有机溶剂的承载具有很高的鲁棒性。[45,46] 然而,将 80% 体积比的乙醇和甲基异丁基酮混合气体引入等离子体的报道中并未包含任何关于样品负载大小的细节。将有机溶剂直接吸入等离子体中进行发射光谱分析,对液相色谱很有用。将含 90% 体积比的甲醇的HPLC 洗脱液气动雾化后得到的气溶胶仍可以高达 5mL/min 的液体流量引入氧/氩 MIP 中。[47]

7.3　雾化器的设计

连续雾化是产生液体气溶胶最常用的方法。它一般由一个雾化器和一个雾室组成,雾化器用于把液体转换成气溶胶,雾室则用于改善引入等离子体的气溶胶的性能参数和传输效率。有时在样品引入等离子体之前,需用去溶系统除去溶剂。MWP-OES 采用气动雾化技术,会受到 MIP 所用进样流量相对较低和 MWP 对溶剂的耐受力有限的限制。

由于操作简单和成本较低,气动雾化器(pneumatic nebulizer,PN)已被广泛应用。然而,传统的气动雾化器雾化效率非常低。气动微型雾化器和超声雾化器(ultrasonic nebulizer,USN)显示出更高的效率,其产生的气溶胶液滴更小、粒径更均匀。另一种在液相色谱与等离子体发射光谱联用技术中引起较多关注的雾化器类型是热喷雾(thermospray,TSP)雾化器。

已有多种雾化器被应用于 MWP-OES 和 MWP-MS,其中包括同轴雾化器[10—13,19,21,24,34,45,46]、交叉流式雾化器[15,18]、V 形槽-Babington 型雾化器[48,49]、V 形槽-Legere 型雾化器[42—44]、Hildebrand 格栅雾化器[50]、微型同轴雾化器[25]、直喷式雾化器(direct injection nebulizer,DIN)[28—30]、声波雾化器[24,26]、集束微型喷雾雾化器[27]、流动聚焦气动雾化器(flow focusing pneumatic nebulizer,FFPN)[25]、烧结型雾化器[4,5,22,51]、微型毛细管阵列(microcapillary array,MCA)雾化器[22,25,52]、USN[6,8,9,13,14,16,23]、液压高压雾化器[17,53]和 TSP 雾化器[7]。

7.3.1 气动雾化器

在气动雾化中,气体压力梯度是产生气溶胶的驱动力,雾化器的雾化效率直接取决于气体流量。一些综述都描述过这些器件设计和操作的基本原理。[54—57]传统气动雾化器的雾化效率都不会超过百分之几。为了克服这一缺点,已开发出了一些不同的雾化器设计。烧结型雾化器的设计已使雾化效率有了很大的提高。一些研究已提到,其雾化效率甚至可以达到 95%。[58]PN 的另一个问题是不适宜在 MWP 经常使用的相对较低的气体流量下工作。这降低了雾化器的性能,包括雾化效率和粒径分布。幸运的是,微型雾化器可以提供较好的性能。[24—27]PN 的另一个缺点是不能用氦气很好地工作。为了克服这一缺点,已经开发出了一种特别设计的"氦"雾化器。[38,39]

大多数早期的雾化器设计可称为传统雾化器,它们的溶液消耗速率大约是 1mL/min。近年来,已开发出一些微型雾化器,它们可在大约每分钟几十微升的液体流量条件下产生稳定的气溶胶。[57]例如,Tarr 等[59]开发了一种微流超声雾化器,其样品消耗速率为 5μL/min。这个雾化器源于等离子体技术新应用的一些特殊需求,它可以与液相色谱联用或用作 MS 的离子化源。此外,在许多领域中,样品的体积是分析过程的限制因素,但这却与 MWP 的要求相符合,因为它也只允许引入有限量的样品到等离子体中。

与传统的同轴雾化器相比,气动微型同轴雾化器的液体毛细管的内径和壁厚已经减小。由于这些改进,使其能更加高效地产生更精细的初级气溶胶,这提高了待测物的传输效率,从而获得了更高的灵敏度和更低的检出限。

作为 MWP 的液体样品引入器件,DIN 的前景看好。[28—30] 与用于 MWP-OES/MS 的常规雾化器-喷雾室系统相比,DIN 的优点包括:更高的灵敏度、更好的信号稳定性、更低的检出限和更短的净化时间。用 DIN 所做的一个短期稳定性测试表明,其 20 分钟的相对标准偏差小于 0.5%。DIN 的缺点是:会产生相对较高的基体效应,所用细毛细管也容易端口被堵。一般而言,在常见的低液流速率条件下工作时会产生比在传统速率下工作时更加显著的基体效应。

在声喷雾雾化器(sonic spray nebulizer,SSN)中,由不锈钢管支撑的一根硅石毛细管被固定在一个聚酰胺材料成形的小孔中央。[26] 一种带有三个小孔的集束微型喷雾雾化器则适用于 MIP-MS。它可以在 $5\sim250\mu L/min$ 的宽样品流量范围内工作,并且雾化效率也高。[27]

Matusiewicz 等[25] 比较了几种可与 MIP-OES 联用的微型雾化器,发现 FFPN 的分析性能要优于 MCA 雾化器和微型同轴雾化器。不管怎样,所有这些被研究过的微型雾化器都已成功地被应用于 MIP-OES 技术的一些分析应用中。

基于熔砂玻璃的雾化器所需的气体流量与 MWP 的类似,它可容易地与常压低功率氦 MIP 联用。在需要进行顺序多元素分析或只有有限样品体积时,这种低样品消耗速率是非常有用的。然而,由于较高的气溶胶密度会使进入等离子体的水汽量增大,为取得较好的分析结果就必须使用去溶系统。[4,5] 使用陶瓷材料制备的烧结型雾化器可以改善雾化器性能。[22] 烧结型雾化器的一个重要缺点是有相当大的记忆效应,以致在引入下一个样品之前必须进行数分钟的清洗,这在常规分析中是不能接受的。

与此相反,V 形槽-Babington 型雾化器虽然雾化效率相对低,但是容易清洗。集束微型喷雾雾化器的概念是以上两个概念的融合。由于雾化气被分流到数百个小孔中,从而提高了气溶胶的产生效率,并减少了样品的消耗。[22,25] MCA 雾化器的设计是一个灵活的解决方案,简单地改变设计细节就可以满足雾化器操作的各种条件,这些条件仅取决于与它联用的激发光源的参数。[22,52] 样品和雾化气流的速率应与烧结型或 MCA 雾化器的参数相匹配,以防止气流过载(见图 7.1)。

7.3.2　超声雾化器

超声雾化器可以高效率地形成气溶胶,但操作较复杂且相对昂贵。液体直接在加有特殊涂层的压电薄板或加有耐化学腐蚀剂的振动板上发生分散,以防换能器转换效率的快速下降。由于有相当一部分声能会被转换成热,转换器需

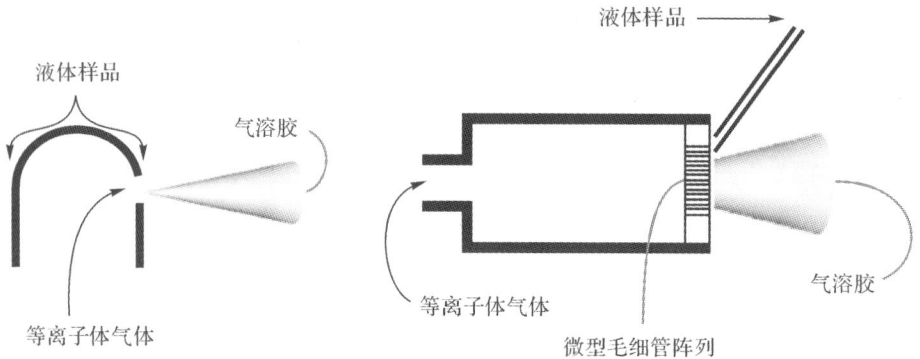

图 7.1　Babington 和 MCA 雾化器的工作原理

要用空气或水进行冷却。在大多数 USN 中,气溶胶产生后需进行去溶使其成为所谓干气溶胶,然后再引入等离子体中以改善样品的蒸发和原子化。USN 的一个优点是气溶胶的产生过程与雾化器的气流无关,这样即使在很小的气体流量下也可以达到很高的雾化效率。这特别有利于 USN 与 MWP 联用。液滴小和粒径分布窄是这些样品引入器件的另外一些优点。USN 的一个缺点是记忆效应相对严重,去溶系统是这种效应的主要来源。与传统 PN 相比,商用 USN 系统的成本很高。在光谱化学分析应用中,USN 对许多元素的检出限都相当低,而且还改进了所得结果的精密度。[13,60]

　　有文献描述了一些 USN 与 MWP 联用的设计。[23,59] 当考虑雾化器的工作模式时,应该提及连续式和喷泉式器件。Jankowski 等[23] 已经为 MWP 研发出了几种水冷式 USN(见图 7.2)。若控制好冷却水的温度和样品溶液的体积,可使雾化过程在相对长的时间内保持稳定。在较宽的待测物流量范围内,其产生初级气溶胶的效率都可超过90%。Jin 等[60—62] 以家用增湿器为基础开发出了一

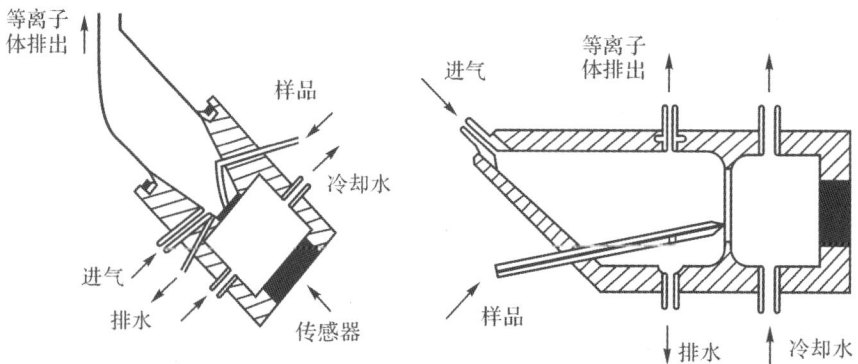

图 7.2　MIP-OES 用水冷式 USN:单通雾室(左),紧凑的耐 HF 设计(右)

种廉价的半连续喷泉式 USN 设备。

　　热喷雾进样是一种相对较新的液体样品引入方式。[63]当强行使液体样品通过加热的毛细管时,部分液体的气化就会产生一种很好的气溶胶。这样可以获得相当高的气溶胶产生效率(40%～50%)和传输效率。这是因为其所产生的气溶胶液滴相对较小(平均液滴直径约 $2\mu m$)。与 USN 一样,TSP 雾化器的雾化效率也与雾化气的类型和流量大小无关。然而,在传统的 TSP 系统中,由于工作时毛细管内部会产生较高的压力,所以必须使用高压泵来传输样品溶液。已有人对与 MPT-OES 联用的采用普通蠕动泵并经过改进的 TSP 器件的性能进行了评估。[7]实验结果表明,其对一些元素的检出限要比使用 PN 所获得的检出限好 5～10 倍,但精密度并不好。

　　TSP 系统的缺点是:过热可能会使 TSP 毛细管的出口发生堵塞。为了解决这个问题,Bordera 等[64]提出了一种基于用微波辐射加热样品的 TSP 系统。Ding 等[65]开发出一种能在微波功率较低的 TM_{010} 腔内工作的微波 TSP 器件。使用聚四氟乙烯毛细管线圈作为 TSP 毛细管,其引入污染的危险性最低。研究结果表明,此新 TSP 器件的性能令人满意。

7.3.3　雾室和去溶系统

　　一旦样品气溶胶在雾化器中产生,就必须将其引入等离子体中,这通常要通过一个雾室(spray chamber,SC)。SC 的主要作用是允许直径约 $10\mu m$ 或更小的液滴通过并到达等离子体中,因为只有细小的气溶胶才适合 MWP。SC 的第二个作用是消除在雾化过程中由于泵送溶液所产生的脉动。制作雾室的材料对于 SC 的性能十分重要,通常都使用玻璃雾室;然而,也有用耐腐蚀材料制作的

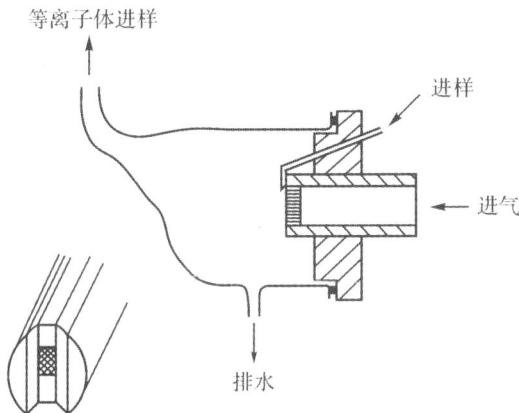

图 7.3　带单通雾室的集束毛细管阵列雾化器

可用于引入含氢氟酸样品的 SC[23]。图 7.3(见上页)是一些典型的 SC 设计。

在传统 PN 中,气溶胶流是十分紊乱的湍流(Re 约为 15 000),但在离毛细管出口一小段距离处,它已经变成了层流。气溶胶的损失主要来自其与 SC 前壁的惯性碰撞,这种类型的损失与液滴的大小和气溶胶的流速有关。[55,56]由于在 MWP 中气体和液滴的速度通常都比较低,已观察到三种类型的损失过程。使用较小的气体流量会导致重力分离作用和记忆效应的增强。为了解决这个问题,只要能确保得到的气溶胶性能足够好,就可以减小 SC 的体积并缩短待测物到等离子体的路程。对于单通的 SC,在氩气流量达到 150mL/min 之前,气溶胶液滴主要通过重力沉降而被分离。在更高的流量下,气溶胶的湍流和碰撞损失才会增加。[22]

雾化技术在 MWP-OES 中的应用往往受到相对较大的死体积的限制,这个死体积往往不容易被雾化气更新;另外,雾化器-雾室系统的清洗时间(使信号达到稳态信号的 1% 时所需的时间)也相对较长。将小体积 SC 与 MWP 联用,可以获得比传统 SC 更短的清洗时间。[22,23,25,41]

应用于 MWP 的 SC 有三种类型。单通 SC 设计应用于无须强过滤作用的气溶胶系统。[11,19,22,23,50]其气溶胶的传输路径非常简单,主要优点是增加了待测物的传输效率并缩短了清洗时间,尤其适于小体积的设计。在旋流雾室中,有一旋流用来除去大液滴。旋流雾室具有记忆效应低、传输效率高、反压波动小等特点,故可应用于 MWP-OES。[17,25,41]在双通雾室中,气溶胶在通过一个管道后,其运行轨迹被强制做 180°转向。当这个雾室在低液流速率下工作时,由于清洗时间很长,导致随后分析通量降低。因为在低气流速率下系统的清洗时间需要几分钟,所以长的气溶胶室(如 Scott 室)对于整个系统的运行是不利的。[10,26,27,45,46]使用小体积的腔室设计可以部分克服这一限制。旋流 SC 的清洗时间比双通 SC 的要短。但是总的来说,双通 SC 能产生比单通和旋流 SC 都要更细一些的气溶胶。

SC 被认为是 MWP 光谱技术中基体效应的一个重要来源。由无机酸和溶解的盐所引起的稳态干扰会导致分析信号水平发生一个与检测纯水溶液时不一样的改变。由无机基体所引起的所谓瞬态效应是指:分析含有不同基体成分的样品时,信号达到稳态所需的时间会增加。研究发现,与双通 SC 相比,单通或旋流 SC 都显著改善了信号稳定时间。

去溶系统的主要目的是为了减少引入等离子体中的溶剂负荷,以防止低功率 MWP 被溶剂猝灭。因此,为了充分利用 MWP 作为 OES 的激发光源,许多研究者都采用了去溶步骤。原子光谱中最常见的去溶装置是加热管和水冷凝器的组合。这种装置可以除去 80% 以上的水蒸气。有时,一个加热的单通 SC 可以用来代替加热管。Jin 等[60]发现,通过使用干燥器,用硫酸进行二次去溶,整个系统的去溶效率可超过 99%。带去溶的 MPT-OES 系统的检出限要比没有去溶的好 10～100 倍。

用配有薄膜的去溶系统进行去溶可以减少引入 MWP 中的溶剂量。Akinbo 和 Carnahan[66,67] 使用一个平的片状薄膜为水和有机溶液除去溶剂。Jin 等[68] 考查了用于 MPT-OES 的 Nafion 干燥器器件。有趣的是,利用微波辐射的去溶器件已被广泛地应用于 OES 和 MS 的研究中。[69~72]

整体雾化效率由气溶胶的产生效率和传输效率构成。气溶胶的产生效率通常都很高,大多数近期研究的雾化器的效率都接近 100%。然而,气溶胶的传输效率取决于所用雾化器-雾室系统的特征参数。

雾化效率(E_n)可以用下面的公式由实验数据计算得到:

$$E_n = \frac{Q_{total} - Q_{waste}}{Q_{total}} \times 100\%$$

其中,Q_{total} 是某一段时间内输送到雾化器中的样品溶液的总质量,Q_{waste} 是在相同时间内产生的废液的质量。

雾化效率取决于几个操作参数,例如:气体和待测物的流量、气体的种类、雾化气体的物理化学性质、SC 的形状等。这些参数都应该被优化,因为每一个雾化器都有其特定的最佳运行条件。这些参数的最佳值也都与待测物和基体有关。必须记住,如果要比较各个雾化器的效率,就应该让它们都在最佳条件下工作(如果可能的话)。高雾化效率可使样品溶液的消耗量降低。[22,25,55,56]

DIN 可在等离子体的底部产生气溶胶,因此其待测物的传输效率接近100%。研究发现,对于与双通 SC 联用的气动微型雾化器,当液体流量从 100μL/min 减小至 10μL/min 时,其雾化效率由 10% 增加到 60%。样品引进速率为 1.5mL/min 时,TSP 雾化器的雾化效率为 38%～40%。

众所周知,气溶胶液滴的大小会影响气溶胶的传输效率和等离子体的分析性能。Jankowski 等[22] 估计,引入低功率 MIP 等离子体中的液滴粒径应小于15μm。粒径较小的气溶胶液滴可以使样品在等离子体区域中更加快速、高效地气化和原子化。这特别有利于低功率 MIP,因为它在一个比其他等离子体光源都要低的能量下工作。Matusiewicz 等[25] 指出,对于所有测试过的雾化器,大多数三元气溶胶都含在小于 20μm 的液滴中。在最佳条件下工作的各种雾化器所产生的小于 8μm 的液滴中,三元气溶胶所占的百分数如下:FFPN 为 98%,NAR-1 为 86%,同轴微型雾化器则接近 100%。

7.3.4　流动注射分析

在流动注射(flow injection,FI)系统中,小体积的样品被注入载液流中,样品塞随后被导向雾化器。雾化器连续工作产生的仍是瞬时信号。相对于连续引入样品,流动注射分析(flow injection analysis,FIA)有几个优势:快速的样品通量,低的样品消耗,降低了记忆效应却不影响灵敏度和精密度。Gehlhausen 和 Carnahan[73]将超声雾化器-FI 系统和 He-MIP 联用,测定了溶液中的氟。

由于样品体积小,FI-MWP-OES 接口的基本设计原则是减少死体积,提高雾化效率。研究发现,由于 FI 系统典型的连续清洗模式,等离子体对含盐量高的溶液和有机溶剂等基体的耐受力增强,同时降低了雾化器发生尖端堵塞的可能性。

Madrid 等[41]研究了以有机溶剂为载流的系统。在最佳条件下,和以水作为载流的系统相比,以乙醇和甲醇为载流的系统的灵敏度只下降了不到一半。

包括在线预富集和基体分离在内的操作程序可以很容易地应用到 FIA-MWP 技术中。研究表明,在线预富集与 FI 联用可以提高系统的整体分析性能,因为其具有更高的灵敏度、更好的等离子体稳定性,且消除了易电离元素的干扰。[74]流动注射在线预富集系统和 MPT-OES 的联用已被用于测定重金属[75,76]、贵金属[77]和稀土金属[78]。

7.4　适合不同种类样品的雾化方法

已提出了多种参数来评价雾化器的性能。气溶胶的产生效率、传输效率、密度或粒径分布等物理参数都与雾化器的工作性能紧密相关。这些参数表征的是雾化器本身,并不真正对应于雾化器的分析应用。大量研究表明,不同类型雾化器效率的知识并不足以用来比较不同雾化器和预测整个测量系统的灵敏度。[68—70]对分析人员来说,所测信号的强度、稳定性和检出限等光谱参数都是很有用的,但是这些参数也都与光谱仪的其他部分(炬管、电源、输液泵、单色仪)的工作状况有关。这些参数体现了光谱仪的整体性能。其他的特性参数还有:清洗时间、抗堵塞性、样品和气体的消耗率、使用的简便性和成本等。一个理想的液体样品引入系统必须满足以下要求:待测物传输效率高,溶剂传输效率低,重现性好,记忆效应低和鲁棒性(即样品基体发生变化时系统的稳定性)好。分析成功的关键是:产生的气溶胶液滴应尽可能细小且粒径分布窄,以改善气溶胶到等离子体的传输。表 7.1 列出了应用于溶液雾化(solution nebulization,SN)-MWP-OES 技术的各种不同雾化器的整体性能比较情况。

表 7.1　不同雾化器分析性能的比较

	同轴雾化器	交叉流式雾化器	Babington雾化器	微型毛细管阵列雾化器	烧结型雾化器	超声雾化器	热喷雾雾化器
气溶胶效率	+	+	+	+++	+++	+++	++
气溶胶纯度	++	++	+	+++	++	+++	+++
检出限	+	+	+	++	+	+++	+
精密度	++	++	+	+	+	+++	+
样品	+	+	+	+	+	+++	+
气体消耗	+	+	+	+	+	+++	+++
记忆效应	+++	+++	+++	++	+	+	+
耐盐性	++	++	+++	++	+	++	+
耐颗粒性	++	++	+++	++	+	++	+
有机溶剂	++	++	+++	++	++	+++	+++
成本	++	+++		++	+	+	+
总计	19	20	20	26	21	27	22

　　虽然这些比较有些主观,但仍可以得出结论:没有一种雾化器可以完全满足以上所有要求。

　　Jankowski 等[23]在评估了用于 MIP-OES 的三种雾化器设计后指出:在评价雾化器的参数时,气溶胶密度可能是比雾化效率更精确的评价参数。他们还进一步证明,对于用 TM_{010} 腔维持的氩 MIP,其最佳气溶胶密度(以每升雾化气中气溶胶的体积或质量表示)范围为 $0.1\sim0.15mL/L$,在此条件下可获得发射光谱测量的最大灵敏度。而且,还存在一个临界密度(约 $0.5mL/L$),超过此密度时等离子体的放电稳定性便开始恶化。最后,他们总结,一个适合与低功率 MWP 联用的雾化器应符合以下要求:气体流量的最佳范围为 $50\sim1000mL/min$,样品流量的最佳范围为 $10\sim100\mu L/min$,最佳的气溶胶密度约为 $0.15mL/L$,而液滴的平均粒径低于 $15\mu m$。

　　Browner 等[79]考查了在 1s 内到达激发区域的总气溶胶质量(W_{tot})的概念。他们证明,在不同的待测物流量下,这一物理参数都可以很好地与发射强度一一对应。将这一概念延伸,就可以定义有效的质量传输速率、单位时间内到达等离子体的净待测物质量和总的溶剂负荷。[59]这与上文提到的对引入 MIP 中的气溶胶进行的评估是一致的。但应注意一个事实,参数 W_{tot} 并不直接取决于气流和待测物在等离子体区域中的停留时间。然而,研究表明,在低功率 MIP 中停留时间对所测得的信号值有很大影响。[22,23]这也许证明了在 MIP 中,气溶胶密度和信背比有较好的相关性,因为气溶胶密度取决于雾化气的气流。用气溶胶密度(C_a)乘以等离子体体积(V_p),就可以得到在某一时刻经过蒸发、原子化和激发的气溶胶的总量($M_{tot}=C_a\times V_p$)。用 W_{tot} 乘以气溶胶在等离子体区域中的停留时间,也可以得到相同的结果。在 MIP 中,由于等离子体的放电发生在放电管内,很容易估算等离子体的体积,因为它是谐振腔中的放电管内部空间的一部分。因此,M_{tot} 可能是根据等离子体大小预测信号水平的一个有用参数。

　　对于某一给定的 MWP 光谱法应用,在选择最合适的液体样品引入系统时,有几个因素必须加以考虑。最重要的因素包括:所要求的分析性能指标、样品的基体组成,以及可用的样品体积。另外,进样系统的性能对消除或最小化基体所产生的干扰也起着决定性作用。对雾化器的最主要要求则是:要能够产生平均粒径在 $1\sim10\mu m$ 范围内的液滴。

　　考虑到前述 MWP 所用雾化器的标准和特性参数,我们可以提出一些建议。单通 SC 微型雾化器适合于水溶液的常规分析,因为它可以提供相对较高的样品通量。当需要使用高效雾化器时,可以用旋流 SC 取代单通 SC。由于清洗时间较长,所以并不推荐使用双通 SC,除非其雾化气流量达到 1L/min。将一个 V 形槽-Legere 型雾化器与一个双通 SC 联用,对于有机液体的雾化就够用了。对于高功率 MWP,也可以使用常规的同轴雾化器。对于 MWP-MS 应用,微型雾化器-双通 SC 系统在稳定地引入密度相对较低的气溶胶方面已显示出很好的应用前景。根据文献数据,带有去溶装置的 USN 是通用的液体样品引入系统,包括对接近定量测定下限的低待测物浓度的测定。

7.5　液体微取样技术

用不连续进样模式时,是将一个微体积的样品注入载气流中。样品是被泵送入雾化器,而不是被吸入的。由于在相邻两次进样之间系统都保持着干燥,样品得以较好地蒸发,故可以获得很好的分析信号。如果样品采用这种不连续进样装置引入,得到的就是瞬态信号。基体效应也比做稳态测量时更加严重。还会出现与背景校正方法有关的一些问题。这一方法的缺点还有:噪声可能很高,而且因为需要一段时间清洗,两个相邻的进样之间的间隔时间也会很长。

Matusiewicz[30] 借助微型同轴雾化器为用 MIP-OES 做同时多元素分析,开发了一种不连续进样系统。该系统中的 SC 已被移去,故获得了一个直接注入雾化器。当将 $20\mu L$ 样品引入用 TE_{101} 谐振腔在 250W 功率下工作的氦 MIP 中时,可以取得可靠的分析结果。

最近提出了一种将待测物传输到等离子体中的注射系统,该系统提高了进样的效率和重现性,但不会影响等离子体的稳定性。水溶液不是通过雾化,而是以单个液滴或一系列小液滴形式直接注射到等离子体中。预期该方法可适用于一些极小的样品(如单细胞和纳米颗粒)的元素分析。该压电式液滴发生器可以产生尺寸可控、重现性较好的单分散液滴(monodisperse droplet),并且可以将液滴以 100% 的效率引入等离子体中,从而实现对极小样品的精确引入。[80,81]一个基于微机电系统的设计已被提出。[82]根据需要改变液滴尺寸大小的可行性和所产生液滴体积的高重现性也为校准操作提供了新的可能性。用 ICP-OES 对一些元素所得的绝对检出限在亚皮克水平。[83,84]目前这项技术尚未应用于MWP 中,但该技术似乎很有前途,可能会为 MWP 的分析应用开启一个新领域。

涉及 MIP 的其他进展也都与液体样品的微取样有关。它们包括使用各种器件的热挥发作用。溶剂通常在含待测物的残留物气化前除去。在大多数情况下,上述同一器件也可被用于固体微量样品的蒸发。因此,这些技术将在下一章中讨论。

7.6 双流雾化技术

近年来,一种双流雾化技术已被开发出来。该系统由连接到同一个雾室的两个气动雾化器(或将传送两种溶液的两个泵管同时连接到 Y 形适配器上后再引入雾化器)组成。用双溶液负载的两个雾化器使得在线内标定和标准加入法校准成为可能。这种所谓串联标定的方法,不仅保证了标准加入法的准确度,还保持了外标法的简便性。[85—87]使用该方法所获得的准确度比使用传统的用非基体匹配的合成溶液所做的校准方法有了很大的提高;然而,其精密度和检出限则更差一些。这种方法可以适用于各种光谱技术,无论使用的是连续的还是不连续的进样系统。

双流设计的其他应用还有:对不相容溶液的气溶胶进行混合,以便对有机溶液中的元素进行测定。[88]该方法可以使用水基标准溶液进行标定,能提高等离子体对有机液体负载的耐受力。

还有学者描述了一个用单个器件把雾化和蒸气发生的长处结合起来的双样品引入系统。[89]与单流系统相比,此系统可以获得相似的精密度和更高的灵敏度。此外,还可同时测定形成氢化物和非氢化物的元素。Matusiewicz 和Ślachciński[90,91]将这种方法应用到与溶液雾化-HG 技术或悬浮液雾化-HG 技术联用的 MIP-OES 系统中做多元素同时测定。

Duan 等[92]研究了在线蒸气发生雾化技术,利用双流同轴雾化器-MPT-MS系统和该技术的联用,对非金属进行了测定。由于待测物是以挥发性化合物形式引入等离子体中,故与常规的雾化方法相比,该方法获得了更高的进样效率和灵敏度。

7.7 悬浮液雾化技术

悬浮液雾化是溶液雾化的一种替代技术。该技术无须复杂的消解过程并避免了无机酸的基体效应。此外,该技术几乎不需要对仪器(包括所选用的雾化器)进行改进。与其他难以进行校准的固体进样技术相比,悬浮液雾化最显著的优点是可以使用水溶液进行校准。对于大部分样品,可以假定粒径分布窄且平均粒径小于 $2\mu m$ 的悬浮液样品的传输和回收效果都与同等浓度的溶液相同。如果这个假设成立,那么就可以使用简单的溶液校准法进行校准。为了达到这种粒度分布,已使用过许多研磨技术。悬浮液则使用超声波进行搅拌匀浆。具有最精细颗粒物的悬浮液可以获得近 100% 的回收率,这表明悬浮液的传输和原子化效率都已与溶液的接近。

　　悬浮液的稳定性和均匀性是其能高效、可重复雾化的第二个前提条件。对于大部分样品来说,单独地在水溶液中制备悬浮液是不合适的,因为絮凝作用会使粉末物料快速沉降。这可以通过使用分散剂,甚至调节合适的溶液 pH 的方法来实现。颗粒大小是悬浮液进行有效雾化并传输到等离子体中的限制参数。另外,在用等离子体光谱法进行分析时,粒径分布也会影响悬浮液中元素的原子化效率。研究发现,用不同粒径范围的颗粒制备的悬浮液会使待测定元素产生不同的发射强度。

　　MWP 可用于悬浮液。由于低功率 MWP 原子化固体样品的能力有限,所以最佳的粒径应小于 5 μm。要将悬浮液雾化并引入等离子体中,需要用一个在有固体颗粒通过时不会发生堵塞的雾化器。V 形槽-Babington 雾化器已被成功地用于 MIP。这种雾化器设计带有一个小气孔和一个用来打碎大液滴的撞击球。雾化气的高压力和样品容易通过的特点确保了高的雾化效率,并可防止堵塞。为完善 MIP 光谱法用的 V 形槽雾化器,一种内部用的 SC 已被设计出来。生物和环境样品及一些标准参比材料已被 Matusiewicz 和 Sturgeon[48] 及 Matusiewicz 和 Golik[49] 用 MIP-OES 进行了成功的分析。将细粉末悬浮在 10% 的硝酸溶液中制成了 1%(m/v)的悬浮液。该悬浮液在分析之前须进行 5min 的超声预处理。然而,由于制备悬浮液时使用了 10% 的硝酸,固体悬浮颗粒会被部分溶解,导致相关的元素进入水相中。

7.8　分离/预富集技术与溶液雾化

　　液相色谱技术已被用于进入 MWP 激发之前的样品组分的分离。尽管研究的热度不如 GC,HPLC、置换离子色谱法(replacement ion chromatography,RIC)及毛细管区带电泳(capillary zone electrophoresis,CZE)分离技术均已被成功地应用于 MWP-OES/MS 检测系统。一般情况下,色谱柱和 MWP 的接口问题非常严重,这是因为在正常的操作条件下,大量流动相的连续引入会使等离子体的放电发生猝灭。只要液体引入系统配有合适的去溶装置,可以将溶剂有效地雾化,大功率 MWP 就可以适应连续的溶剂流。[53,93-96]其他检测策略包括:在进入等离子体之前用氢化物发生法[97]、热气化法[98],或者通过 GC 系统[99]先将洗脱液转化成气相。

Jansen 等[100]设计了一种薄层色谱法(thin layer chromatography, TLC)和 MIP 联用的独特系统。该系统通过连接同轴电缆内导体的一根通有等离子体维持气氦气的不锈钢毛细管,在薄层板表面直接产生等离子体。该等离子体电极的阻抗可通过控制毛细管和 TLC 硅胶载体下面的接地金属板之间的距离简单地调至匹配。然而,由于无规律的实验条件,信号和背景都难以观测到重现性。

采用在线预分离可以消除或降低基体效应,同时,待测物也可在测定之前被选择性地富集。预分离可以消除基体效应,预富集可以增强待测物的信号,它们都可以用固相萃取法、尺寸排阻色谱法或离子交换柱来实现。有人已用阴离子交换柱色谱与采用氮等离子体的 MIP-MS 系统联用的方法测定了饮用水中的亚硒酸盐和硒酸盐。该实验还用同位素稀释法进行了校准。[101]

虽然大功率 MWP 光源和对溶剂具有较高负荷的 MWP 光源的使用增加了 MIP 和 HPLC 联用的分析潜力,但 MIP 与 GC 联用的用途仍然要大得多。[94,102]有几位研究者在没有使用任何特殊接口的情况下,直接实现了 MPT-OES 与液相色谱系统的联用。[44] Kwon 和 Moini[103]利用配有双振荡雾化器的 HPLC-MIP-MS 系统对未进行过衍生的氨基酸进行了分离和测定。

Liu 和 Lopez-Avila[104]研究了 CZE 与 MWP-OES 进行联用的可能性。CZE 毛细管通过离子交换毛细管接口与 MIP 连接,该离子交换毛细管同时也被用作电中继线的连接器,以连通检测器以外的 CZE 电路。由于只是初步研究,该方法还存在一些局限性。

参考文献

[1] R. F. Browner and A. W. Boorn. *Anal. Chem.*, 1984, 56: 786A-798A.

[2] R. K. Skogerboe and G. N. Coleman. *Appl. Spectrosc.*, 1976, 30: 504-507.

[3] K. Fallgatter, V. Svoboda and J. D. Winefordner. *Appl. Spectrosc.*, 1971, 25: 347-352.

[4] R. G. Stahl and K. J. Timmins. *J. Anal. At. Spectrom.*, 1987, 2: 557-559.

[5] L. J. Galante, M. Selby and G. M. Hieftje. *Appl. Spectrosc.*, 1988, 42: 559-567.

[6] Y. Su, Z. Jin, Y. Duan, M. Koby, V. Majidi, J. A. Olivares and S. P. Abeln. *Anal. Chim. Acta*, 2000, 422: 209-216.

[7] C. Yang, Z. Zhuang, Y. Tu, P. Yang and X. Wang. *Spectrochim. Acta, Part B*, 1998, 53: 1427-1435.

[8] M. Wu and J. W. Carnahan. *Appl. Spectrosc.*, 1992, 46: 163-168.

[9] T. Okamoto and Y. Okamoto. *IEEJ Trans. FM*, 2007, 127: 272-276.

[10] F. Leis and J. A. C. Broekaert. *Spectrochim. Acta, Part B*, 1984, 39: 1459-1463.

[11] D. L. Haas and J. A. Caruso. *Anal. Chem.*, 1984, 56: 2014-2019.

[12] K. G. Michlewicz, J. J. Urh and J. W. Carnahan. *Spectrochim. Acta, Part B*, 1985, 40: 493-499.

[13] K. G. Michlewicz and J. W. Carnahan. *Anal. Chem.*, 1986, 58: 3122-3125.

[14] M. Wu and J. W. Carnahan. *J. Anal. At. Spectrom.*, 1992, 11: 1249-1252.

[15] M. M. Mohamed and Z. F. Ghatass. *Fresenius' J. Anal. Chem.*, 2000, 368: 449-455.

[16] H. Yamada and Y. Okamoto. *Appl. Spectrosc.*, 2001, 55: 114-119.

[17] A. Geiger, S. Kirschner, B. Ramacher and U. Telgheder. *J. Anal. At. Spectrom.*, 1997, 12: 1087-1090.

[18] C. I. M. Beenakker, B. Bosman and P. W. J. M. Boumans. *Spectrochim. Acta, Part B*, 1978, 33: 373-381.

[19] K. Zhang, S. Hanamura and J. D. Winefordner. *Appl. Spectrosc.*, 1985, 39: 226-230.

[20] H. Matusiewicz, B. Golik and A. Suszka. *Chem. Anal., Warsaw*, 1999, 44: 559-566.

[21] G. L. Long and L. D. Perkins. *Appl. Spectrosc.*, 1987, 41: 980-985.

[22] K. Jankowski, D. Karmasz, L. Starski, A. Ramsza and A. Waszkiewicz. *Spectrochim. Acta, Part B*, 1997, 52: 1801-1812.

[23] K. Jankowski, D. Karmasz, A. Ramsza and E. Reszke. *Spectrochim. Acta, Part B*, 1997, 52: 1813-1823.

［24］M. Huang, H. Kojima, T. Shirasaki, A. Hirabayashi and H. Koizumi. *Anal. Chim. Acta*, 2000, 413: 217-222.

［25］H. Matusiewicz, M. Ślachciński, M. Hidalgo and A. Canals. *J. Anal. At. Spectrom.*, 2007, 22: 1174-1178.

［26］M. Huang, H. Kojima, T. Shirasaki, A. Hirabayashi and H. Koizumi. *Anal. Chem.*, 1999, 71: 427-432.

［27］M. Huang, H. Kojima, T. Shirasaki, A. Hirabayashi and H. Koizumi. *Anal. Chem.*, 2000, 72: 2463-2467.

［28］K. C. Ng and R. C. Culp. *Appl. Spectrosc.*, 1997, 51: 1447-1452.

［29］J. J. Giglio, J. Wang and J. A. Caruso. *Appl. Spectrosc.*, 1995, 49: 314-319.

［30］H. Matusiewicz. *Spectrochim. Acta, Part B*, 2002, 57: 485-494.

［31］K. Wagatsuma. *Appl. Spectrosc. Rev.*, 2005, 40: 229-243.

［32］K. Jankowski, A. Jackowska, A. P. Ramsza and E. Reszke. *J. Anal. At. Spectrom.*, 2008, 23: 1234-1238.

［33］K. Jankowski, A. P. Ramsza, E. Reszke and M. Strzelec. *J. Anal. At. Spectrom.*, 2010, 25: 44-47.

［34］D. L. Haas, J. W. Carnahan and J. A. Caruso. *Appl. Spectrosc.*, 1983, 37: 82-85.

［35］J. F. Camuna-Aguilar, R. Pereiro-Garcia, J. E. Sanchez-Uria and A. Sanz-Medel. *Spectrochim. Acta, Part B*, 1994, 49: 475-484.

［36］B. Kirsch, S. Hanamura and J. D. Winefordner. *Spectrochim. Acta, Part B*, 1984, 39: 955-963.

［37］Y. Madrid, M. W. Borer, C. Zhu, Q. Jin and G. M. Hieftje. *Appl. Spectrosc.*, 1994, 48: 994-1002.

［38］C. I. M. Beenakker. *Spectrochim. Acta, Part B*, 1976, 31: 483-486.

［39］B. M. Spencer, A. R. Raghani and J. D. Winefordner. *Appl. Spectrosc.*, 1994, 48: 643-646.

［40］Y. Madrid, M. Wu, Q. Jin and G. M. Hieftje. *Anal. Chim. Acta*, 1993, 277: 1-8.

［41］M. Wu, Y. Madrid, J. A. Auxier and G. M. Hieftje. *Anal. Chim. Acta*, 1994, 286: 155-167.

［42］M. Seeling, N. H. Bings and J. A. C. Broekaert. *Fresenius' J.*

Anal. Chem., 1998, 360: 161-166.

[43] C. Prokisch and J. A. C. Broekaert. *Spectrochim. Acta, Part B*, 1998, 53: 1109-1119.

[44] J. A. C. Broekaert, N. H. Bings, C. Prokisch and M. Seeling. *Spectrochim. Acta, Part B*, 1998, 53: 331-338.

[45] T. Maeda, K. Wagatsuma and Y. Okamoto. *Anal. Bioanal. Chem.*, 2005, 382: 1152-1158.

[46] T. Maeda and K. Wagatsuma. *Spectrochim. Acta, Part B*, 2005, 60: 81-87.

[47] D. Kollotzek, D. Oechsle, G. Kaiser, P. Tschöpel and G. Tölg. *Fresenius' Z. Anal. Chem.*, 1984, 318: 485-489.

[48] H. Matusiewicz and R. E. Sturgeon. *Spectrochim. Acta, Part B*, 1993, 48: 723-727.

[49] H. Matusiewicz and B. Golik. *Spectrochim. Acta, Part B*, 2004, 59: 749-754.

[50] H. Matusiewicz. *J. Anal. At. Spectrom.*, 1993, 8: 961-964.

[51] Y. N. Pak and S. R. Koirtyohann. *Appl. Spectrosc.*, 1991, 45: 1132-1142.

[52] K. Jankowski, A. Karaś, D. Pysz, A. P. Ramsza and W. Sokozowska. *J. Anal. At. Spectrom.*, 2008, 23: 1290-1293.

[53] G. Heltai, T. Jozsa, K. Percsich, I. Fekete and Z. Tarr. *Fresenius' Z. Anal. Chem.*, 1999, 363: 487-490.

[54] B. L. Sharp. *J. Anal. At. Spectrom.*, 1988, 3: 613-652.

[55] B. L. Sharp. *J. Anal. At. Spectrom.*, 1988, 3: 939-963.

[56] J. Mora, S. Maestre, V. Hernandis and J. L. Todoli. *Trends Anal. Chem.*, 2003, 22: 123-132.

[57] J. L. Todoli and M. Mermet. *Trends Anal. Chem.*, 2005, 24: 107-116.

[58] L. R. Layman and F. E. Lichte. *Anal. Chem.*, 1982, 54: 638-642.

[59] M. A. Tarr, G. Zhu and R. F. Browner. *Anal. Chem.*, 1993, 65: 1689-1695.

[60] Q. Jin, H. Zhang, Y. Wang, X. Yuan and W. Yang. *J. Anal. At. Spectrom.*, 1994, 9: 851-856.

[61] Q. Jin, F. Liang, Y. Huan, Y. Cao, J. Zhou, H. Zhang and W.

Yang. *Lab. Robotics Autom.*, 2000, 12: 76-80.

[62] Q. Jin, H. Zhang, D. Ye and J. Zhang. *Microchem. J.*, 1993, 47: 278-286.

[63] J. A. Koropchak and M. Veber. *CRC Crit. Rev. Anal. Chem.*, 1992, 23: 113-141.

[64] L. Bordera, J. L. Todoli, J. Mora, A. Canals and V. Hernandis. *Anal. Chem.*, 1997, 69: 3578-3586.

[65] L. Ding, F. Liang, Y. Huan, Y. Cao, H. Zhang and Q. Jin. *J. Anal. At. Spectrom.*, 2000, 15: 293-296.

[66] O. T. Akinbo and J. W. Carnahan. *Appl. Spectrosc.*, 1998, 52: 1079-1085.

[67] O. T. Akinbo and J. W. Carnahan. *Anal. Chim. Acta*, 1999, 390: 217-226.

[68] Y. Huan, J. Zhou, Z. Peng, Y. Cao, A. Yu, H. Zhang and Q. Jin. *J. Anal. At. Spectrom.*, 2000, 15: 1409-1411.

[69] K. O. Douglass, N. Fitzgerald, B. J. Ingebrethsen and J. F. Tyson. *Spectrochim. Acta, Part B*, 2004, 59: 261-270.

[70] L. Gras, J. Mora, J. L. Todolí, V. Hernandis and A. Canals. *Spectrochim. Acta, Part B*, 1997, 52: 1201-1213.

[71] J. Mora, A. Canals, V. Hernandis, E. H. van Veen and M. T. C. de Loos-Vollebregt. *J. Anal. At. Spectrom.*, 1998, 13: 175-181.

[72] G. Grindlay, S. Maestre, J. Mora, V. Hernandis and L. Gras. *J. Anal. At. Spectrom.*, 2005, 20: 455-461.

[73] J. M. Gehlhausen and J. W. Carnahan. *Anal. Chem.*, 1989, 61: 674-677.

[74] H. Zhang, D. Ye, J. Zhao, J. Yu, R. Men, Q. Jin and D. Dong. *Microchem. J*, 1996, 53: 69-78.

[75] D. Ye, H. Zhang and Q. Jin. *Talanta*, 1996, 43: 535-544.

[76] H. Zhang, X. Yuan, X. Zhao and Q. Jin. *Talanta*, 1997, 44: 1615-1623.

[77] F. Liang, D. Zhang, Y. Lei, H. Zhang and Q. Jin. *Microchem. J.*, 1995, 52: 181-187.

[78] Q. Jia, X. Kong, W. Zhou and L. Bi. *Microchem. J.*, 2008, 89: 82-87.

[79] R. F. Browner, A. W. Boorn and D. D. Smith. *Anal. Chem.*, 1982, 54: 1411-1419.

[80] J. B. Frech, J. B. Etkin and R. Jong. *Anal. Chem.*, 1994, 66: 685-691.

[81] S. Groh, C. C. Garcia, A. Murtazin, V. Horvatic and K. Niemax. *Spectrochim. Acta, Part B*, 2009, 64: 247-254.

[82] S. Yuan, Z. Zhou, G. Wang and C. Liu. *Microelectron. Eng.*, 2003, 66: 767-772.

[83] A. C. Lazar and P. B. Farnsworth. *Anal. Chem.*, 1997, 69: 3921-3929.

[84] A. C. Lazar and P. B. Farnsworth. *Appl. Spectrosc.*, 1997, 51: 617-624.

[85] J. Hamier and E. D. Salin. *J. Anal. At. Spectrom.*, 1998, 13: 497-505.

[86] V. Huxter, J. Hamier and E. D. Salin. *J. Anal. At. Spectrom.*, 2003, 18: 71-75.

[87] M. Bauer and J. A. C. Broekaert. *Spectrochim. Acta, Part B*, 2007, 62: 145-154.

[88] M. Bauer and J. A. C. Broekaert. *J. Anal. At. Spectrom.*, 2008, 23: 479-486.

[89] Z. Benzo, D. Maldonado, J. Chirinos, E. Marcano, C. Gomez, M. Quintal and J. Salas. *Instrum. Sci. Technol.*, 2008, 36: 598-610.

[90] H. Matusiewicz and M. Ślachciński. *Microchem. J.*, 2010, 95: 213-221.

[91] H. Matusiewicz and M. Ślachciński. *Microchem. J.*, 2007, 86: 102-111.

[92] Y. Duan, M. Wu, Q. Jin and G. M. Hieftje. *Spectrochim. Acta, Part B*, 1995, 50: 971-974.

[93] G. Heltai, B. Feher and M. Horvath. *Chem. Pap.*, 2007, 61: 438-445.

[94] A. Chatterjee, Y. Shibata, J. Yoshinaga and M. Morita. *Anal. Chem.*, 2000, 72: 4402-4412.

[95] D. Das and J. W. Carnahan. *Anal. Chim. Acta*, 2001, 444: 229-240.

[96] L. J. Galante, D. A. Wilson and G. M. Hieftje. *Anal. Chim. Acta*, 1988, 215: 99-109.

[97] J. M. Costa-Fernández, F. Lunzer, R. Pereiro-García, A. Sanz-Medel and N. Bordel-García. *J. Anal. At. Spectrom.*, 1995, 10: 1019-1025.

[98] H. A. H. Billiet, J. P. J. van Dalen, P. J. Schoenmakers and L. de Galan. *Anal. Chem.*, 1983, 55: 847-851.

[99] C. Jia, X. Wang and Q. Ou. *Anal. Commun.*, 1997, 34: 53-56.

[100] G. W. Jansen, F. A. Huf and H. J. de Jong. *Spectrochim. Acta, Part B*, 1985, 40: 307.

[101] H. Minami, W. Cai, T. Kusumoto, K. Nishikawa, Q. Zhang, S. Inoue and I. Atsuya. *Anal. Sci.*, 2003, 19: 1359-1363.

[102] A. Chatterjee, Y. Shibata, H. Tao, A. Tanaka and M. Morita. *J. Chromatogr. A*, 2004, 1042: 99-106.

[103] J. Y. Kwon and M. Moini. *J. Am. Soc. Mass Spectrom.*, 2001, 12: 117-122.

[104] Y. Liu and V. Lopez-Avila. *J. High Resolut. Chromatogr.*, 1993, 16: 717-720.

第 8 章

微波等离子体固体进样技术

8.1 引言

固体直接进样可以简化样品的制备过程,使待测物避免受到试剂的污染或稀释。一个稳健的固体进样技术应该适用于各种样品基体,并且可以进行大样品量的重复性采样,使采样误差达到最小。固体直接进样技术的另一个众所周知的优点是可以减少分析时间,这使得廉价且快速的测定固体样品中的主要和微量成分成为可能,且满足了质量控制的要求。采样系统操作的简单化和样品改换的简便化也都很有价值。采用固体进样技术的等离子体光谱法所存在的潜在问题有:样品颗粒的不完全蒸发和原子化会产生一个较高的连续光谱背景。此外,由于基体效应,也很难对待测物进行校准。大多数固体进样技术都使用从微克到毫克的样品量,这种样品量可能不能代表样品的本体构成。固体进样技术的基本要求是将样品转换成气态。近年来,已开发出多种为原子发射光谱法(atomic emission spectrometry,AES)和质谱法所用的固体进样技术,其中包括:电热蒸发(electrothermal vaporization,ETV)、电弧烧蚀、电火花烧蚀(spark ablation,SA)、激光烧蚀(laser ablation,LA)、样品直接插入(direct sample insertion,DSI)和悬浮液雾化等技术。应用于 MWP-OES 的悬浮液雾化技术已在先前的章节中讨论过,此处不再赘述。在 Sneddon[1] 的书及一些综述[2—5] 中可以找到针对光谱分析的各种进样技术介绍。而在 Matousek 等[6] 和 Matusiewicz[7] 的综述中可以找到专门针对 MIP 的进样技术介绍。

8.2　固体样品转化为气溶胶或蒸气的方法

8.2.1　电火花与电弧烧蚀法

据文献报道,对于紧密的固体样品,其中的导电样品可用电火花与电弧烧蚀法制备蒸气,而一般样品则均可采用 LA 进行制备。烧蚀技术(包括 ETV)均利用外部生成的样品蒸气和气溶胶以改进样品在等离子体中的原子化程度。研究表明,在时间上分离开样品的蒸发、原子化和激发过程,对改进分析性能有利。然而,这也使系统引入了更多的仪器设备,导致使用和优化更加困难。

与火花源 OES 不同,用 SA 作固体进样技术,可以使样品的蒸发和激发过程分离,从而降低了基体效应和发射光谱的复杂程度。SA 和 MWP-OES 的联用技术在金属合金(包括 Fe、Ti、Co 或 Cr)的分析上具有很强的吸引力,因为 MWP 产生的光谱相对简单。另外,还可以通过降低等离子体中待测物密度解决自蚀作用给火花源 OES 带来的困难,使标准曲线的线性更好。[8]

高压电火花与中压电火花都可用于制样。固体样品的气溶胶不能直接从 SA 室传输到 MWP,而须先经过一个混合室进行均化。电火花烧蚀所产生的气溶胶的激发可采用低功率 MPT 和 MIP[8,9]、中等功率 MIP[10] 或脉冲 MIP[11]。

SA 与 MPT-OES 的联用技术已被用于直接分析致密的金属样品。试料以点-面构形用中压电火花烧蚀并引入氩 MPT 中。[8]SA 和 MPT 联用所得的检出限在 μg/g 水平,大约比 SA-ICP-OES 系统所得的高出 20 倍。但这主要是由于 MPT 和 ICP 的光学系统的本质差别造成的(ICP 的光学系统性能更好),只有部分是由于二者等离子体之间的差别所造成。SA-MPT-OES 系统已经成功地用于检测黄铜中的 Fe、Ni、Pb 和 Sn,低合金钢中的 Cr、Cu、Ni、Mn、Mo、Si 和 V,以及含量在微克到克范围内的 Cu、Fe、Mg、Mn、Si、Zn。光谱发射信号的稳定性取决于元素种类,测定的标准偏差为 0.5%~3.5%。对于低合金钢的分析,可用内标法,以提高校准曲线的线性与精密度。

Layman 和 Hieftje 等[12,13]发明了一种可用于水溶液样品气化的直流微电弧系统。如图 8.1 所示,气化后的样品由流过微电弧电极的氩气引入 MIP。视所测元素不同,微电弧-MIP 联用系统所获得的检出限和标准曲线在 2~5 个数量级范围的不同样品浓度下都差不多。该系统的基体与电离干扰效应可以很容易地被消除,然而精密度则会受到样品电极材料的影响。

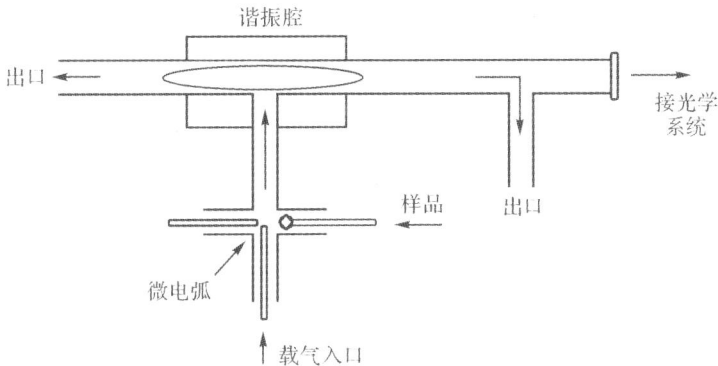

图 8.1　MWP-OES 用的微电弧进样装置

8.2.2　激光烧蚀法

　　近年来,激光烧蚀法作为一种固体直接进样技术,其应用已越来越广泛。该技术将激光能量聚焦,使固体样品表面区域的物质直接气化。现今已有多种多样的激光器,特别是 Nd/YAG 激光器与高功率激光器的使用,已让 LA 与 ICP-MS 的联用成为一种流行的技术。在样品气化阶段使样品损失最小化对分析来讲特别重要,以材料分析为例,把整个样品都破坏掉是一个缺点。然而,在需要进行分层分析时,这又是一个优点。用 LA 进行准确的元素分析的基本条件是:首先,被烧蚀的材料所产生的气体必须与被聚焦激光束烧蚀的固体样品具有相同的化学计量组成;其次,该材料必须完全被原子化。使用纳秒级的短脉冲激光可以满足上述第一个基本条件。

　　LA-MWP-OES 技术是由 Leis 和 Laqua[14,15]、Ishizuka 和 Uwamino[16]引入的。他们使用了一种开放式设计的 LA 室。随后,又研究并设计了在低压下工作的紧凑型 LA-MIP。[17-21]样品在 MIP 氩气氛围腔内进行烧蚀,而放电就产生在样品表面激光照射区域的正上方,如图 8.2 所示。这种方法的优点是,不需要过多地开关阀门就可以轻松地控制物料向 MIP 传输的速率。由于 LA-MIP-OES 对许多元素的检出限都非常低,使得用单次激光照射就可同时测定多达 10 种元素。该方法用于 1064nm 处以基模工作的 Nd/YAG 激光器进行制样,采用配有增强型电荷耦合器件(intensified charge coupled device, ICCD)检测器的 0.5m 中阶梯光栅光谱仪记录发射光谱。但是该法的精密度较低,而且校准操作也不那么简单直接。文中举例测量了钢和铝中的痕量元素及高纯度石英中的钠和锂。另外,Leis 等[21]也研究过 LA-MIP-OES 在高分子材料分析领域中应用的可能性。

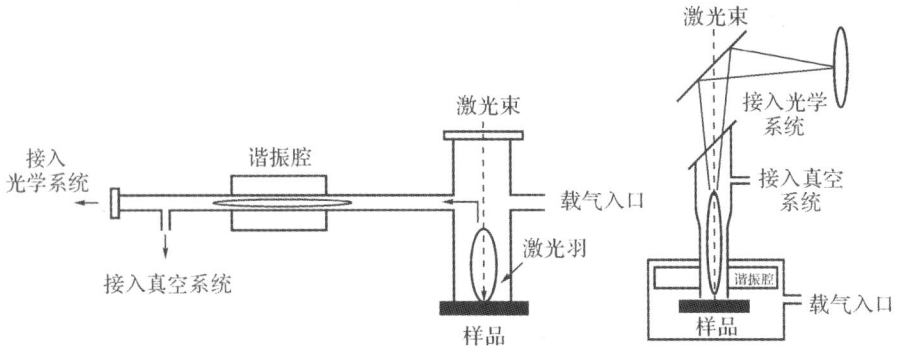

图 8.2　LA-MWP-OES 装置:开放式(左)和紧凑型(右)LA 室设计

最近,有报道用类似的系统设计实现了脉冲准分子 LA 仪器与低压氩 MIP 的联用。[22]其实验结果证实,紫外 LA 技术具有比红外 LA 技术更高的效率。另外,还有人提出了一种利用共振 LA 实现选择性气化的方法。[23]

8.2.3　电热蒸发技术

ETV 在 20 世纪 70 年代和 80 年代被广泛应用于 MWP 的进样。[4,6,7]它几乎被认为是 MIP 最好的溶液或固体进样技术。由于溶液中的溶剂可在温度较低时进行蒸发,而溶液中的待测物则在温度较高时才蒸发出来并被部分原子化,所以蒸发出的溶剂或基体就不会与待测物同时进入等离子体中。因此,基体效应会降低。ETV 的另一个优点是其高样品传输效率(几乎 100%),所以消耗样品量少。大部分 ETV 进样系统都以不连续的方式工作。

总体而言,此类系统都包含电热蒸发器、蒸气传输接口和 MWP 激发光源。由于蒸气样品需要直接引入等离子体中而不通过任何接口,因此设计了一种分离柱原子化器来满足此要求。[24]在这种方式下,由于待测物一离开 ETV 室就会立即被检测,所以待测物损失、峰展宽与拖尾现象等都被降至最低。然而,在实际应用中通常达不到此效果,因为反应室与等离子体之间需用一小段管路进行连接。可进行此操作的蒸发装置包括:电阻加热型石墨杯、棒[25—27],钽和铂舟[28,29],钽条[30],铂或钨丝、环[31],以及金属丝[32—35]。所有这些类型的电热原子化器都可在惰性气体环境下进行操作,并且容易插入 MIP 的供气系统中。这些微量样品原子化器件都非常适合与诸如 MIP 的非热激发光源联用,且在样品体积达到 MIP 最大样品载荷的条件下都仍可有效地进行常规工作。

一种更先进的 ETV 技术是:使用程序升温石墨炉(graphite furnace, GF)[36—42]来对样品中挥发性不同的组分进行选择性气化,并将其传输到 MWP 中。正因为如此,有些物质可被同时测定,其中就包括一些低挥发性物质。

在早期研究中,Runnels 和 Gibson[43]利用铂丝将挥发性金属的乙酰丙酮化合物气化后引入 MIP 气流中。Volland 等[27]利用电解预富集技术将富集在石墨管中的金属进行加热气化。这些方法都得到了非常低的检出限($10^{-10} \sim 10^{-12}$ g)。Atsuya、Kawaguchi 等[31,32]进行一系列研究,提出了一种钽丝低压 He-MIP 气化系统。他们观察到在有氯化物存在的条件下,该系统对金属的检测性能有实质性提高,因此可以在生物材料方面用微取样技术来提升系统对金属检测(包括对锌金属酶的分析)的性能。

尽管 ETV 与 MIP 的接口是直接机械式连接,但是对系统两部分的串联操作则需要对仪器的参数进行谨慎操控。在分析液体样品时,需要仔细控制溶剂的蒸发速率,以免等离子体发生变形甚至猝灭。可以使用阀系统将溶剂放空。

利用 He-MIP 对非金属测定的高灵敏度,可以考查 ETV-MWP-OES 的分析性能。将含有氯化物、溴化物、碘化物、硫化物和氨氮的微升级液体样品引入石墨槽中进行干燥、灰化、蒸发,并引入等离子体中。测得 Cl、Br、I、S 和 N 的绝对检出限在较低的纳克级水平。[25] Hanamura 等[44]将热蒸发和 CMP 联用做生物基体中无机化合物与有机金属化合物的形态分析。有报道将一种商用热脱附仪器与 MIP 联用,同时测定了吸附性有机卤化物。[45]

Evans 等[46]将钽针电热蒸发器与 MPT-OES/MS 联用,以检测几种痕量元素。用标准加入法则可检测样品中的痕量元素。一种利用悬浮液制样、ETV 和原位熔融及随后用同位素稀释/氮 MIP-MS 系统对样品进行检测的先进分析方法已被用于生物样品中硒的测定。[47]

8.3　不连续粉末进样技术

近年来固体样品的直接进样技术得到了广泛关注,因为该技术具有最高的待测物传输效率。[2]该技术通常用一根石墨杆作为样品的升降装置,将固体粉末通过等离子体区下方的放电管引入。由于碳的直接感应加热性质,样品被直接引入等离子体。这种直接引入的方式可以获得较低的检出限和较宽的线性检测范围,但是会受基体效应的影响,且需要与标准样品严格匹配。

Winefordner 领导的小组[48,49]用 $500 \sim 700W$ 范围内工作的 CMP 分析沉积在石墨杯上的固体样品,对煤和番茄叶中的多种元素进行了测定。然而,DSI-CMP 的精密度差,这可能是由于电极材料受到了污染和背景水平发生变化以及两个样品间需要重新点燃等离子体所致。该小组后来的研究改进了 DSI 器件的设计,又开发了多种系统,包括使用钨杯、钨丝或直接插入由金属样品材料制

成的电极等。[50—55]

Gehlhausen 和 Carnahan[56]采用不连续粉末进样法将毫克级的精磨煤样引入 500W 的 He-MIP。该进样装置如图 8.3 所示。一个聚四氟乙烯活塞用于控制进样。当活塞关闭时,将 1mg 样品引入上部样品室中,当活塞打开后,保持进样气流在 0.5L/min。该技术可用于煤中元素比的同时测定,但其方差大于 10%。

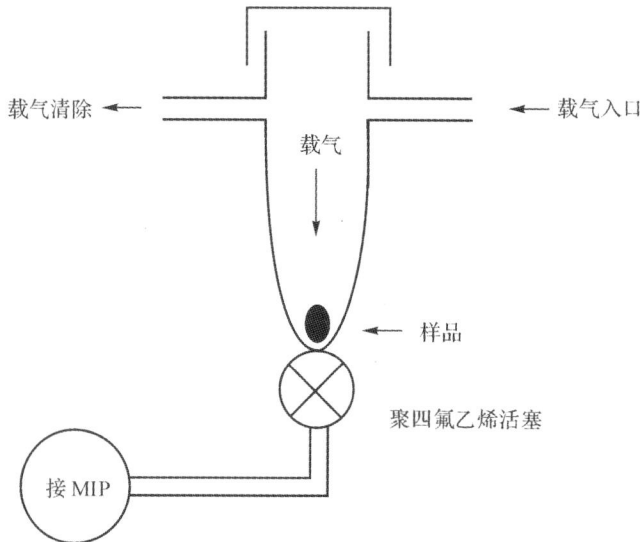

图 8.3　不连续粉末进样装置示意

8.4　连续粉末进样法

等离子体的连续粉末进样(continuous powder introduction,CPI)可用一系列技术完成。[1]旋流杯装置可将粉末直接引入等离子体中。[57]用载气向下直接引入含有粉末样品的机械搅拌杯中,由于气体置换作用而形成的粉末云团随后就通过出口被直接引入等离子体中。一旦样品负载足够大,粉末就会落回杯底,进入气体射流的路径中。CPI 用的另一项技术采用了一种流化床室。该设计是让氩气通过一烧结玻璃盘而使粉末样品沉积其上。机械振动则有可能使其高效地形成均匀的粉末云团。[58,59]研究证明,CPI-ICP-OES 系统的信号稳定性差,基体效应也严重。Kessler 等[60,61]最先报道了一种可将细粉末连续引入 CMP 中的进样系统,后来 Gehlhausen 和 Carnahan[56]又将其用于中等功率 MIP。

Jankowski 等[62—66]详细研究了连续进样技术与低功率 MIP 的联用。

对大多数固体制样技术(包括 ETV、LA 和不连续粉末进样)而言,由于进样系统所产生的发射信号是一个瞬时的峰,因此做多元素测定时需要使用同时多通道直读光谱仪。CPI 技术则允许稳态信号的维持,因此可用顺序扫描光谱仪监测待测物和背景的发射。

基于流化床室的 CPI 系统由一个流化柱形式的样品室、一个管子接头和一个直接连接到 MIP 放电管的样品注入器件组成。图 8.4 为其示意图。粉末样品就放在带细孔的烧结圆盘上,气流可穿过该多孔盘。连续的工作气体则沿进样器的外管向上流动,以维持等离子体。在等离子体点燃并调节好操作条件之后,样品气溶胶即可通过进入内管的制样气被引入 MIP 放电管中。用机械振动稳定流化床的形成。机械搅拌和气流的联合使用,可以均衡地传输粒径范围较宽的样品粉末。低的颗粒物引入速率有利于能量从等离子体传输到粉末上,因此载气的流量必须保持在较低的水平。将 CPI-MIP-OES 系统垂直放置可使粉末样品进行有效混合,而低的流量又可确保样品在通过等离子体时处于层流状态。该系统的微波装置由一个带微波源的微波谐振腔 TE_{101} 和一个垂直放置的气溶胶冷却的等离子体放电管组成。

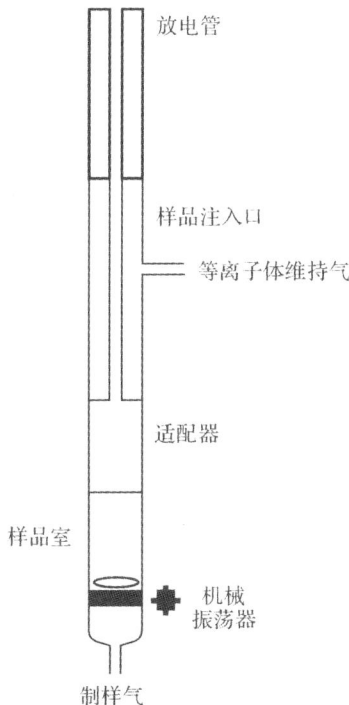

图 8.4　CPI 系统示意

　　每次将样品从光源移走时,光源就会暴露在大气中。所以每次更换样品时,放电管中都会进入一些空气,即使光源在重新定位过程中一直用氩气进行冲洗也不能避免。在开、关样品室的时候会产生两种不同类型的污染:残余气体(包括 N_2、O_2、CO_2 和空气中 H_2O)和沉积在 CPI 系统壁上的水蒸气。在把样品引入等离子体前,氩气中的污染气体会被去除。在分析前用载气冲刷整个系统,可减少等离子体在分析过程中达到稳定所需的时间。

　　显而易见,确定一个可以满足所有需求的最佳的冲洗时间是十分困难的。然而,就我们的经验而论,1min 的冲洗时间对于大多数分析已经足够了。只有当需要检测痕量水平(低于 100ppm)的 N、O、H 和 C 等元素时,才有必要将冲洗时间提高至 2～5min。

　　按设计,该 CPI 系统至少可维持均匀传输颗粒状态达几分钟。系统可以进行稳定操作的基本要求是:垂直放置 CPI 装置和放电管,等离子体负载可控并且有限,粒径范围较窄。此外,为使待测物能被有效蒸发、原子化和激发,必须确保有一个相对较长的样品停留时间。该 CPI 装置和放电管的设计都可以满足上述要求。然而,样品的物理特性也应加以考虑,因为样品的比重和样品的粒径分布与所用载气流量都是相互影响的。二氧化硅和碳是低密度材料,二者可以通过 CPI-MIP-OES 系统在相对较低的气流速率下有效地转变成气溶胶。并且,多种工业材料(如陶瓷、玻璃粉)在相对较低的进料速率下,也可以被直接引入 CPI 系统。

　　如图 8.4 所示的 CPI 方法,可以对粒径范围在 20～80μm 的颗粒进行连续均匀的传送。视样品的比重而定,合适的粉末负载量约为 1g。典型的粉末进料速率范围是 5～20mg/min;可以用范围在 0.1～0.5L/min 内的制样气来控制该速率。所有的粉末状物料都必须保存在干燥的环境中,以避免发生与 CPI 系统内表面吸附颗粒有关的问题。

　　图 8.5 展示的是 Gehlhausen 和 Carnahan[56] 设计的连续煤进样装置。将重约 2g 的粉末状煤样品(100 目)沉积在烧结玻璃圆盘上。不同粒径范围的粉末可在 20min 内被传送完,煤进样的速率约为 1mg/s,并且随着时间会有所下降。作者称该系统不能用于定量测量。考虑到上文提及的对于 CPI 的要求,可以断定,该系统仍存在不足之处。由于撞击损失和重力沉降,水平放置的等离子体和曲线形通道的设计将无法产生均匀的气溶胶传输。再者,即便采用中等功率等离子体,该等离子体仍会处于轻微过载状态。

　　基于流化床法的 CPI-MIP-OES 系统在测定地质样品和工业材料中的痕量元素方面已有成功的应用。[62,65] 粉末参比材料的单点校准曲线法适用于光谱级 Al_2O_3、SnO_2、La_2O_3 和 MgO 中的 Cu、Mg、Si 和 Zn 含量的测定(检出限约

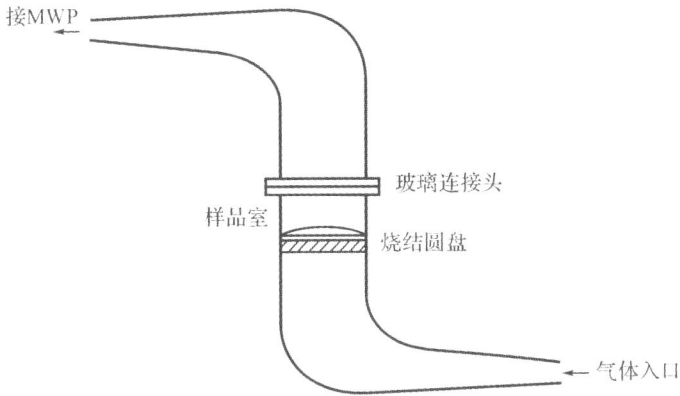

图 8.5　Gehlhausen 和 Carnahan 设计的连续煤进样装置

100ng/g)。一种用来测定土壤、飞灰和煤中总氟含量的灵敏的 CPI 技术已被开发出来,该法实验测得的检出限为 3～6μg/g。另一种可用于 CPI 的有趣的技术是,对采用合适的吸附剂固相萃取法预富集起来的元素进行直接多元素分析。[63,64,67]

此外,CPI-MWP-OES 系统还可用于测定单个颗粒的化学组成和粒径[68,69],可做大气颗粒物的实时监测[70]。这将在第 12 章讨论到。

8.5　与连续粉末进样相匹配的分离方法

吸附技术,如固相萃取技术,经常用于检测前对待测物的富集与分离。然而,由于某些元素的不可逆结合,洗脱待测物有时会很麻烦。另外,洗脱也会导致样品的稀释,降低了待测物的富集因子。有时也可在检测步骤中观测到在洗脱液中产生的由样品溶液所引入的基体效应。采用固体进样等离子体法直接分析吸附剂颗粒物就可以避免这些缺点。

在合适的吸附材料(粉末)上吸附待富集的待测物,随后将粉末直接引入等离子体中,这种方法具有一定优势。利用待测物分离步骤可以避免个别样品材料引起的基体效应,以及需要粒径匹配和等离子体条件优化等问题。因为待测物大多在担体颗粒的表面气化,因此光谱检测的灵敏度和结果的重现性都不错。由于碳具有导电性,等离子体中碳的存在也有利于等离子体的稳定和待测物的激发。

活性炭适合用作等离子体直接进样的富集材料,因为与螯合树脂相比,活性炭更容易被等离子体分解,且其光谱干扰也较低,特别是在紫外区域。另外,还可以得到分析纯的活性炭。最后,由于其广谱的吸附特性,活性炭还被用作一种通用的吸附载体而广泛使用。二氧化硅作为另外一种广泛使用的吸附剂也常用在 CPI 分析中。总体而言,与活性炭相比,二氧化硅产生的背景更低,但在紫外区域可以观测到 Si—O 键的发射光谱,这会对光谱产生干扰。粉末状的二氧化硅还可以作为吸附过程中固定细菌或酵母的载体。鉴于在检测时吸附剂会被分解,因此在吸附剂的选择上,人们更倾向于用低成本材料。

CPI-MIP-OES 系统已被用于测定富集在活性炭上的土壤和自来水样品中的多种重金属元素。用 1L 样品得到的该方法对待测物的富集因子为1000,所建议方法的检出限为 17~250ng/L。

将该法与待测物富集法结合应用的第二个例子为:铂矿石 SARM-7 和中国地质样品 CRM 中贵金属元素的测定。[64]将等分的消解后的地质样品 CRM 中的待测物吸附于活性炭上,进行干燥后直接引入 CPI-MIP-OES 系统。因为碱金属和碱土金属元素不会吸附在活性炭上,所以由这些金属引起的基体效应将会在富集阶段被排除。待测物的回收有时是一个冗长且单调的过程。有关吸附作用的研究表明,一些贵金属吸附在活性炭上后会被还原到以元素状态存在,这使得洗脱操作成为分析过程中关键的一步。洗脱操作中通常用到强酸,这会产生很强的干扰,并且需要对样品进行大体积稀释。使用活性炭进行痕量组分的分离/富集,并在随后的 CPI 中将吸附了待测物的吸附剂微粒以干气溶胶形式引入等离子体中进行检测,这种方法在实质上改进了 OES 测定的分析性能。

锆改性过的活性炭或磷酸氢钙吸附剂已用于水中氟的分离。[67]待测物随后用 CPI-MIP-OES 系统进行测定,得到的绝对检出限为 4.7μg。该法给出了在 ng/mL 水平上测定水中氟离子的可能性,其对待测物的富集因子为1000。

8.6 粉末样品的 CPI-MWP-OES 分析

任何要用 CPI-MWP-OES 系统进行分析的材料都必须被研磨至细颗粒大小(一般尺寸应小于 80μm),然后再将其分成大小合适的几份。为保证传输速率稳定和待测物的高效蒸发,须严格控制样品颗粒的粒径范围。当所用的粒径范围较宽时,达到信号稳定所需的时间会更长,并可明显观测到一个颗粒大小偏析效应,从而导致信号稳定性变差。因此,推荐使用合适的粒径范围较窄的粉末样品。所有的粉末材料都应该保持在干燥的环境下,以避免由于潮湿而造成的颗粒聚集或样品被吸附在 CPI 系统内壁上。

基体效应的研究对任何直接进样技术的评估都非常重要。在 CPI 等离子体发射光谱法中,基体成分不仅会影响样品到等离子体的传输,还会影响等离子体过程,如待测物的蒸发、原子化和激发。考虑到 MIP 放电的能量有限,可以假设:大量的样品基体会消耗大部分等离子体能量,只有易挥发元素才能被该系统有效地测定。然而,当待测物位于固体颗粒表面时,实际情况并不是这样,例如,当使用固相萃取来富集待测物时。总体而言,基体匹配和粒径大小匹配对准确测量来讲都极为必要。在等离子体环境下,基体的存在会引起光谱干扰,这种干扰只能通过波长选择、改进光学分辨率或使用计算机处理光谱数据来解决。

　　基体效应在任何情况下都存在,因此应该开发出合适的分析操作程序。若采用外标法来测定水溶液中的氟,可将标准氟溶液滴加到所欲制备的四种粉末标样的负载材料(磷酸氢钙、硅石、碳和氧化铝)上。四种方法校准曲线的斜率比为 3∶2∶2∶1。可明显看出,造成结果不同的原因是基体效应。[67]然而,当用 CPI-Ar-MIP-OES 测定金属氧化物(Al₂O₃、MgO、La₂O₃、SnO₂)中含量在 0～ 7μg/g 的挥发性痕量元素(Cu、Mg、Si、Zn)时,可以用一组以氧化铝作基体的参比材料为每种待测物计算单独的标准曲线。与氧化铝相比,其他金属氧化物在基体效应方面并未观测到有什么显著的差异。[64]

　　在采用粉末材料直接进样至激发光源或电离源的各种光谱技术中,化学改进剂常被用来使待测物经过化学改进转化成挥发性氯化物、氟化物和氧化物,以促进待测物的蒸发。当用 CPI-MIP-OES 技术分析硅酸盐材料时,加入百分之几的氯化银或氟化铵就可使 Mg、Mn、Fe 和 Cu 的发射强度增加 2～6 倍,尽管样品在等离子体中的停留时间据计算大约只有 10ms。[71]

　　有时,严重的基体效应也可通过对基体成分进行改性而加以降低。用 CPI-MIP-OES 测定氧化钛中的锌很难,这是由于钛的发射谱线和系统高背景水平的光谱干扰。向二氧化钛样品中加入百分之几的硅石,可以使等离子体发生冷却,从而降低了钛和背景发射,改进了对锌的测定能力。[66]

　　固体进样需要考虑的主要问题之一是校准方法。使用 CPI 技术测定各种材料中的痕量元素时,有多种校准方法可以采用,其中包括使用固体标准样品的外标法和单点标准加入法。若样品和参比材料的基体组成几乎相同,使用固体参比材料进行校准就可以得到最可靠的结果。为改进准确度,就必须使类似的粒径范围相匹配。

　　尽管是用固体参比材料,为测定主要和痕量待测物,使用以滴加技术(把几份待测物标准溶液滴加在基体匹配的粉末担体上,然后干燥)制备的校准标准来进行外标法校准也是合适的。在进行痕量金属的多元素测定时,强烈推荐使用将标准水溶液滴在粉末样品上进行测定的标准加入技术。然而,必须注意的是,由于待测物加入时的化学形态与其在样品中的化学形态可能不同,使用滴加技术会引入一些问题。另外,表面杂质(添加的待测物)和本体中的痕量物质(样品中原来就存在的待测物)的蒸发效率也可能不同。

基于粉末参比材料的单点校准曲线法可应用于光谱纯 Al_2O_3、SnO_2、La_2O_3 和 MgO 中 Cu、Mg、Si、Zn 的测定(检出限约 100ng/g)。如上所述,校准函数用 4 种氧化铝标准品建立。使用 Al_2O_3 作为粉末参比材料的外标法已用在 Cu 和 Mg 的测定上。对于其他元素的测定,滴加技术也被用于多元素标准加入法。即将标准溶液滴加到数份已知重量的 CRM 氧化铝上,然后彻底干燥并均一化。[64]

用 CPI-MIP-OES 对以氧化铝和二氧化硅为基体的催化剂中的百分含量级金属(Co、Mo、V、Ni)采用外标法进行测定。将数份单一元素标准溶液滴加在氧化铝或二氧化硅的担体(与用于制备催化剂的材料相同)上,以制备校准用标准品。其标准曲线的斜率和基于粉末参比材料所获得的标准曲线的斜率类似。[66]

已有人考查过用 CPI-MIP-OES 系统和两种外标法直接测定地质材料中的总氟。第一种方法相当昂贵,需采用一组经认证的固体参比材料,该方法可应用于煤和土壤中浓度范围较大的氟的测定。第二种方法是将标准氟溶液滴加在基体匹配的合适的担体粉末(即煤用碳担体、土壤用二氧化硅担体)上,以制备一组标准品。[62,63,67]

利用合适的担体材料将多种待测元素吸附其上,可以制备出能应用于外校准法的合成标准。这样的外校准法十分适用于将 CPI-MIP-OES 和固相萃取预浓缩技术联用对痕量元素进行的测定。因为这为样品与标准品的制备提供了一种相同的方法,包括吸附效率。此外,基体匹配和粒径匹配也很容易实现。该方法可用于测定水样中的重金属、铂矿和土壤中的贵金属,以及矿泉水中的氟。[69]

参考文献

[1] J. Sneddon. *Sample Introduction in Atomic Spectroscopy.* Amsterdam: Elsevier, 1999.

[2] R. Sing. *Spectrochim. Acta, Part B*, 1999, 54: 411-441.

[3] S. A. Darke and J. F. Tyson. *Microchem. J.*, 1994, 50: 310-336.

[4] J. M. Carey and J. A. Caruso. *CRC Crit. Rev. Anal. Chem.*, 1992, 23: 397-439.

[5] R. E. Russo, X. Mao, H. Liu, J. Gonzalez and S. S. Mao. *Talanta*, 2002, 57: 425-451.

[6] J. P. Matousek, B. J. Or and M. Selby. *Prog. Anal. At. Spectrosc.*, 1984, 7: 275-314.

[7] H. Matusiewicz. *Spectrochim. Acta Rev.*, 1990, 13: 47-68.

[8] U. Engel, A. Kehden, E. Voges and J. A. C. Broekaert. *Spectrochim. Acta, Part B*, 1999, 54: 1279-1289.

[9] D. J. C. Helmer and J. P. Walters. *Appl. Spectrosc.*, 1984, 38: 392-398.

[10] Y. N. Pak and S. R. Koirtyohann. *J. Anal. At. Spectrom.*, 1994, 9: 1305-1310.

[11] M. M. Mohamed, T. Uchida and S. Minami. *Appl. Spectrosc.*, 1989, 43: 794-800.

[12] L. R. Layman and G. M. Hieftje. *Anal. Chem.*, 1975, 47: 194-202.

[13] A. T. Zander and G. M. Hieftje. *Anal. Chem.*, 1978, 50: 1257-1260.

[14] F. Leis and K. Laqua. *Spectrochim. Acta, Part B*, 1978, 33: 727-740.

[15] F. Leis and K. Laqua. *Spectrochim. Acta, Part B*, 1979, 34: 307.

[16] T. Ishizuka and Y. Uwamino. *Anal. Chem.*, 1980, 52: 125-129.

[17] J. Uebbing, A. Ciocan and K. Niemax. *Spectrochim. Acta, Part B*, 1992, 47: 601-610.

[18] A. Ciocan, J. Uebbing and K. Niemax. *Spectrochim. Acta, Part B*, 1992, 47: 611-617.

[19] L. Hiddemann, J. Uebbing, A. Ciocan, O. Dessenne and K. Niemax. *Anal. Chim. Acta*, 1993, 283: 152-159.

[20] A. Ciocan, L. Hiddemann, J. Uebbing and K. Niemax. *J. Anal. At. Spectrom.*, 1993, 8: 273-278.

[21] F. Leis, H. E. Bauer, L. Prodan and K. Niemax. *Spectrochim. Acta, Part B*, 2001, 56: 27-35.

[22] K. X. Yang, J. X. Zhou, X. Hou and R. G. Michel. *J. Korean Phys. Soc.*, 1999, 35: 133-142.

[23] D. Cleveland, P. Stchur, X. Hou, K. X. Yang, J. Zhou and R. G. Michel. *Appl. Spectrosc.*, 2005, 59: 1427-1444.

[24] K. Kitagawa, A. Mizutani and M. Yanagisawa. *Anal. Sci.*, 1989,

5: 539-544.

[25] M. M. Abdillahi. *Appl. Spectrosc.*, 1993, 47: 366-374.

[26] G. Kaiser, D. Götz, P. Schoch and G. Tölg. *Talanta*, 1975, 22: 889-899.

[27] G. Volland, P. Tschöpel and G. Tölg. *Spectrochim. Acta, Part B*, 1981, 36: 901-917.

[28] D. G. Mitchell, K. M. Aldous and E. Canelli. *Anal. Chem.*, 1977, 49: 1235-1238.

[29] K. Chiba, M. Kurosawa, K. Tanabe and H. Haraguchi. *Chem. Lett.*, 1984, 13(1): 75-78.

[30] F. L. Fricke, O. Rose, Jr. and J. A. Caruso. *Talanta*, 1976, 23: 317-320.

[31] U. Richts, J. A. C. Broekaert, P. Tschöpel and G. Tölg. *Talanta*, 1991, 38: 863-869.

[32] I. Atsuya, H. Kawaguchi, C. Veillon and B. L. Vallee. *Anal. Chem.*, 1977, 49: 1489-1491.

[33] H. Kawaguchi and D. S. Auld. *Clin. Chem.*, 1975, 21: 591-594.

[34] N. W. Barnett. *Anal. Chim. Acta*, 1987, 198: 309-314.

[35] R. G. Stahl, L. Brett and K. J. Timmins. *J. Anal. At. Spectrom.*, 1989, 4: 1415-1425.

[36] H. Matusiewicz and M. Kopras. *J. Anal. At. Spectrom.*, 2003, 18: 273-278.

[37] H. Matusiewicz, I. A. Brovko, R. E. Sturgeon and V. T. Luong. *Appl. Spectrosc.*, 1990, 44: 736-739.

[38] J. P. Matousek, B. J. Orr and M. Selby. *Spectrochim. Acta, Part B*, 1986, 41: 415-429.

[39] J. A. C. Broekaert and F. Leis. *Mikrochim. Acta*, 1985, 86: 261-272.

[40] G. Heltai, J. A. C. Broekaert, P. Burba, F. Leis, P. Tschöpel and G. Tölg. *Spectrochim. Acta, Part B*, 1990, 45: 857-866.

[41] Q. Jin, H. Zhang, W. Yang, Q. Jin and Y. Shi. *Talanta*, 1997, 44: 1605-1614.

[42] J. Yang, J. Zhang, C. Schickling and J. A. C. Broekaert. *Spectrochim. Acta, Part B*, 1996, 51: 551-562.

[43] J. H. Runnels and J. H. Gibson. *Anal. Chem.*, 1970, 42: 1569.

[44] S. Hanamura, B. W. Smith and J. D. Winefordner. *Anal. Chem.*, 1983, 55: 2026-2032.

[45] H. Lehnert, T. Twiehaus, D. Rieping, W. Buscher and K. Cammann. *Analyst*, 1998, 123: 637-640.

[46] E. H. Evans, J. A. Caruso and R. D. Satzger. *Appl. Spectrosc.*, 1991, 45: 1478-1484.

[47] T. Kawano, A. Nishide, K. Okutsu, H. Minami, Q. Zhang, S. Inoue and I. Atsuya. *Spectrochim. Acta, Part B*, 2005, 60: 327-331.

[48] H. Abdalla, K. C. Ng and J. D. Winefordner. *J. Anal. At. Spectrom.*, 1991, 6: 211-213.

[49] H. Abdalla, K. C. Ng and J. D. Winefordner. *Spectrochim. Acta, Part B*, 1991, 46: 1207-1214.

[50] H. Abdalla, K. C. Ng and J. D. Winefordner. *Anal. Chim. Acta*, 1992, 264: 327-332.

[51] W. R. L. Masamba, B. W. Smith and J. D. Winefordner. *Appl. Spectrosc.*, 1992, 46: 1741-1744.

[52] M. W. Wensing, B. W. Smith and J. D. Winefordner. *Anal. Chem.*, 1994, 66: 531-535.

[53] A. M. Pless, B. W. Smith, M. A. Bolshov and J. D. Winefordner. *Spectrochim. Acta, Part B*, 1996, 51: 55-64.

[54] A. M. Pless, A. Croslyn, M. J. Gordon, B. W. Smith and J. D. Winefordner. *Talanta*, 1997, 44: 39-46.

[55] A. D. Besteman, G. K. Bryan, N. Lau and J. D. Winefordner. *Microchem. J*, 1999, 61: 240-246.

[56] J. M. Gehlhausen and J. W. Carnahan. *Anal. Chem.*, 1991, 63: 2430-2434.

[57] H. C. Hoare and R. A. Mostyn. *Anal. Chem.*, 1967, 39: 1153-1155.

[58] R. M. Dagnall, D. J. Smith, T. S. West and S. Greenfield. *Anal. Chim. Acta*, 1971, 54: 397-406.

[59] R. Guevremont and K. N. de Silva. *Spectrochim. Acta, Part B*, 1986, 41: 875-888.

[60] W. Kessler and F. Gebhardt. *Glastechn. Ber.*, 1967, 40: 194-200.

[61] W. Kessler. *Glastechn. Ber.*, 1971, 44: 479-483.

[62] K. Jankowski, A. Jackowska and P. Łukasiak. *Anal. Chim. Acta*, 2005, 540: 197-205.

[63] K. Jankowski, Y. Jun, K. Kasiura, A. Jackowska and A. Sieradzka. *Spectrochim. Acta, Part B*, 2005, 60: 369-375.

[64] K. Jankowski, A. Jackowska, P. Yukasiak, M. Mrugalska and A. Trzaskowska. *J. Anal. At. Spectrom.*, 2005, 20: 981-986.

[65] K. Jankowski, A. Jackowska and M. Mrugalska. *J. Anal. At. Spectrom.*, 2007, 22: 386-391.

[66] K. Jankowski and A. Jackowska. *Trends Appl. Spectrosc.*, 2007, 6: 17-25.

[67] K. Jankowski, A. Jackowska and A. Tyburska. *Spectrosc. Lett.*, 2010, 43: 91-100.

[68] H. Takahara, M. Iwasaki and Y. Tanibata. *IEEE Trans. Instrum. Meas.*, 1995, 44: 819-823.

[69] T. Okamoto and Y. Okamoto. *JPl. Fusion Res. Ser.*, 2009, 8: 1330-1333.

[70] Y. Duan, Y. Su, Z. Jin and S. P. Abeln. *Anal. Chem.*, 2000, 72: 1672-1679.

[71] A. Jackowska. *PhD Thesis*. Warsaw: Warsaw University of Technology, 2006. In Polish.

第9章

MWP-OES 系统的优化

9.1 优化哪些参数？

9.1.1 样品引入系统的相关参数

在 OES 中，样品分析之前要对测量参数进行优化。这对 MWP-OES 来说非常复杂，尤其是装置上的一些部件（例如：样品引入系统、放电管、光学系统及其他）是可替换的，每个部件都有着特殊的要求和操作参数。根据仪器的设计，最常需要优化的参数有气体流量、微波功率、积分时间和光电倍增管电压。其他可变参数可能还有泵速和观测位置。当需要达到某些特殊的性能指标时，样品引入系统的合理选择是关键的一步。分析波长当然是许多仪器的一个重要可变参数。波长的选择在本章 9.2 节中介绍。MIP 有许多可调部件，它们取决于对器件的控制需求。不幸的是，它们通常在很大程度上都是相互依赖的。例如，最优的雾化气体流量取决于雾化器孔口的直径、放电管的总体设计，且还在一定程度上取决于输入功率。

尽管 MWP-OES 技术已有很大改进，分析师和仪器之间仍有一定的交互。分析师所需的技能可有很大的变化空间，这取决于所需分析样品的类型和所用方法与仪器的复杂程度。

一些主要的变量与样品引入系统有关。举一个例子，雾化器的性能对整个光谱仪的分析性能有很大的影响，如测量灵敏度、精密度等。对于能量有限的微波等离子体，可以看到，其对一些特定元素的激发效率有很大的差别。此外，激发还可能伴随着能影响高温区域元素行为的化学反应。因此，多元素检测面临着如何选择一个合适元素以对折中的实验条件进行优化的问题。使用超声雾化器对测定锌和磷的实验条件进行优化就是一个例子。[1]雾化气的流量是一个关键参数，因为它很大程度上决定了待测物在等离子体区域的停留时间。停留时间越长,待测物被原子化、激发、离子化的时间就越长。在最大化待测物在放电区域内的停留时间和载带入等离子体中的样品量之间需要进行权衡。具有高电离电位的元素,需要较长的停留时间。因此可用一个较低的雾化气体流量,以获得对磷的最大灵敏度。对诸如钠和钾等发射强原子线的、易电离的元素,则可使用较高的流量。

9.1.2 光源的相关参数

输入功率是与光源相关的主要参数。功率—信号关系因与其他操作参数之间的相互关系而变得复杂,如腔体设计、放电管尺寸、相对于光谱仪入口狭缝的观测位置、等离子体气体性质与流量、放电气体压强、样品大小和所选用的波长。此外,将微波功率耦合到放电中的效率也必须得到控制。常压下工作的 GC-MIP-OES 系统的响应与输入功率呈正相关、负相关或保持恒定,其取决于(非常难以预计)待测物和化合物的性质以及所选用的谱线。在不同的放电气体压强下已观测到了不同的功率—信号关系。在其他研究中,则曾观测到挥发性化合物灵敏度的测定与功率无关。[2—5]

对于溶液雾化 MWP-OES,输入功率的影响在雾化器流量较低时最大,且随着流量的增加而趋于降低。与氩相比,氦的这一影响更加明显。[6—8]对于许多谱线来说,其发射强度基本上与等离子体功率无关。

其他与光源有关的参数是等离子体高度。当等离子体被侧向观测时,观测位置的选择应该对应于适当的等离子体高度。而对于轴向观测模式,大量研究都建议:为了获得原子和离子线的最大发射信号,等离子体应至少 3cm 长,以提供足够的待测物停留时间。因此,设计制造了 2cm 和 3cm 腔体深度的谐振腔,以获得空间尺寸更长的等离子体。[9—11]然而,正如用 Surfatron 所做的研究证明的那样,由于自吸效应,最优等离子体长度仍以限制在几厘米长为好。

9.1.3 光谱仪的相关参数

尽管 MWP 是有效的激发源,对每种元素都能产生大量谱线,但仅有少数谱线能提供痕量分析所需的灵敏度。对一种给定的元素,灵敏度和检出限往往受等离子体气体中污染物的光谱干扰或样品的元素组成所掌控。对各种元素的测量选择性在很大程度上取决于所观测的谱线或谱带所在的光谱区域。典型的情况是,在选择性和灵敏度之间要有个折中。光学系统的光谱分辨率也会明显地影响这些性能参数。

积分时间和光电倍增管电压对获得可比较的测量灵敏度和重现性至关重要。不稳定的或弱的发射源比稳定的或强的发射源需要更长的测量时间。瞬态系统通常比连续系统不稳定。对稳态测量,积分时间通常在 $0.5 \sim 3s$ 区间变化,对于瞬态信号,其积分时间通常为 $0.1 \sim 1s$,但是对于特殊应用则可以短至 $1ms$。

　　在做优化参数处理之前,我们应该首先建立起评估优化所需的标准。对于多元素分析,我们想要获得痕量元素的低检出限、主量元素的高重现性和较短的分析时间。为了优化检出限,采用信背比作为测量值要比采用信号强度值更加合适一些。

　　实验条件和分析参数的优化是进行可靠且精确 MWP-OES 分析的一个重要部分。即使是可为不同仪器预测出最优测量条件的标准应用,操作者也应努力搞清楚不同参数对分析结果的影响。这时,往往需要在分析性能和分析时间之间做出折中。对于多元素分析,选择的折中条件应该能够平衡各元素间的检出限。有时,折中条件的使用对于单元素分析来说是足够的,它也非常有利于一个更加烦琐的,功率、载气流量和观测高度都已对每种元素进行过单独优化的方法的建立。

9.2　优化参数的顺序

　　在许多情况下,等离子体气体的选择应该在优化的初始阶段进行。氩、氦或氮是最常用的 MWP 等离子体气体。此外,对特殊应用,也可以考虑掺杂少量氧气、氢气或氮气到等离子体气体中,以改善含待测物的分子的原子化效率,降低背景强度或引入有机样品时放电管壁上的碳沉积。[12—17]一旦选择好等离子体气体,等离子体阻抗匹配便可在与那些应用于优化分析步骤(包括样品引入系统的操作)中类似的实验条件下操作。MIP 光源需要调谐到最小反射功率状态。

　　在制定分析条件时,每次都需要优化的参数之一就是观测位置,即做出把等离子体中哪个区域的辐射直接引入光谱仪光学系统的选择。这与各种元素会在不同的等离子体区域显现出最大发射强度的事实有关。对于径向观测,观测位置与辐射被检测处的等离子体高度有关;而对于轴向观测,这是一个沿放电管直径选择的位置。[12,18—24]有时,对于多元素检测,也有必要确定一个折中的观测位置。

　　已有人对不同等离子体气体和不同形状放电管形成的 MWP 做了空间发射分布的研究。已观测到因沿放电管轴的观测位置不同和包括基体组成在内的测量条件不同而不同的发射分布。与丝状等离子体相反,圆环形氩等离子体中,多种元素的空间发射强度分布与观测位置关系不大。从所研究的三种元素看,在 TE_{101} 腔体中形成的丝状 Ar-MIP 中,只有 Ca 在轴位置处达到了最大发射强度,而对于 Al 和 Mn 来说,发射强度的最大值出现在等离子体周围区域,尽管也观测到了相当强的轴上发射。[25]对由于 Na 等低电离电位元素的存在所引起的基体效应的研究表明,低电离电位元素在等离子体中的存在,对大多数元素可导致因多种可能机制所引起的发射强度的增加及其最大值相对于等离子体中心的位移。[25—27]

在任何分析中都会有几个与 MWP-OES 方法论共同的特点。样品制备、仪器校准、波长选择是每个 MWP-OES 分析中的一部分。对某些分析来说,分析师还必须考虑到干扰校正和操作参数的优化。在使用仪器进行分析测量之前,分析师需要采取必要的措施,以确定仪器已装配好并能够正常运行。

非常规样品的样品制备过程包括:为预选谱线确定近似检出限、检查疑似伴随物带来的光谱干扰、使用合成溶液检查空白溶液,当预期的待测物浓度可能大于 100 倍检出限时,还有必要计算稀释因子以减小所引入样品中的盐含量。仪器校准则用对包含样品中预期待测物浓度的若干校准用标样的测量来实现,必要时酸的浓度也应与样品基体匹配。

设置仪器参数的前期步骤包括:合适的预积分时间,以及用于校准和样品分析的积分时间的选择,还有为预期信号对检测器进行的调整。

最适宜分析谱线的选择是 MWP-OES 中最关键的部分。痕量分析用合适波长的选择,有时由于缺乏真正完善的 MWP 谱线强度表而变得困难。选用谱线的基本准则是所选波长无谱线干扰。当无法避免谱线干扰时,应选用可对其发射强度做光谱干扰校正的谱线。对每种元素使用多条谱线的方法也正在受到关注。在某些情况下,可选用多条谱线,以覆盖不同的组成范围或用于不同的基体中。谨慎选择谱线可使线性校准曲线的发散较小,并获得低的检出限。

带双流式炬管的 MWP-OES 系统的优化操作,通常需考虑四个对该方法的整体分析性能都必不可少的操作条件,即输入功率水平、载气流量、等离子体气体流量和样品流量。用于评估操作条件合理性的关键参数是信背比(signal-to-background ratio,SBR)或信噪比(signal-to-noise ratio,SNR)。"单次单变量"是一种非常流行的方法,尽管它具有一定的局限性,包括最终结果取决于初始条件的选择和缺乏变量间相互关系的信息。如果有多个相互关联的变量影响到 MWP 操作和系统的分析性能,则单纯形优化法通常被认为是找到最优条件的最有效方法。

单纯形法或多级单纯形法(multi-simplex methodology)已被用于许多 MWP-OES 系统和分析步骤的优化。[3—8,28—31]以氯和溴的 SNR 作为关键参数,因子设计和响应曲面法被用于 GC-MIP-OES 系统的优化,以确定卤代有机化合物。[3]其优化结果与其他学者使用"单次单变量"法所得结果进行了比较。尽管两种优化方法的最终检出限相似,因子设计和响应曲面法被证明是更快更可靠的方法。为对汞的多级测定(包括冷蒸气发生、捕集和 MIP-OES 测定)进行优化,单变量法和单纯形法,以及两完全水平和部分因子设计的方法都已被应用过。对每个阶段都使用了独立的优化步骤。[5]

9.3　分析信号与气溶胶(样品)参数之间的关系

　　信号强度与样品中待测物浓度关系的理论解释已经被广泛地探讨过,包括 Winefordner 小组[32,33]。对于某一给定的光谱分析技术,测量效率 ε_m 与检出效率 ε_d 之间的关系可以被估计出来。测量效率定义为样品中给定原子在观测区域内可在背景噪声之上被检测到的概率。关系如下:

$$\varepsilon_m = \varepsilon_{SR} \varepsilon_s \varepsilon_t \varepsilon_d$$

其中,ε_{SR} 是与样品相关的总效率,包括样品雾化、气溶胶传输、气化、原子化或离子化以及激发过程等效率,ε_s 是空间探测效率,ε_t 是瞬态探测效率。

　　原子光谱方法中,ε_m 与 ε_d 的值是比较不同方法潜在探测能力和确定任一给定原子方法是否达到其最大能力的手段。需要注意的是,测量效率也等同于测量灵敏度。

　　对于 MWP-OES,Winefordner 等[32] 在假设原子共振线分别在 200、500、800nm 时估算得 ε_m 的范围为 5×10^{-6} 到 10^{-9},这与 GD-OES、MWP-OES 和 ICP-OES 具有可比性。这意味着在 5000K 时,约 $10^5 \sim 10^9$ 个原子会产生 1 个计数(假设原子在等离子体中的滞留时间约为 1ms)。然而对于低流速 MWP,停留时间可能达 5~10 倍甚至更长,从而使 ε_m 值得到改善。

　　SBR 对气溶胶生成效率和传输效率的依赖关系已由 Jankowski 等[1,34] 用耦合到 MIP-OES 的三种雾化器给出。从图 9.1 中可以看出,测量灵敏度的改变量与气溶胶浓度随载气流量的增加量(影响到样品在等离子体中的停留时间)紧密相关,而气溶胶浓度的最佳范围出现在 SBR 达到最大值时。

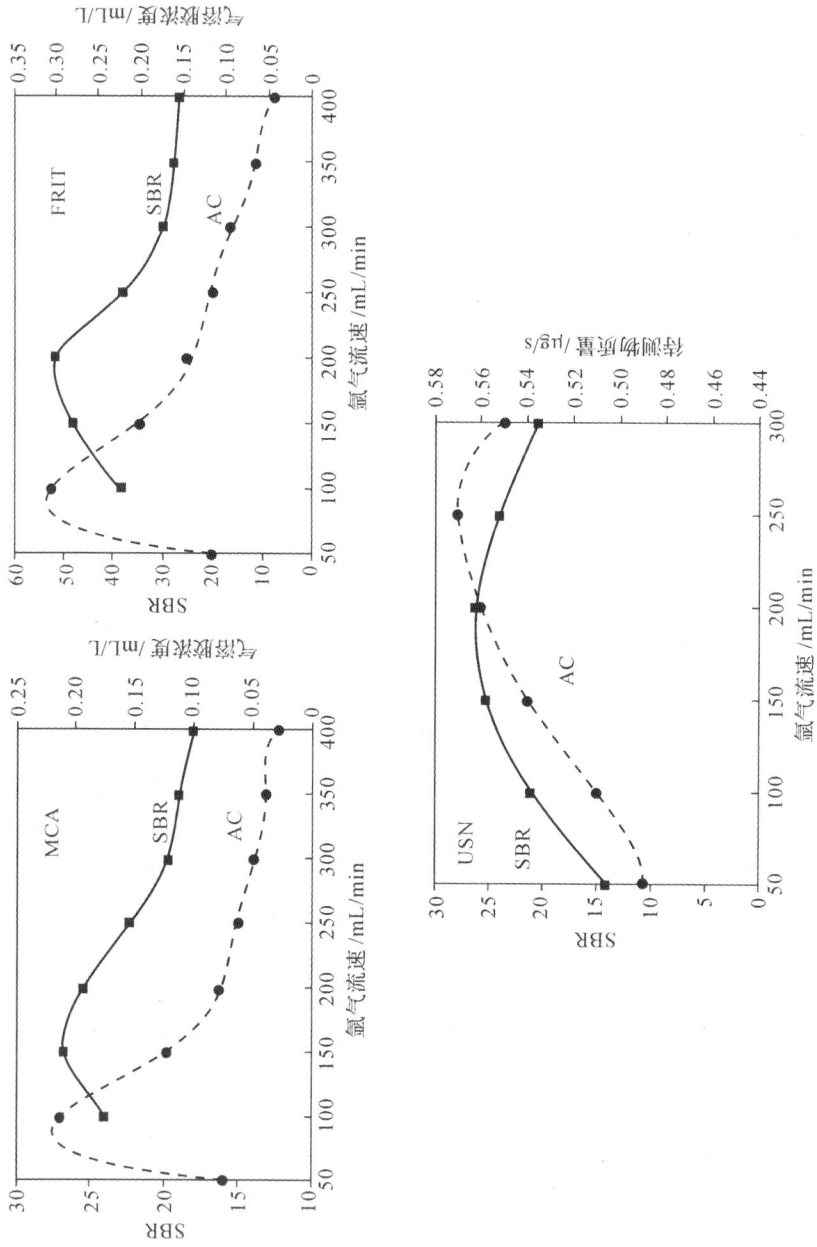

图 9.1　MIP-OES 三种不同雾化器中SBR与气溶胶浓度AC的关系：MCA，多通道毛细管阵列雾化器；FRIT，Frit气动雾化器；USN，超声雾化器

9.4　痕量分析用等离子体参数的优化

在标准的优化程序中,操作条件的确定是以光谱测量为基础的。有时,作为一项标准,需要考虑到所引入元素的发射强度。一个更好的选择是 SBR,它直接与测量灵敏度相联系。这在测定低浓度待测物时尤为重要。在选择好激发源、等离子体气体和合适的样品引入系统(在可能的情况下)后,通过优化仪器参数以减小背景噪声是个很好的做法。

业已证明,SBR 值可通过物理参数(例如放电管尺寸和所观察图像的几何形状)的优化而获得最大化。[19]对 He-MIP 来说,沿放电管直径方向任意位置的 SBR 都保持不变。已有报道称,脉冲操作的 MIP 可改善 SBR。[35]等离子体气体流量是决定 SBR 的最重要参数。[11]

使用氧屏蔽 Ar-MPT-OES,背景发射和噪声都可被明显降低,而被测元素谱线的发射强度则比纯氩 MPT-OES 有所增加或略微降低。[16]SBR 和 SNR 都明显得到了改善。结果是,检出限和测定精密度都得到了改善。

SNR 是噪音对分析的影响的定量计量,且它也很容易与检测精密度和检出限相关联。对影响 SNR 的因素及其效果和大小进行鉴别和表征,使得通过对分析方法的合理优化以获得改善的结果成为可能。Goode 和 Kimbrough[36,37]讨论了气相色谱用微波等离子体检测器中影响 SNR 的因素。该研究所考查的因素包括各种气体流量、单色仪的光学参数和电子测量参数(包括用于波长调制系统中的那些)。另外,业已证明,数据平滑也是一种提高 SNR 的手段。[38]

MWP 光源的分析能力不仅取决于等离子体气体的特性和操作条件,也取决于用于等离子体发生的耦合器件。如第 2 章和第 3 章所论述,自第一种谐振腔开发成功至今,这一最后因素已取得了重大进展。

9.5　仪器测试

通过谨慎控制某些仪器参数可以实现 MWP-OES 测量准确度的改进。除了小心地制备样品和选择合适的仪器安装部件及操作参数以外,操作者还应该确保仪器受到正常维护。MWP-OES 系统的主要部件包括激发光源、样品引入器件、光学系统和检测系统。整个 MWP-OES 系统的每一部分都可能会使分析性能变差。

等离子体气体组分（Ar、He、H、OH）的某一给定谱线的发射计数值可用于趋势分析。应该注意，用户在执行这些测试之前，通常都需要对 MWP-OES 系统进行预热，一般为 20～30min。然后，测量结果才能用于漂移诊断。

样品引入系统和微波耦合部分工作不正常是造成 MWP-OES 系统精密度和准确度较差的主要原因。一般而言，分析师应该牢记，任何会妨碍稳定工作的因素都是分析的误差来源。保持放电管和样品引入系统清洁非常重要，这样能确保样品稳定流至等离子体中。如果曾经用过含复杂基体的样品，有必要将系统拆开，用空白溶液运行数分钟以进行彻底清洗。阻抗匹配情况则需要每天都检查。

一些涉及仪器维护和性能检验的通用准则对于确保 MWP-OES 仪器能提供可接受的分析结果是有益的。这里所关注的分析性能特征包括：漂移、精密度、准确度、长期稳定性、以实际分辨率表示的选择性、鲁棒性、背景等效浓度和线性动态范围。这些信息可从谱线轮廓、谱线强度、信号或背景的相对标准偏差、SBR 和离子/原子谱线强度比值的测量中提取而得。

用于验证 ICP-OES 仪器性能的一套通用测试方法也可用于 MWP-OES 中。[39-43]一些简单的测试可以每天进行。其他一些较烦琐的测试程序可作为诊断测试偶尔使用。这些实验能够验证实际分辨率、离子化和激发效率、光吸收等。为了检验带有 MWP 系统的光谱仪的实际分辨率，可用 Cd(Ⅱ) 228nm 和 Ba(Ⅱ) 455nm 谱线分别检验紫外和可见光谱波段。[42]

等离子体的鲁棒性可用 Mg(Ⅱ) 279/Mg(Ⅰ) 285nm 线的比值或 H_β 线的展宽加以验证。Mg 原子/离子线的比值可为原子化和离子化效率提供一个间接估计。[43]该比值与样品组分和所使用的样品引入系统有关。对于用 TE$_{101}$ 腔维持的 Ar-MIP 和 He-MIP 以及所检验过的三种样品引入系统（带/不带去溶的液体雾化器和连续粉末引入系统），该比值分别在 2.5～5、1.6～3 和 3～19 范围内变化。[44]一般而言，MIP-OES 中的这个比值比 ICP-OES 中的要低；然而，对含碳基体的样品，用 ICP 获取的值接近于用 LA-ICP-OES 获得的值。[45]有趣的是，对用三相旋转场系统和不带去溶的液体雾化器系统维持的 He-MIP-OES，该比值超过了 4.5。[46]

参考文献

[1] K. Jankowski, D. Karmasz, A. Ramsza and E. Reszke. *Spectrochim. Acta*, *Part B*, 1997, 52: 1813-1823.

［2］A. J. McCormack, S. C. Tong and W. D. Cooke. *Anal. Chem.*, 1965, 37: 1470-1476.

［3］M. Caetano, R. E. Golding and E. A. Key. *J. Anal. At. Spectrom.*, 1992, 7: 1007-1011.

［4］J. Sanz, A. de Diego, J. C. Raposo and J. M. Madariaga. *Anal. Chim. Acta*, 2003, 486: 255-267.

［5］M. Murillo, N. Carrion, J. Chirinos, A. Gamiero and E. Fassano. *Talanta*, 2001, 54: 389-395.

［6］J. J. Urh and J. W. Carnahan. *Anal. Chem.*, 1985, 57: 1253-1255.

［7］H. Matusiewicz, M. Ślachciński, M. Hidalgo and A. Canals. *J. Anal. At. Spectrom.*, 2007, 22: 1174-1178.

［8］H. Matusiewicz, B. Golik and A. Suszka. *Chem. Anal.*, *Warsaw*, 1999, 44: 559-566.

［9］A. Bollo-Kamara and E. G. Codding. *Spectrochim. Acta*, *Part B*, 1981, 36: 973-982.

［10］M. Wu and J. W. Carnahan. *Appl. Spectrosc.*, 1992, 46: 163-168.

［11］K. Jankowski, A. Jackowska, A. P. Ramsza and E. Reszke. *J. Anal. At. Spectrom.*, 2008, 23: 1234-1238.

［12］G. Heltai, J. A. C. Broekaert, F. Leis and G. Tölg. *Spectrochim. Acta*, *Part B*, 1990, 45: 301-311.

［13］H. Matusiewicz. *Spectrochim. Acta*, *Part B*, 1992, 47: 1221-1227.

［14］M. Ohata, H. Ota, M. Fushimi and N. Furuta. *Spectrochim. Acta*, *Part B*, 2000, 55: 1551-1564.

［15］K. G. Michlewicz, J. J. Urh and J. W. Carnahan. *Spectrochim. Acta*, *Part B*, 1985, 40: 493-499.

［16］Q. Jin, W. Yang, F. Liang, H. Zhang, A. Yu, Y. Cao, J. Zhou and B. Xu. *J. Anal. At. Spectrom.*, 1998, 13: 377-384.

［17］T. H. Risby and Y. Talmi. *CRC Crit. Rev. Anal. Chem.*, 1983, 14: 231-265.

［18］S. R. Goode and J. N. Emily. *Spectrochim. Acta*, *Part B*, 1994, 49: 31-45.

［19］M. Selby, R. Rezaaiyaan and G. M. Hieftje. *Appl. Spectrosc.*, 1987, 41: 749-761.

［20］M. Ohata and N. Furuta. *J. Anal. At. Spectrom.*, 1997, 12:

341-347.

[21] H. Tanabe, H. Haraguchi and K. Fuwa. *Spectrochim. Acta*, *Part B*, 1983, 38: 49-60.

[22] D. Kollotzek, P. Tschöpel and G. Tölg. *Spectrochim. Acta*, *Part B*, 1982, 37: 91-96.

[23] Y. N. Pak and S. R. Koirtyohann. *Appl. Spectrosc.*, 1991, 45: 1132-1142.

[24] L. J. Galante, M. Selby, D. R. Luffer, G. M. Hieftje and M. Novotny. *Anal. Chem.*, 1988, 60: 1370-1376.

[25] K. Jankowski. *Spectrochim. Acta*, *Part B*, 2002, 57: 853-863.

[26] J. P. Matousek, B. J. Orr and M. Selby. *Spectrochim. Acta*, *Part B*, 1986, 41: 415-419.

[27] M. Selby, R. Rezaaiyaan and G. M. Hieftje. *Appl. Spectrosc.*, 1987, 41: 761-771.

[28] G. M. Greenway and N. W. Barnett. *J. Anal. At. Spectrom.*, 1989, 4: 783-787.

[29] A. Delgado, A. Usobiaga, A. Prieto, O. Zuloaga, A. de Diego and J. M. Madariaga. *J. Sep. Sci.*, 2008, 31: 768-774.

[30] A. M. Gonzalez and P. C. Uden. *J. Chromatogr.*, 2000, 898: 201-210.

[31] H. Matusiewicz and M. Ślachciński. *Microchem. J.*, 2006, 82: 78-85.

[32] J. D. Winefordner, E. P. Wagner II and B. W. Smith. *J. Anal. At. Spectrom.*, 1996, 11: 689-702.

[33] J. D. Winefordner, G. A. Petrucci, C. L. Stevenson and B. W. Smith. *J. Anal. At. Spectrom.*, 1994, 9: 131-143.

[34] K. Jankowski, D. Karmasz, L. Starski, A. Ramsza and A. Waszkiewicz. *Spectrochim. Acta*, *Part B*, 1997, 52: 1801-1812.

[35] M. M. Mohamed and Z. F. Ghatass. *Fresenius' J. Anal. Chem.*, 2000, 368: 449-455.

[36] S. R. Goode and L. K. Kimbrough. *Spectrochim. Acta*, *Part B*, 1987, 42: 309-322.

[37] S. R. Goode and L. K. Kimbrough. *J. Anal. At. Spectrom.*, 1988, 3: 915-918.

[38] K. J. Mulligan, M. Zerezhgi and J. A. Caruso. *Spectrochim. Acta, Part B*, 1983, 38: 369-375.

[39] J. M. Mermet and E. Poussel. *Appl. Spectrosc.*, 1995, 49: 12A-18A.

[40] E. Poussel, J. M. Mermet and O. Samuel. *Spectrochim. Acta, Part B*, 1993, 48: 743-755.

[41] M. Carre, E. Poussel and J. M. Mermet. *J. Anal. At. Spectrom.*, 1992, 7: 791-797.

[42] J. M. Mermet. *J. Anal. At. Spectrom.*, 1987, 2: 681-686.

[43] J. M. Mermet. *Anal. Chim. Acta*, 1991, 250: 85-94.

[44] A. Jackowska. *PhD Thesis*. Warsaw: Warsaw University of Technology, 2006. In Polish.

[45] A. C. Ciocan, X. L. Mao, O. V. Borisov and R. E. Russo. *Spectrochim. Acta, Part B*, 1998, 53: 463-470.

[46] K. Jankowski, A. P. Ramsza, E. Reszke and M. Strzelec. *J. Anal. At. Spectrom.*, 2010, 25: 44-47.

第 10 章

MWP-OES 的分析性能

10.1 简介

OES 中的等离子体技术，包括 MWP 技术，具有很多优势，因而是最受欢迎的分析技术之一。用 MWP 作为激发光源并结合溶液雾化技术，可以测定 70 多种痕量元素（检出限为 0.1～4000ppb）。[1-6] 尤其是氦 MWP，它的独特性质使其可以测定非金属元素，且绝对检出限可达皮克水平。

MWP 与样品蒸气发生技术相结合，可以实现无基体效应的待测物激发，若再加上捕集技术，即可以实现具有很高灵敏度和选择性的测定。正是由于氦等离子体对气态金属和非金属均可获得低检出限，再加上较低的运行费用，使得 MWP 尤其具有吸引力。除了能够在很宽的浓度范围内检测许多元素外，这种等离子体 OES 技术的另一个重要优势是可以在一次运行中同时检测多种元素。此外，该技术还具有高精密度、高准确度及宽线性动态范围的特征，其中最后一点可以使样品中的待测物浓度更容易符合测量范围。而且，当应用 MWP-OES 时，所观察到的光谱干扰也相对较小。

宽线性动态范围（linear dynamic range，LDR）是等离子体光学发射光谱法的一个重要特征。根据待测元素不同以及特定的等离子体结构，响应的线性区间通常为 2.5～5 个数量级。对于 ICP 技术，线性动态范围甚至可以达到 5 个数量级。而 MWP 技术的线性动态范围稍窄，通常为 3～4 个数量级。[1-6] 例如，Ng 和 Shen[7] 获得了多种元素在 0.1～100mg/L 范围内的线性相关性 $I = f\log C$。当测定地下水中几种元素的分析曲线时，也获得了类似的结果。[8] 然而，有些元素只能获得相对较窄的线性范围。[7-9] 对于碱金属，其线性范围的上限还会受所发生的自吸收所限制。对于 GC-MIP 方法和其他以气态形式将样品引入等离子体的方法，校准曲线的线性范围甚至可达 5 个数量级。

MWP-OES 的精密度与准确度可以满足大多数痕量元素分析的要求。尽管有一些干扰存在,但现代的信号补偿技术使分析工作者可以开展非常准确的分析。对于用溶液雾化法进样的 MWP-OES,当样品浓度远高于检出限时,典型的精密度值在 1%～4%区间。[1-6]MWP-OES 的精密度通常是在连续雾化一个稀的、合成溶液样品的过程中通过多次测定待测物浓度而获得的。采用较长的积分时间,再加上信号处理技术,可以获得更好的精密度。

10.2　MWP-OES 中的干扰

在 OES 中,由基体引起的干扰可以分为两类:光谱干扰和非光谱干扰。光谱干扰是任何光源都存在的一个问题,尤其是采用低分辨率分光仪的时候。幸运的是,氮和氩 MWP 与其他等离子体相比,只产生相对简单且强度较低的背景发射。其中,主要是源自连续辐射、分子和原子发射的光谱干扰,通常它们在可见区比在紫外区更加显著。

光谱干扰主要来自等离子体气体中的杂质或大气组分(如 CO_2、H_2O、N_2)。其中,由羟基自由基和氮气分子等组分的分子谱带与线状结构所产生的干扰已被人们所熟知。为了区分这些分子组分与待测原子,采用高分辨率的光谱仪是必要的,这一点已经在第 5 章中讨论过。

在 MWP-OES 中遇到的不同背景干扰包括:干扰谱线或谱带与待测谱线的直接波长重合、由邻近干扰谱线与待测谱线部分重叠引起的侧翼重叠或谱线变宽,以及升高或降低的连续背景。分子谱带结构可能源自待测样品中的某些组分,或者源自待测物发射下面的背景结构的一部分。这些干扰中的每一种都有相应的校正技术,它们与其他 OES 方法中的技术类似。其中,侧翼重叠干扰的消除通常只有通过提高分辨率才能实现。但数学模型可以用来校正这种类型的干扰。然而,唯一有把握的解决方案仍是为待测元素选择一个无干扰的波长。部分重叠干扰中的谱线变宽类型可以通过测定待测波长两侧的背景来加以校正。

10.2.1　微波等离子体中的非光谱干扰

尽管 MWP 作为 OES 的光源有许多优点,但同时也存在一些明显的局限。例如,低功率 MWP 有大量的基体干扰,并且受样品引入的影响严重。这些非光谱干扰分为化学干扰和物理干扰。它们可以发生在等离子体中,或者发生在样品雾化、去溶和传输的过程中。基本上,MWP-OES 中的基体效应与在其他等离子体 OES 中观察到的类似。发生在液体进样系统中的物理干扰包括雾化器干扰和去溶干扰。雾化器干扰与由于溶液的挥发性或表面张力不同而导致的气溶胶生成效率的变化有关。气动雾化还会受到水溶液样品中的高盐浓度影响,因为其可以影响雾化效率,进而影响检测的灵敏度。去溶干扰的发生是由于去溶装置的使用,它与溶剂的蒸发有关。

猝灭效应是 MWP 光源经常遇到的物理干扰之一。这一效应在某种程度上取决于所引入组分的性质,对于水及一些分子组分尤为明显,这是因为大量的微波能量被消耗于分解这些分子了。很显然,这一局限限制了 MWP 的样品使用量。不管应用哪种类型的 MWP,水的存在都会使待测物的发射显著降低。如果样品基体包含高挥发性化合物,还会影响蒸发速率和待测物的激发效率。[10,11]对于卤素的离子发射尤其如此,这在使用去溶系统时可以很容易地观察到。[12]

化学干扰与待测物的蒸发、原子化及激发过程都伴随着涉及其他样品组分的化学反应。[1,2,13]稳定化合物形成干扰是指因在等离子体中形成了稳定组分而使待测元素的原子化效率降低所致的干扰。钙的发射在磷酸盐[14,15]或铝[16]存在时的降低是 OES 的典型例子。而钙在 MWP 中的发射已被证明仅受磷酸盐的轻微影响或者不受影响,并且其他阴离子也没有影响。对于 MWP,这种类型的干扰可以通过加入锶作为光谱缓冲剂而加以消除。[17]另外,在 MWP 中,待测物形成稳定氧化物的现象也不明显。[18—20]

离子化干扰通常与易电离元素(easily ionizable element,EIE)所引起的基体效应有关。它已经在各种微波等离子体和样品引入技术中被大量研究。[1—3,13,17—20]总体上,基体易电离元素会导致电离平衡发生偏移,其幅度取决于待测物和易电离元素的电离电位以及所选用的波长(原子线还是离子线)。对于 SN-MWP-OES,当有或没有去溶系统时,很多研究人员都观察到了离子化干扰方面的巨大差异,说明了该现象的复杂性。发生于 MIP 中的这些过程已通过测量选定的 35 种元素的发射进行了研究,引起了人们对基体效应的特征及其严重程度的关注。所获得的结果以待测元素的光谱化学参数及可能的激发原理为基础进行了解释。[18]为了定量地描述这一影响,引入了信号增强因子,它是某一元素在所研究的整个 EIE 浓度范围内的最大信号与没有基体加入时信号的比值。大多数原子线在钠元素存在时会增强,而所有测试过的离子线都减弱。这可以用电离平衡的偏移加以解释。按照所观测到的该效应的不同,选取了 4 组元素。只有元素 B、V、Mo、Ti 和 Zr 的信号随着金属—氧键解离能的增加而降低。样品基体中难熔元素的存在有时会同时引起蒸发和激发干扰问题。该研究得出结论,在 MIP 中所观测到的原子线可分为软线和硬线,这与 ICP-OES 类似[21],取决于所测得的增强因子的值。

EIE 在 Beenakker 谐振腔系统中可以使待测物发射明显增强,但在 Surfatron 系统中,即使在更高的 EIE 浓度下,该影响也小得多。对于 Beenakker 腔光源,在没有 EIE 时,待测物似乎不能很好地透入等离子体的热区。而在 Surfatron 系统中,即使没有 EIE,等离子体中央通道也可以使待测物更好地透入等离子体中。[22]与 Surfatron 系统相比,MPT 的基体效应更低。然而,由于在低功率下工作,该效应仍然比较严重。

在 MWP 中另一种常见干扰是:当碱金属卤化物盐存在时,待测物的发射显著增强。[23,24]如果有碱金属以氯化物的形式引入等离子体中,可以观察到额外的信号增强现象,这与待测元素形成易挥发的氯化物有关。[18,25]对于一些元素,可以观察到非常强的信号增强现象(例如 Mn,提高 1000 倍)[24],尤其是在用热蒸发作为 MIP 的进样方法时。

为了解释低电离电位元素所引起的基体效应的本质,提出了几种等离子体中存在的反应机理:电离平衡偏移、增强的碰撞激发、增强的待测物穿透作用[26]、溶剂蒸发效应、共存阴离子效应及其他。[13,27-30]基体对雾化效率和气溶胶向等离子体传输的影响也引起了关注。[31,32]总体上,没有任何一种机理足以解释所有观察到的现象,表明这是多种因素对激发条件发生影响的结果。

EIE 的存在不仅可以导致化学干扰发生,而且会改变放电管横截面的空间发射分布,这与待测物向等离子体的穿透作用或双极扩散作用增强有关。[13,22,33-38]通过加入 EIE,氩的发射强度沿远离等离子体中心的方向降低的速率远快于待测物,因此可以通过选择合适的观测位置使光谱干扰最小化。但是对于由 OH 带引起的干扰,没有观察到类似的关系。[38]

由于改善了样品耐受力,MPT 的原子发射受样品酸度的影响并不显著。[39]这为样品的前处理提供了更多的方便和灵活性,同时也使测定方法更加皮实耐用。

Atsuya 等[25]研究了盐酸对锰和铜发射的影响,发现盐酸可以明显增强氯化钾的作用。他们认为,氯化钾可以使样品从电热丝上以氯化物形式蒸发。

前面的章节中已经讨论过,MWP 对有机样品的耐受力相对较低。但是,当向 GC-MIP-OES 引入的样品足够少时,有一个优势是:不管待测物的分子结构如何,每种卤族元素的响应几乎一致。[40]尽管有猝灭效应,碳沉积在放电管壁上可能还是一个问题。当分析含有机物的溶液时,定期清除放电管上的碳沉积是必要的。有时要向 MWP 中加入一些掺杂气体(O_2、N_2、H_2),它们通常可起碳氢化合物清除剂和碳沉积消除剂的作用。[41,42]

10.3 校准方法

　　MWP-OES 是一种比较式分析方法,因而需要校准。通过测量一组已知组成的标准溶液的发射强度来进行外部校准是最常用的方法。实际上,校准是分析准备工作中最重要的部分,因为最终的分析结果绝不可能比校准本身更可靠。校准关系随后用于从所测得的发射强度计算出未知样品中待测物的浓度。为了避免发生错误,在使用这个关系时必须格外小心。

　　通常,样品是以溶液形式提供的,这是因为其具有均匀性,且容易处理,有制备校准用标样的可能性。所用校准的类型对于降低基体效应起着至关重要的作用。采用未经基体匹配的合成标样建立的校准往往会导致不准确的结果,特别是当基体浓度变高的时候。稀释样品溶液可以有效降低基体效应,但这是以降低检测能力为代价的。关于样品制备与干扰校正的一个重要概念是基体匹配。基体匹配就是要制备校准溶液,使其主要成分与待测样品相匹配。这既包括溶剂的匹配,同时也要使酸及其他溶质的浓度相匹配。但不幸的是,样品的成分应该都只能大概地了解。当制备用于校准过程的空白样品溶液时,最好是使空白溶液的基体与待用的标准溶液基体完全匹配。

　　当上述方法不能解决实际问题时,可以考虑标准加入法。在线标准加入法比离线标准加入法更方便,消耗的样品更少,且可以消除基体干扰和光谱干扰。[43,44]内标法很少用于 MWP-OES,它可能会引起额外的误差,尽管 MWP 产生的背景水平通常较低。因此,标准加入法由于其准确的基体匹配作用是最值得信赖的用以校正非光谱干扰的方法。但是,这种方法比较耗时,因为需要制备很多样品,而且在大多数时候还需要额外的稀释步骤。

　　尽管被很好地研究过的 MWP 可用于 OES,但迄今为止,这种方法仍没有在日常工作中得到广泛应用。在 MWP-OES 中,获得覆盖 2 个、3 个甚至更多数量级的线性校准曲线是可能的。用于校准过程的标样应该覆盖待分析样品的整个组成范围。尽管外推法用在 MWP-OES 中是可行的,因为它的校准曲线主要是线性的,而且有时候由于缺少合适的参比材料,应用外推法也是必需的,但只要有可能就应避免使用外推法,因为这会增加结果的不确定性。基于净谱线信号的校准函数应该是通过原点的直线。单次测定结果在最佳拟合线周围的离散现象通常可忽略不计。标准样品净谱线信号的测量精密度可被用来很好地评估被测浓度的测量精密度。

　　在分析波长处的背景信号可以通过分析空白样品检测出来。当这种方法不可行时,可替代的方法包括分析参比材料与合成样品,但必须小心使用以确保所用试剂不被污染。

很难确定一个必需的、足够的标样数量以建立起一个好的校准曲线。一般来讲,随着标样数量的增加,校准的不确定性趋于降低,但所需的时间和成本也都会随之增加。实际上,所需标准样品的数量取决于预期的测量结果以及所要覆盖的组成范围。在一般的分析中,对于只需要 2 个回归参数(斜率和截距)的线性校准曲线,我们建议的最少标样数目为 5 个。由于 MWP-OES 的校准曲线一般是覆盖 3~4 个数量级的线性曲线,因而通常只需要测定 2 个标样与 1 个空白来重新校准 MWP 仪器。

当分析含有高浓度不同元素的固体样品或预计干扰比较显著时,需要增加标样的数量来建立校准曲线。如果需要覆盖较宽的组成范围,也要增加标样的数量。但在一些特殊的案例中,基体效应在一个很宽的浓度范围内出奇的小,因而用单独一个校准函数就可以了。[45]

10.4　MWP-OES 的一般分析特性

正如前面所提到的,MWP-OES 技术能用于分析多种元素,其检出限通常在 $\mu g/L$ 水平,绝对检测能力可以低至皮克水平。

迄今,将 MWP 用于原子光谱法做实际分析的应用仍十分有限,原因是缺少商用仪器,但这不包括气体样品,实际上它已经很好地被用作气相色谱的元素选择性检测器。[46-49] 例如,G2350A 检测器作为标准能够测定 7 种非金属元素,检出限为 1~150pg/s,线性动态范围覆盖 3~4 个数量级。

近年来,MPT-OES 仪器已被研制出来并商品化。该仪器的分析性能已由 Yang 等[4]进行了报道。用不同的进样技术对 56 种元素进行测定,检出限在 0.1~83$\mu g/L$ 区间。线性动态范围覆盖 2~4 个数量级,测量精密度一般为 1%~3% 的相对标准偏差。对比采用溶液雾化的 ICP-OES 和 Ar-MPT-OES 以及氧屏蔽 Ar-MPT-OES,结果显示,MPT 对于所测定的 15 种元素中的 8 种以及 10 种元素中的 5 种获得了更低的检出限。[50]

一种基于 Okamoto 腔的大功率氮 MIP 已经作为质谱的离子化源被商品化。但实际上,它已被作为一种激发源进行了研究。对于 As、Sb、Se、Bi、Te、Sn 和 Pb,当采用溶液雾化和氢化物发生技术时,检出限分别在 0.45~3mg/L 和 0.86~102$\mu g/L$ 区间,线性动态范围为 3~4 个数量级。[51]与 ICP-OES、ICP-MS 及 AAS 相比,这些检出限相对较高。

最近,出现了一种基于 MWP 的连续废气监测器,用于分析空气中的气溶胶,干、湿均可。当样品以液态气溶胶形式引入时,该 EPD1 监测器能够测定至少 12 种处于亚 ppb 水平的元素,而对于小的固体颗粒则获得了 0.088~4.3μg/m³ 的检出限。[52—54]日本还商品化了 2 种基于 MWP 的粒径分析仪,但它们的分析性能尚不明确。[55—58]

10.5 不同 MWP 技术的比较

许多因素都可以影响 MWP-OES 系统的检出限。所用基体的性质、工作压力、等离子体气体的类型与流速、采用的微波功率,以及所观测的等离子体的体积都有一定的影响。但 MWP 光源与进样技术的选择则起着主要作用。MWP-OES 技术在检测灵敏度方面的差异与不同的测定条件有关。一些元素在应用不同的溶液雾化(solution nebulization,SN)与 MWP-OES 系统时所获得的检出限见表 10.1。

表 10.1 基于不同 MWP 光源的 SN-MWP-OES 的检出限(ng/L)比较[2,4,8,59—61]

元素	LP-MIP[a]	MP-MIP[b]	MPT 侧视	MPT 端视	N_2-MIP	CMP[c]	TE_{101}	TEM
Al	1400	970	5.3	—	12	3	110	18
Ba	180	—	16	5.2	—	3100	110	20
Ca	40	—	0.15	—	3.1	2	3	0.5
Cd	0.7	1.5	6.7	2.5	24	6	5	7
Cr	90	6.0	10	2.4	24	9	50	14
Cu	15	1.8	16	3.3	2.3	90	20	7
Fe	650	6.2	4.7	—	13	12	60	27
Mg	63	3.9	3.1	0.49	2.2	2	7	3
Mn	18	2.1	2.4	—	6.9	—	25	10
Mo	420	—	37	4.1	180	—	500	—
Na	2	—	1.4	—	46	0.05	0.9	1.5
Ni	—	10	39	11	23	0.7	90	28
Pb	139	33	103	16.9	80	10	60	15
Ti	—	—	45	—	4.3	4	70	—
V	91	—	20	3.1	8.8	—	170	—
Zn	420	3.4	7.8	3.0	5.8	5000	15	8

注:[a] 表示低功率 MIP,[b] 表示中等功率 MIP,[c] 表示电容耦合微波等离子体。

在早期关于等离子体方法的研究中,认为 MIP 具有最小的测量精密度。[62]这可以从放电本身的不稳定性得到证明,其原因在于非对称的微波偶合。然而,最新的共振腔设计已经使这一问题获得大幅度改善。对溶液雾化的研究表明,气溶胶的质量对背景噪声也有非常大的影响。使用与低功率 MIP 兼容的雾化器(参见第 7 章)可以产生精细的气溶胶,因而短期精密度可达 2%~4%。[8]对于采用溶液雾化的 MPT-OES,报道的相对标准偏差在 1%~5%区间。[4,50]而 CMP-OES 的发射背景通常比其他 MWP-OES 高,故只有有限的精密度(5%~10%)。[2,59—61]

与 ETV 连用时,MWP-OES 是一种非常有用的、灵敏的微量样品分析方法。表 10.2 列出了一些元素应用不同的 ETV 技术所获得的检出限。

表 10.2　采用不同的 ETV-MWP-OES 分析系统获得的检出限(ng/L)比较[2,4,63—66]

	ETV-MIP[a]	TS-MIP[b]	TB-MIP[c]	GF-TE$_{101}$[d]	ETV-MPT	DSI-CMP[e]
Ag	—	—	—	4.0	3.0	12.0
As	120	600	—	120	—	—
Cd	0.2	20	500	8.0	(0.15)	4.0
Cu	30	50	650	24	(0.03)	7.0
Fe	500	—	500	55.0	—	—
Mn	—	—	—	11.0	135	16.0
Pb	—	300	100	56	12.0	12.0
Zn	400	20	400	—	(0.23)	5.0

注:[a] 表示电热蒸发 MIP,[b] 表示钽丝 MIP,[c] 表示钨丝 MIP,[d] 表示石墨炉 TE$_{101}$,[e] 表示样品直接插入 CMP;括弧中数值的单位为 pg。

氢化物发生装置与 MWP 相结合提供了一种非常灵敏的光谱方法。对此,有几种因素在起作用:引入等离子体的是气体样品,不会使等离子体过载;MWP可以采用相对较低的等离子体气体流速,以减少样品稀释并延长样品在等离子体区域的停留时间。表 10.3 比较了各种 MWP 装置结合不同的氢化物发生装置所获得的检出限。

表 10.3　基于不同 MWP 光源的 HG-MWP-OES 的检出限(ng/L)比较[2,4,67—69]

	TM$_{010}$	Surfatron	MPT	N$_2$-MIP	TEM	TE$_{101}$
As	0.32	1.3	5.4	3.0	4.0	1.0
Ge	0.04	—	—	—	7.0	3.0
Hg	0.5	0.9	1.4	—	6.0	2.6
Sb	6.1	0.39	2.5	1.9	2.0	5.0
Se	40	1.2	8.8	0.9	4.0	6.4
Sn	1.4	—	5.9	52.3	—	—

10.6 MWP 与其他等离子体光源的比较

MIP-OES 的分析性能与最流行的仪器方法的比较可以参见 Broekaert 和 Tölg 的综述[70,71]。各种光谱技术的综合比较可以参考 Winefordner 等[72]的工作。与其他类型的等离子体光源相比,MWP 提供了一些非常吸引人的特点,例如,对金属和非金属元素的高激发效率,可以使用各种气体进行工作,简单,仪器成本及维护成本低等。MWP 是一种用于元素测定的强有力的可选光源,已经广泛地被用于原子光谱分析领域。它显示出了与 ICP 相似的分析潜力,而且由于其较低的运行费用,可成为一种与 ICP 相竞争的技术。由于 MWP 在样品激发机理方面的某种特性,又使其为非金属元素,如氮、氯或氟的测定提供了有利条件。另外,MWP 还具有很好的激发卤素的能力,因此可以利用紫外和可见谱线在 μg/mL 水平上对它们进行定量。

表 10.4 列举了一些元素应用溶液雾化进样技术和不同的等离子体激发光源,以及应用火焰原子吸收光谱法(flame atomic absorption spectrometry, FAAS)所获得的检出限。通常认为,在各种等离子体发射光谱分析技术中,ICP 方法可以获得最好的元素检测结果。其他两种等离子体,MIP 和 DCP 的灵敏度稍低,而 FAAS 在很多情况下是最不灵敏的。

表 10.4 各种光谱分析技术的检出限(ng/mL)比较[2,62,73—75]

元素	MIP-OES	ICP-OES	DCP-OES	MINDAP-OES[a]	FAAS
Ag	10	7	—	—	2
Al	60	23	15	13	20
As	30	53	—	—	150
B	10	4.8	10	—	6000
Ba	100	1.3	—	15	10
Ca	10	0.2	0.5	1.2	1
Cd	0.12	2.5	—	1.7	2
Cr	25	6	1	—	3
Cu	9	5.4	1	—	1
Fe	8	4.6	5	280	10
K	2	—	10	5.4	1
Mg	0.6	0.15	0.1	13	0.1

续表

元素	MIP-OES	ICP-OES	DCP-OES	MINDAP-OES[a]	FAAS
Mn	6	1.4	2	—	2
Na	1.8	29	—	0.29	0.2
Ni	35	10	1	5.3	2
P	90	76	100	—	—
Pb	10	42	13	84	10
Ti	6	3.8	—	—	90
V	80	5	—	47	20
Zn	10	1.8	4	120	1

注：[a] 表示常压微波诱导氮放电 OES。

更详细的研究表明，MWP-OES 已成功地与 ICP-OES 展开竞争。对于一些元素，MWP 甚至表现出比氩 ICP 更优越的性能。[8,50]Ohata 和 Furuta[61] 通过比较大功率氮 MIP-OES 与 ICP-OES 发现，ICP 可以获得相同或更优的结果。对于 Al、Cu、Pb 和 Sn 元素，它们的检测能力相似。但是，应用 Okamoto 腔的 N_2-MIP 原子质谱仪的分析性能与 Ar-ICP 原子质谱仪相当。

表 10.5 比较了 ETV 技术与常见光谱技术相结合时的分析性能。总体上，MIP 方法可以获得同等的检出限，或者对于一些元素，包括非金属元素（如 Br）有更好的检出限。

表 10.5　各种光谱技术与 ETV 联用时的绝对检出限（pg）比较[74,76,77]

元素	ETV-MIP-OES	ETV-ICP-OES	GF-AAS
Ag	1.6	1.0	6.0
Al	13	7.5	60
As	120	200	60
Br	100	n.d.	n.d.
Ca	1.0	0.002	45
Cd	2.8	1.0	1.8
Cu	0.13	0.35	45
Fe	10	20	300
Hg	0.5	10	—
K	0.4	550	15
Mg	0.3	0.01	1.0
Ni	100	4.5	150

续表

元素	ETV-MIP-OES	ETV-ICP-OES	GF-AAS
P	660	100	15
Pb	0.6	4.0	0.7
Se	16	6.0	20
Ti	18	6.0	60 000
Zn	0.4	0.25	0.1

注:n.d.表示数据不详。

Matusiewicz 和 Sturgeon[78] 通过先在石墨炉中捕获并蒸发,再用等离子体发射光谱或原子吸收光谱检测的方法测定了一些氢化物的组成元素。该 GF-MIP-OES 的元素检出限只比 ICP 等离子体或 GF-AAS 方法稍差一点。

尽管 ICP 光源可以为元素分析提供高灵敏度,但却难以将它整合到低成本的小型仪器中,这是因为其复杂的结构、相对大而重的电源系统,以及较高的维持气体流量。而 MWP 则可以在相当低的功率及气体流量下维持,这使得它在现场实时废物流监测领域是最适合的光源。

参考文献

[1] A. E. Croslyn, B. W. Smith and J. D. Winefordner. *CRC Crit. Rev. Anal. Chem.*, 1997, 27: 199-255.

[2] Q. Jin, Y. Duan and J. A. Olivares. *Spectrochim. Acta, Part B*, 1997, 52: 131-161.

[3] J. A. C. Broekaert and U. Engel. In: R. A. Meyers. *Encyclopedia of Analytical Chemistry*. Chichester: Wiley, 2000: 9613-9667.

[4] W. Yang, H. Zhang, A. Yu and Q. Jin. *Microchem. J.*, 2000, 66: 147-170.

[5] K. Jankowski. *Chem. Anal.*, *Warsaw*, 2001, 46: 305-327.

[6] K. Wagatsuma. *Appl. Spectrosc. Rev.*, 2005, 40: 229-243.

[7] K. C. Ng and W. L. Shen. *Anal. Chem.*, 1986, 58: 2084-2087.

[8] K. Jankowski. *J. Anal. At. Spectrom.*, 1999, 14: 1419-1423.

[9] P. G. Brown, D. L. Haas, J. M. Workman, J. A. Caruso and F. L. Fricke. *Anal. Chem.*, 1987, 59: 1433-1436.

[10] L. R. Layman and G. M. Hieftje. *Anal. Chem.*, 1975, 47: 194-202.

[11] R. K. Skogerboe and G. N. Coleman. *Anal. Chem.*, 1976, 48: 611A-622A.

[12] Y. Okamoto. *Jpn. J. Appl. Phys.*, 1999, 38: L338-L341.

[13] J. P. Matousek, B. J. Orr and M. Selby. *Spectrochim. Acta, Part B*, 1986, 41: 415-429.

[14] G. L. Long and L. D. Perkins. *Appl. Spectrosc.*, 1987, 41: 980-985.

[15] C. I. M. Beenakker, B. Bosman and P. W. J. M. Boumans. *Spectrochim. Acta, Part B*, 1978, 33: 373-381.

[16] G. F. Larson and V. A. Vassel. *Anal. Chem.*, 1976, 48: 1161-1166.

[17] J. O. Berman and K. Bostrum. *Anal. Chem.*, 1979, 51: 516-520.

[18] K. Jankowski and M. Dreger. *J. Anal. At. Spectrom.*, 2000, 15: 269-276.

[19] J. J. Urh and J. W. Carnahan. *Anal. Chem.*, 1985, 57: 1253-1255.

[20] Z. Zhang and K. Wagatsuma. *Spectrochim. Acta, Part B*, 2002, 57: 1247-1257.

[21] M. W. Blades and G. Horlick. *Spectrochim. Acta, Part B*, 1981, 36: 861-883.

[22] M. Selby, R. Rezaaiyaan and G. M. Hieftje. *Appl. Spectrosc.*, 1987, 41: 761-771.

[23] J. F. Alder and M. T. C. da Cuhna. *Can. J. Spectrosc.*, 1980, 25: 32.

[24] H. Kawaguchi and B. L. Vallee. *Anal. Chem.*, 1975, 47: 1029-1034.

[25] I. Atsuya, H. Kawaguchi, C. Veillon and B. L. Vallee. *Anal. Chem.*, 1977, 49: 1489-1491.

[26] D. D. Nygaard and T. R. Gilbert. *Appl. Spectrosc.*, 1981, 35: 52-56.

[27] M. W. Blades and G. Horlick. *Spectrochim. Acta, Part B*, 1981, 36: 881-900.

[28] M. R. Tripković and I. D. Holclajtner-Antunović. *J. Anal.*

At. Spectrom., 1993, 8: 349-359.

[29] G. D. Rayson and G. M. Hieftje. *Spectrochim. Acta, Part B*, 1986, 41: 683-697.

[30] M. H. Miller, D. Eastwood and M. S. Hendrick. *Spectrochim. Acta, Part B*, 1984, 39: 13-56.

[31] R. K. Skogerboe and K. W. Olson. *Appl. Spectrosc.*, 1978, 32: 181-187.

[32] K. O'Hanlon, L. Ebdon and M. Foulkes. *J. Anal. At. Spectrom.*, 1997, 12: 329-331.

[33] K. Tanabe, H. Haraguchi and K. Fuwa. *Spectrochim. Acta, Part B*, 1983, 38: 49-60.

[34] M. Ohata and N. Furuta. *J. Anal. At. Spectrom.*, 1997, 12: 341-347.

[35] Y. N. Pak and S. R. Koirtyohann. *Appl. Spectrosc.*, 1991, 45: 1132-1142.

[36] M. Selby, R. Rezaaiyaan and G. M. Hieftje. *Appl. Spectrosc.*, 1987, 41: 749-761.

[37] J. P. Matousek, B. J. Orr and M. Selby. *Spectrochim. Acta, Part B*, 1984, 38: 231-239.

[38] K. Jankowski. *Spectrochim. Acta, Part B*, 2002, 57: 853-863.

[39] Q. Jin, H. Zhang, Y. Wang, X. Yuan and W. Yang. *J. Anal. At. Spectrom.*, 1994, 9: 851-856.

[40] N. A. Stevens and M. F. Borgerding. *Anal. Chem.*, 1998, 70: 4223-4227.

[41] A. Besner and J. Hubert. *J. Anal. At. Spectrom.*, 1988, 3: 381-385.

[42] T. Maeda, K. Wagatsuma and Y. Okamoto. *Anal. Bioanal. Chem.*, 2005, 382: 1152-1158.

[43] Y. Israel and R. M. Barnes. *Anal. Chem.*, 1984, 56: 1188 1191.

[44] D. Ye, H. Zhang, J. Yu and Q. Jin. *Chem. Res. Chin. Univ.*, 1995, 16: 1871.

[45] K. Jankowski, A. Jackowska, P. Łukasiak, M. Mrugalska and A. Trzaskowska. *J. Anal. At. Spectrom.*, 2005, 20: 981-986.

[46] P. C. Uden. *J. Chromatogr. A*, 1995, 703: 393-416.

[47] R. E. Sievers. *Selective Detectors*. New York: Wiley, 1995.

[48] L. L. P. van Stee and U. A. T. Brinkman. *Trends Anal. Chem.*, 2002, 21: 618-626.

[49] L. L. P. van Stee and U. A. T. Brinkman. *J. Chromatogr. A*, 2008, 1186: 109-122.

[50] Q. Jin, W. Yang, F. Liang, H. Zhang, A. Yu, Y. Cao, J. Zhou and B. Xu. *J. Anal. At. Spectrom.*, 1998, 13: 377-384.

[51] A. Matsumoto and T. Nakahara. *Can. J. Anal. Sci. Spectrosc.*, 2004, 49: 334-345.

[52] *Real-Time Air Particulate Monitor EPD1*, *Data Sheet*. Elemetric Instruments, 2004.

[53] Y. Duan, Y. Su, Z. Jin and S. P. Abeln. *Rev. Sci. Instrum.*, 2000, 71: 1557-1563.

[54] Y. Duan, Y. Su, Z. Jin and S. P. Abeln. *Anal. Chem.*, 2000, 72: 1672-1679.

[55] H. Takahara, M. Iwasaki and Y. Tanibata. *IEEE Trans. Instrum. Meas.*, 1995, 44: 819-823.

[56] S. Tamura, T. Kikuchi, H. Takahara, M. Mishima and Y. Fujii. *Polar Meteorol. Glaciol.*, 2001, 15: 124-132.

[57] K. Kobayashi, A. Sato, T. Homma and T. Nagatomo. *Jpn. J. Appl. Phys.*, 2005, 44: 1027-1030.

[58] H. Saitoh, K. Kawahara, S. Ohshio, A. Nakamura and N. Nambu. *Sci. Technol. Adv. Mater.*, 2005, 6: 205-209.

[59] D. L. Haas and J. A. Caruso. *Anal. Chem.*, 1984, 56: 2014-2019.

[60] L. Zhao, D. Song, H. Zhang, Y. Fu, Z. Li, C. Chen and Q. Jin. *J. Anal. At. Spectrom.*, 2000, 15: 973-978.

[61] M. Ohata and N. Furuta. *J. Anal. At. Spectrom.*, 1998, 13: 447-453.

[62] A. T. Zander. *Anal. Chem.*, 1986, 58: 1139A-1149A.

[63] K. Chiba, M. Kurosawa, K. Tanabe and H. Haraguchi. *Chem. Lett.*, 1984: 75-78.

[64] F. L. Fricke, O. Rose, Jr. and J. A. Caruso. *Talanta*, 1976, 23: 317-320.

[65] Q. Jin, H. Zhang, W. Yang, Q. Jin and Y. Shi. *Talanta*, 1997,

44: 1605-1614.

[66] J. Yang, J. Zhang, C. Schickling and J. A. C. Broekaert. *Spectrochim. Acta*, *Part B*, 1996, 51: 551-562.

[67] H. Matusiewicz and M. Kopras. *J. Anal. At. Spectrom.*, 2003, 18: 1415-1425.

[68] H. Tao and A. Miyazaki. *Anal. Sci.*, 1991, 7: 55-59.

[69] T. Nakahara. *Anal. Sci.*, 2005, 21: 477-484.

[70] J. A. C. Broekaert and G. Tölg. *Fresenius' Z. Anal. Chem.*, 1987, 326: 495-509.

[71] J. A. C. Broekaert. *Anal. Chim. Acta*, 1987, 196: 1-21.

[72] J. D. Winefordner, E. P. Wagner II and B. W. Smith. *J. Anal. At. Spectrom.*, 1996, 11: 689-702.

[73] R. K. Winge, V. J. Peterson and V. A. Fassel. *Appl. Spectrosc.*, 1979, 33: 206-209.

[74] B. Welz. *Atomic Absorption Spectrometry*. Weinheim: Verlag Chemie, 1985.

[75] R. D. Deutsch, J. P. Keilsohn and G. M. Hieftje. *Appl. Spectrosc.*, 1985, 39: 531-534.

[76] J. M. Carey and J. A. Caruso. *CRC Crit. Rev. Anal. Chem.*, 1992, 23: 397-439.

[77] H. Matusiewicz. *Spectrochim. Acta Rev.*, 1990, 13: 47-68.

[78] H. Matusiewicz and R. E. Sturgeon. *Spectrochim. Acta*, *Part B*, 1996, 51: 377-397.

第 11 章

MWP-OES 在分析领域的应用

11.1 微波等离子体光谱技术:应用概览

MWP 已在光谱分析技术中得到越来越多的应用。与其他激发光源相比,这种等离子体具有备受瞩目的多种重要特性。例如,可以获得较高的激发效率,尤其是在用氦等离子体的条件下。这类光源的标志性特点是:对非金属元素,特别是氦 MWP-OES 对卤素,可获得低检出限。它能对几乎所有的元素进行痕量检测。MWP-OES/MS 的通用性使其成为适合很多领域应用的分析技术。这不仅因为它可对许多元素快速地进行痕量分析,同时也归功于有多种光谱技术能使用 MWP。在分析光谱领域,已有大量不同的 MWP 技术被验证,新的等离子体光源不断地被设计出来或者被改进完善。早期的 MWP 对液体样品的耐受力相对较低,且所有 MWP 都或多或少受基体效应的影响,这使 MWP 的样品引入技术得到了深入细致的研究。所以,已有适用于 MWP 的多种不同的样品引入技术被开发出来。这使得 MWP 被引入许多光谱技术中:吸收、发射、荧光光谱,质谱及其联用技术。其中,GC-MIP-OES 被认为是所有应用 MWP 的分析技术中最成熟和强有力的一种。

表 11.1 列出了几个涉及 MWP 的光谱技术实例。第一组中,MWP 被用作 OES 多元素分析中的激发和辐射源,在这里根据所研究样品形式的不同而使用了不同的样品引入技术。从这些 MWP 的应用中可以看出,与不同色谱技术的联用在 MWP-OES 的应用中有着重要地位。特别是 GC-MIP-OES,已经在现代痕量分析和形态研究中确立了其地位。[30—35] 该技术被用于包含杂原子(如 N、S、Cl、Br、F、P 和 Si)的有机化合物和有机金属化合物的痕量分析。[30—32] 其优点是利用了色谱方法的高分辨率和检测技术的高灵敏度(对于许多元素达到 pg/s 水平)及选择性。使用 MWP 的光学发射光谱法还作为一种检测手段被用于多种液相色谱、毛细管电泳和流动注射分析中。

表 11.1 MWP 光谱技术

样品引入技术	光谱技术	缩写	参考文献
载气进样	发射光谱	GS-MWP-OES	[1,2]
电热蒸发	发射光谱	ETV-MWP-OES	[3,4]
液体雾化	发射光谱	SN-MWP-OES	[5—10]
氢化物发生	发射光谱	HG-MWP-OES	[11—14]
冷蒸气发生	发射光谱	CV-MWP-OES	[15,16]
化学蒸气发生	发射光谱	CVG-MWP-OES	[17,18]
激光烧蚀	发射光谱	LA-MWP-OES	[19—21]
火花烧蚀	发射光谱	SA-MWP-OES	[22,23]
样品直接插入	发射光谱	DSI-MWP-OES	[24]
连续粉末进样	发射光谱	CPI-MWP-OES	[25,26]
流动注射	发射光谱	FI-MWP-OES	[27—29]
气相色谱法	发射光谱	GC-MWP-OES	[30—35]
超临界流体色谱法	发射光谱	SFC-MWP-OES	[36,37]
液相色谱法	发射光谱	LC-MWP-OES	[38,39]
高效液相色谱法	发射光谱	HPLC-MWP-OES	[40]
毛细管电泳法	发射光谱	CZE-MWP-OES	[41]
电热蒸发	原子吸收光谱	ETV-MWP-AAS	[42]
溶液雾化	原子吸收光谱	SN-MWP-AAS	[43,44]
气相色谱法	原子吸收光谱	GC-MWP-DDL-AAS	[45,46]
溶液雾化	原子荧光光谱	SN-MIP-AFS	[47—49]
电热蒸发	原子荧光光谱	ETV-MIP-LIF	[50]
载气进样	质谱分析法	GS-MIP-MS	[51,52]
氢化物发生	质谱分析法	HG-MIP-MS	[53]
化学蒸气发生	质谱分析法	CVG-MIP-MS	[54]
电热蒸发	质谱分析法	ETV-MWP-MS	[55]
溶液雾化	质谱分析法	SN-MWP-MS	[56—60]
溶液雾化	质谱分析法	SN-MWP-TOFMS	[61]
气相色谱法	质谱分析法	GC-MWP-MS	[62,63]
超临界流体色谱法	质谱分析法	SFC-MWP-MS	[64]
高效液相色谱法	质谱分析法	HPLC-MWP-MS	[65,66]
溶液雾化	腔衰荡光谱	SN-MWP-CRDS	[67]

注:CV,全称 cold vapour,可译为冷蒸气;DDL,全称 direct diode laser,可译为直接输出型二极管激光器;LIF,全称 laser induced fluorescence,可译为激光诱导荧光。

第二组光谱方法将微波等离子体仅仅用作原子化器。这种类型的等离子体已经被用于原子吸收光谱[42-46]、原子荧光[47-50]和衰荡光谱[67]中。有几种 MWP 系统是有效的离子化源,已用于质谱中。[51-66] 表 11.1 中一个很有趣的例子是:将低能量的微波等离子体用于有机分子的碎裂,以便使用质谱研究其结构。[65,68,69] 以上所有提及的非发射光谱技术将在下一章中进一步讨论。

本章将 MWP-OES 的应用领域大概分为四类:环境与水、临床、工业和地质。本书不打算对 MWP-OES 的应用领域进行彻底详尽的评述,对一些实例的讨论也只是为了让读者对该技术成功应用的领域有所了解。本章描述了 MWP 在实际环境材料分析中的几个实例,并讨论了它在工业样品分析和工艺流程控制中的可能应用。读者可以在一些综述中找到关于某些具体应用的详细信息。[3,4,29-34,70-79] 一些书籍[80-84]中选出的部分章节也可为某些特定的应用提供详细的信息。

11.1.1　分析的类型

获取定性的信息(即样品中存在何种元素)涉及确定待测元素特征波长处是否存在发射。一般来说,为了减小鉴定的不确定性,至少要检测出元素的三条特征谱线才能确定该待测元素的存在,这样才可能将其他元素谱线的偶然干扰引起的不确定性降到最低。幸运的是,对于大多数元素来说,MWP-OES 产生的高强度发射谱线数量相对较少,这减轻了由于光谱干扰引起的问题。

目前,光谱学方法是分析化学家进行元素分析的最常用工具。在原子发射和质谱领域,新的等离子体光源层出不穷并不断改进。多元素测定能力是这些方法的关键特征。如第 10 章中所述,MWP-OES 可为包括非金属在内的大多数元素提供适用的检出限。

大量研究已揭示,GC-MWP-OES 在确定有机化合物经验式方面有巨大潜力。非金属元素定量的需求使得只能选用 He 等离子体检测器,对于 MWP-OES 而言,更是如此。这要求检测器能以高灵敏度和高选择性同时对多种元素做出响应。最重要的是,检测器的响应必须与进入其中的样品量成正比。如果去溶后的分子能被完全解离成原子组分,我们就能获得溶质的经验式。Valente 和 Uden[85]论证了使用该种技术获得的经验式的有效性,并给出了经验式的计算方法。

最初的时候,人们对元素间比例的定量测定很乐观。[86-88] 但是,后来的工作者[85,89-94]发现,不同化合物中元素的发射光谱强度与许多操作条件有关,且有很大的不同。因此,完全不知来源的未知化合物的鉴定实际上很困难。尽管如此,与化合物无关的校准概念已被提出并仍在发展。[95-97] Huang 等[90]发表了确定几组同源碳氢化合物碳氢比的实验结果,表明准确度不会受不同参比化合物的影响。Kovacic 和 Ramus[98]证明,GC-MPD 对各种不同脂肪族、芳香族和杂环化合物的元素响应因子与化合物无关,在给定的化合物中,C、Cl、F、N 和 O 原子数测定的相对标准偏差在 3% ~ 6% 区间。多氯联苯(polychlorinated biphenyls,PCB)、硫醇和二醇的经验式在低待测物水平时处于 5% ~ 10% 区间[86],同时多种有机砷化合物中测砷碳比的准确度为±10%[99]。Stuff 等[100]发现,GC-MPD 技术是筛选化学武器相关材料用样品的极佳工具。

金属和有机金属的形态分析已经成为环境研究和食品分析中具有挑战性的领域。气相色谱与微波等离子体检测器相结合对形态分析来说也许是商品化最成功的联用技术。本章末尾将讨论 GC-MWP 在形态分析中的最新应用。

GC-MIP-OES 也被用作分子式测定的补充方法。单个化合物的元素组成和分子结构可通过 MS 和 GC-AED 检测所得的信息确定。如果被气相色谱分离的样品有机分子接着引入 MIP 中,就能可再现地碎裂成多原子离子并用质谱加以测定,而它们的组成原子又在一个平行的等离子体发射光谱中不断地被激发,这样即使在样品中存在同一化合物的同分异构体,其分子式也能被确定。几个小组的研究已证明,低压 MIP 是使有机化合物软电离的有效离子源。[69,101] Hooker 和 de Zwaan[102]将 MIP-OES 与质谱数据结合,以确定大分子的分子式。Clarkson 和 Cooke[103]采用这些互补的技术确定了加工过的烟草中一种异常的挥发性化合物。

最近,一种很有意义的 MWP-OES 应用是:将其用于分析包括纳米粒子在内的粉末材料的分散、混合、涂覆及组成。除此之外,MWP-OES 还可用于鉴定和表征单个微观粒子,因此它已成为基础纳米技术研究中非常有用的工具。本章 11.4 节中将讨论这种应用。

11.2　MWP-OES 在环境分析中的应用实例

涉及微波等离子体的发射光谱法的主要应用领域是与控制和环境保护相关的分析问题。在迄今的 40 多年里,GC-MIP-OES 测定农药和除草剂残留物的巨大潜力已被多次证明。[104,105]等离子体发射光谱检测器不如电子捕获检测器(electron capture detector,ECD)灵敏,但它的选择性更好,且能够轻松地同时进行多元素定性、定量检测。多波长同时检测使得在一次色谱分析中鉴别包含不同杂原子的多种农药、除草剂残留物成为可能。对于复杂基体样品,如环境和生物样品,包含多种组成化合物,这极大地增加了用 ECD 获得的色谱图的解析难度。MPD 则能减少甚至在某些情况下消除这些干扰。由于检测器的选择性,色谱图上完全不会出现样品的基体效应。[31]Cook 等[106]建立了储存超过 400 种农药信息的数据库,为使用 GC-MIP-OES 筛查含氮、硫、磷、氯的农药残留物的环境及生物样品奠定了基础。同时,Stan 和 Linkerhägner[107]也为食品中农药残留物检测收集了差不多数目并经过德国多种方法认证的数据。Viñas 等[108]使用 GC-MIP-OES 测定了水中的农药。低功率 He-MIP 也被用作质谱的离子化源用于检测经 GC 分离后的农药。[63]

　　MWP-OES 的第二种重要应用是环境水样中包含卤代甲烷、二噁英、PCB 等在内的挥发性含卤素、含硫化合物的测定。[109—116]一类用于废水中可吸附卤族元素准连续检测的分析仪已经得到了广泛研究,它们都使用了微波诱导氦等离子体光谱法进行元素的选择性检测。[117—121]

　　MWP-OES 在环境领域的其他应用,还有 ISO 规则和美国环境保护署(Environmental Protection Agency,EPA)要求的多种水质分析[122]以及海洋中重金属的测定[6,123]。一份用 MIP-OES 方法做地下水和饮用水中多元素分析的严格的评估报告已提交。其中所研究的 31 种元素中的绝大多数,特别是碱金属和碱土金属,都得到了相对低的检出限。超声雾化器的采用对改进这些分析的灵敏度具有重要作用。尽管 MIP-OES 的检出限与 ISO 11885[124]规定中 ICP-OES 的指标相比,两种技术都只有大约 50% 的被测元素基本符合 EPA 项目的要求。但是实验已经证明,MIP-OES 方法能直接测定 Fe、Mn、Zn、Cu、Pb、Cr、Na、K、Mg 和 Ca 等元素,且在很多情况下已能满足典型水中杂质检测的需求。MIP-OES 方法对 8 种元素的灵敏度比 ICP-OES 要高得多,特别是碱金属,都能在很低的含量水平下被检测出来。另外,诸如镉、铅和银等重要元素,也是用 MIP-OES 检测效果更好。31 种元素中还有 8 种,MIP 和 ICP 的检出限处于同一水平。剩下的 15 种元素,则 ICP 的效果更好。这主要涉及对能形成稳定氧化物的金属(W、Mo、Zr 和 Ti)的测定。对一些要求非常低检出限的分析,则有必要在分析前采取某种预富集步骤。[125]

　　ETV-MIP-OES 技术已经被应用于多种农业和食品材料的分析中。样品的类型有土壤、植物材料、食品、动物组织和体液。大多数农业和食品材料一般都不以稀的水溶液形式存在,也不能很容易地溶于蒸馏水中。因此,研究人员都使用 MIP-OES 分析这些材料的粉末状微量样品。为测定 ETV-MIP-OES 技术的准确度,已对经过认证的参比材料,特别是来源于蔬菜和动物的材料,进行了分析。[3,4,126,127]

11.3   MWP-OES 在临床分析中的应用实例

必需的、有毒的和有疗效的痕量元素的测定对医学研究实验室、临床和药品实验室都是很重要的。不幸的是,采用光谱技术开发的方法还很少被用于日常实践。然而,尿液、血液或头发中痕量元素的测定是一项具有挑战性的工作,正因为如此,其能被用来证明所开发技术的鲁棒性和灵敏度。

许多临床样品对于采用传统溶液雾化方式的 MWP-OES 来说,要么太小,要么元素浓度太低。在这种情况下,往往需采用其他替代的样品引入技术,如超声雾化、电热蒸发、氢化物发生、包括待测物捕获或固相萃取在内的预富集技术。除此之外,在分析临床样品时还经常会观察到严重的基体效应,这需要在精心制定分析流程时就给予解决。

用 MWP-OES(以及 MIP-MS)分析临床样品的例子有:尿液中 As、F、Ge、Hg、Ni 和 Se 元素的测定[128—132],头发中 Ag、As、Ca、Cu、Fe、Ge、Hg、Mg、Mn、Na、Ni、Pb、Sr 和 Zn 元素的测定[8,127,131—136],血液中 As、Ca、Cd、Cr、Cu、Fe、Ge、Hg、K、Li、Mg、Mn、Na、Ni、Pb、Se 和 Zn 元素的测定[53,130—132,134—141],老鼠不同组织中 Ca、Cd、Cr、Cu、Fe 和 Ni 元素的测定[141],老鼠器官内稀土元素的测定[142],血液中 Hg 元素的形态分析[143]和尿液中 As、Se、Sn 元素的测定[144—147]。

MWP 分析光谱法在临床中第二类可能的应用是:药物及其代谢产物的筛选,目标代谢产物和意外化合物的定量分析。Jordan 等[148]提出了一种用硼酸酯衍生和 GC-MIP-OES 测定人类尿液提取物中儿茶酚衍生物的分析方法。Luffer 和 Novotny[149]提出了一种类似的方法,使用 SFC-MIP-OES 测定尿液中的儿茶酚、单糖和可的松。硼酸邻苯二酚中硼的检出限为 25pg/s,摩尔选择性大于 5000。Quimby 等[150]利用 GC-MPD 在含^{12}C 的样品中选择性地检测同位素^{13}C 的能力,测定了尿液中^{13}C 标记的化合物及其代谢产物。他们利用了真空紫外区强 C 带的分子发射。在^{12}C 和^{13}C 带头之间可以观察到 0.4nm 的位移。所报道的方法对^{13}C 标记的化合物的检出限为 7pg/s,选择性为 2500。

基于 MWP 的光谱技术也被用于个性化的医疗研究中。Tateyama 等[151]使用 MIP-OES 研究了单个人体中动脉、静脉和其他组织中钙积累的相互关系。在 Kwon 和 Moini[65]的实验中,HPLC-MIP-MS 被用于由 20 种氨基酸和一种细胞色素 c 水解液合成的混合物中未衍生氨基酸的分析。取氯碱工厂里接触过汞蒸气的工人的血液和尿液,测定了其中汞和砷的含量,以评估该种接触的临床意义。[130] Powell 等[134]在一次水污染事件后,通过测定血液和头发中重金属的含量对有毒金属暴露程度进行了评估。

11.4　MWP-OES 在工业分析中的应用实例

　　工业分析领域是一个很宽泛的主题,涵盖了许多不同类型的 MWP-OES 应用。MIP 的重要应用包括半导体级气体和材料[1,152]、聚合物[153,154]、塑化剂[155]、石油产品和许多其他工业化合物[156-158] 的测定。MWP-OES 的其他重要工业应用还有:工业废弃品分析[159-161]、灰尘和其他大气颗粒物分析、气流的连续排放监测。用 MWP-OES 检测金属的一个特殊优点是:由于许多金属的发射光谱都相对简单,所以发生光谱干扰的可能性相对较低。这一光谱技术不仅光谱简单,而且能将信背比提高至火花放电的 6 倍。已测定过的由 MWP 发射的多种元素多条谱线的发射强度都与浓度呈线性关系。MWP-OES 分析金属及其相关材料的代表性应用包括:钢中 Al、B、Cr、Cu、Fe、Mg、Mn、Mo、Ni、Si 和 V 元素的测定[22,162,163],黄铜中 Fe、Ni、Pb 和 Sn 元素的测定[163],铝中 Al、Cr、Cu、Fe、Mg、Mn、Si 和 Zn 元素的测定[22,163,164]。

　　微波诱导等离子体的一个特殊应用是:将粉末颗粒在微波等离子体中原子化,并观察其原子光谱,以分析确定其颗粒的大小。氦 MIP 的单颗粒引入系统已经被开发出来并商品化。[26,165] 这种分析系统能够同时测量单个颗粒的三维结构及其组成和大小。以小于 $100\mu s$ 的时间分辨率分析所得到的光谱图:由成组的发射波长得到化学组成,由峰的数量得出颗粒的数量,由峰高得出颗粒大小,由同步发射得出结构。该技术可用于分析复合材料和纳米材料的细小粉末[166-169],也可用于分析废气中的颗粒、尘土、大气颗粒物和气溶胶[169-171]。

　　另一种 MWP 的特殊应用是聚合物化学结构和经验式的测定。聚合物在受控裂解下分解,产物由 GC-AED 和 MS 分析。该方法已被用于包括聚乙烯、聚硅氧烷、环氧树脂等多聚物的分析。[172-174]

　　分析石油产品中痕量金属含量是 MWP-OES 最广泛的有机分析应用之一。典型的应用包括:汽油中有机铅、有机镁化合物和含氧添加剂的测定[175-178],原油中 Fe、Ni、V 卟啉和其他成分的测定[179-182],其他原油相关产品的分析[183-186]。有机排出物和蒸气也属于有机分析的对象。[187]

　　一些应用需要对挥发性有机和无机化合物或微小颗粒(包括空气、引擎废气、有毒废物焚烧炉和过程物料流)进行实时气体分析。对挥发物最常见的应用都涉及样品收集和随后的离线 GC 或 HPLC 分析。但是,这些方法一般都需要用 30~60min 进行分离,这就否定了其实时检测的意义。一种替代的方法是使用连续废气监测器(continuous-emission monitor,CEM)。[188,189]MWP 能够使用包括氧气、氮气、空气等分子气体在内的多种气体,所以它们是直接监测环境空气中金属和非金属污染物的理想选择。[2,190]这也使它们适合实时监测烟道气和工艺气体。[52,191,192]其他更高要求的应用还包括:采用电池供电的便携式仪器分析工厂、废物储存地周边的空气和废气。ICP-OES 的光谱仪设备沉重,且需要大量的能源和气体来维持等离子体,所以不可能用于现场监测,而非常紧凑的MWP 仪器则可用于现场实时废物流监测。有一种设计用于进行连续空气分析的便携式 MWP-OES 系统,它使用双流炬,内路气体为样品气体。该系统鲁棒性强,且能检测粉煤灰的颗粒物及工作场所的超细粉末。Duan 等[171]提出了一种使用氩气或氦气作为工作气体的 MPT 光谱仪。使用氦气时,中心气流中空气含量可达 40%,其对空气中金属的检出限为 0.08(Cu)~2.3(Mn)$\mu g/m^3$。Timmermans 等[193,194]使用 MPT-OES 监测垃圾焚烧炉烟囱内的金属,利用发射信号可实时控制炉内燃烧条件。

Siemens 等[195]研究了使用非混合的氩气/氮气放电 MIP-OES 系统监测烟道气中的痕量汞。使用氮气时,Hg 的检出限为 $8\mu g/m^3$,低于建议阈值。Vermaak 等[196]使用空气 MIP-OES 检测了废气中的气态铅。Baumann 和 Heumann[197]测定了废气中的有机溴化合物、溴化氢、四烷基铅化合物。溴化氢首先转换成 2-溴环己醇;接着有机溴化合物被 Tenax 气相色谱柱吸附,铅化合物被 Porapak N 柱吸附,进行预富集,然后通过热脱附使其进入 GC-MIP-OES 系统。废气中所研究化合物的含量从几到几百 $\mu g/m^3$。

收集大气飘尘有时需要使用空气过滤技术。Reamer 等[198]研究了废气、隧道气体和实验室气体的总气态铅(total gaseous lead,TGL)和总微粒铅(total particle lead,TPL)。样品流过系统时,含铅微粒留在过滤装置上,气态铅被合适的吸附剂收集。待测化合物由冻干系统释放到 GC-MIP-AES 仪器中。TGL和 TPL 含量分别为 20~1000、1000~55 000ngPb/m^3。Serravallo 和 Risby[199]则研究了用 He-MIP-OES 在减压条件下通过测量氯 479.45nm 发射谱线来测定空气中的氯乙烯。

11.5 MWP-OES 在地质分析中的应用实例

MWP 分析光谱法的地质应用包括各种矿石、煤炭、岩石、土壤及其相关材料中有毒、痕量和主要成分的测定。MWP-OES/MS 在本领域主要用于测定土壤、煤炭和沉积物中有毒无机和有机金属化合物的形成来源及分布。[200]GC 通

常与表征土壤和沉积物的分析热解联用,以提供有机地球化学信息。MIP-OES
曾被用于沉积物中含硫热解产物的研究[201,202],而 MIP-OES 和 MIP-MS 都已被
用于含氮产物的检测[203,204]。最近几年中,土壤和沉积物中有机污染物的测定
方法得到了大量开发。[205,206] 该技术还被用于地质勘探中。MWP-OES 在地质
样品分析方面的应用还包括煤炭、土壤和沉积物中元素的测定。[207-209] 用 CPI-
MIP-OES 直接测定总氟的方法已被开发出来。在煤和土壤[25,208] 以及土壤、萤
石或磷石膏[209] 中,测定氟含量的检出限视基体成分的不同而在 $3 \sim 6 \mu g/g$ 区
间。CPI-MIP-OES 系统已被用于矿石和土壤中贵金属的测定。采用活性炭固
相萃取实现了待测物的分离和预富集以及校准标准的制备。[210]

11.6　MWP-OES 在形态分析中的应用实例

文献中报道过许多 MWP 在整个形态分析领域的应用。多篇综述收集并讨
论了这些成果。[30-32,35,71,72,74,76,77,211-214]本节中只举出几例以展示 MWP 的潜力。
毋庸置疑,GC-MIP-OES 系统是形态研究中可选用的技术之一。[71,215] AED 与氦
MIP 联用能提供很好的选择性和相对高的灵敏度,这使得研究人员甚至在复杂
的环境和生物样品分析中都能得到清晰的色谱图。Liu 等[216] 提出了一种可用
于土壤和海洋沉积物中 15 种不同烷基化合物的分离和形态分析的方法。在另
一项研究中,他们使用 CGC-MIP-OES 同时测定了环境样品中有机锡、铅和汞的
含量。各校准曲线的线性范围大约为 $3 \sim 4$ 个数量级。[217] Rodriguez-Pereiro
等[218,219] 也用集束毛细管 GC-MIP-OES 对许多环境样品中的烷基铅、烷基汞和
烷基锡化合物进行了形态分析。他们还用标准物质(沉积物和鱼组织)验证了该
方法的准确度。Reuther 等[220] 则用原位衍生、冷阱捕集和 GC-AED 实现了 Hg、
Sn 和 Pb 有机化合物的同时多元素形态分析,其检出限低于 $1ng/L$。

Costa-Fernandez 等[221] 分别用 HPLC-CV-MIP-OES 和 HPLC-HG-MIP-
OES 在流动注射模式下研究了水和尿液中汞和砷的形态。该方法对有机砷化
合物的检出限为 $1 \sim 6ng/mL$,对无机 Hg 的检出限为 $0.15ng/mL$,对甲基汞的
检出限为 $0.35ng/mL$。在之后的研究中,Dietz 等[222] 采用冷阱捕集进行各种汞
组分的预富集,得到的检出限为 $0.001 \sim 0.006ng/mL$。在对格陵兰岛的积雪中
铅的形态研究中,Łobiński 等[223] 使用了一种可使待测物浓缩 1250 倍的分离方
法。他们证实,积雪中铅化合物的含量低至 $0.02 \sim 0.48pg/g$。GC-MIP-OES 的
大量成功应用已推动了基于该项技术的自动形态分析仪的发展。[224-226]

参考文献

［1］S. Kirschner, A. Golloch and U. Telgheder. *J. Anal. At. Spectrom.*, 1994,9: 971-974.

［2］B. W. Pack, G. M. Hieftje and Q. Jin. *Anal. Chim. Acta*, 1999, 383: 231-241.

［3］J. A. C. Broekaert and F. Leis. *Mikrochim. Acta*, 1985, 86: 261-272.

［4］H. Matusiewicz. *Spectrochim. Acta Rev.*, 1990, 13: 47-68.

［5］G. L. Long and L. D. Perkins. *Appl. Spectrosc.*, 1987, 41: 980-985.

［6］P. G. Brown, D. L. Haas, J. M. Workman, J. A. Caruso and F. L. Fricke. *Anal. Chem.*, 1987, 59: 1433-1436.

［7］K. Jankowski, D. Karmasz, L. Starski, A. Ramsza and A. Waszkiewicz. *Spectrochim. Acta, Part B*, 1997, 52: 1801-1812.

［8］H. Matusiewicz, M. Ślachciński, M. Hidalgo and A. Canals. *J. Anal. At. Spectrom.*, 2007, 22: 1174-1178.

［9］Y. Okamoto. *Anal. Sci.*, 1991, 7: 283-288.

［10］L. Zhao, D. Song, H. Zhang, Y. Fu, Z. Li, C. Chen and Q. Jin. *J. Anal. At. Spectrom.*, 2000, 15: 973-978.

［11］E. Bulska, J. A. C. Broekaert, P. Tschöpel and G. Tölg. *Anal. Chim. Acta*, 1993, 276: 377-384.

［12］N. W. Barnett. *Spectrochim. Acta, Part B*, 1987, 42: 859-864.

［13］H. Tao and A. Miyazaki. *Anal. Sci.*, 1991, 7: 55-59.

［14］R. Pereiro, M. Wu, J. A. C. Broekaert and G. M. Hieftje. *Spectrochim. Acta, Part B*, 1994, 49: 59-73.

［15］G. Kaiser, D. Götz, P. Schoch and G. Tölg. *Talanta*, 1975, 22: 889-899.

［16］Y. Nojiri, A. Otsuki and K. Fuwa. *Anal. Chem.*, 1986, 58: 544-547.

［17］W. Drews, G. Weber and G. Tölg. *Fresenius' Z. Anal. Chem.*, 1989, 332: 862-865.

[18] N. W. Barnett. *J. Anal. At. Spectrom.* , 1988, 3: 969-972.

[19] J. Uebbing, A. Ciocan and K. Niemax. *Spectrochim. Acta, Part B,* 1992, 47: 601-611.

[20] T. Ishizuka and Y. Uwamino. *Anal. Chem.* , 1980, 52: 125-129.

[21] D. Cleveland, P. Stchur, X. Hou, K. X. Yang, J. Zhou and R. G. Michel. *Appl. Spectrosc.* , 2005, 59: 1427-1444.

[22] Y. N. Pak and S. R. Koirtyohann. *J. Anal. At. Spectrom.* , 1994, 9: 1305-1310.

[23] L. R. Layman and G. M. Hieftje. *Anal. Chem.* , 1975, 47: 194-202.

[24] A. M. Pless, B. W. Smith, M. A. Bolshov and J. D. Winefordner. *Spectrochim. Acta, Part B,* 1996, 51: 55-64.

[25] K. Jankowski and A. Jackowska. *Trends Appl. Spectrosc.* , 2007, 6: 17-25.

[26] H. Takahara, M. Iwasaki and Y. Tanibata. *IEEE Trans. Instrum. Meas.* , 1995, 44: 819-823.

[27] Y. Madrid, M. Wu, Q. Jin and G. M. Hieftje. *Anal. Chim. Acta,* 1993, 277: 1-8.

[28] H. Zhang, D. Ye, J. Zhao, J. Yu, R. Men, Q. Jin and D. Dong. *Microchem. J.* , 1996, 53: 69-78.

[29] Q. Jin, W. Yang, F. Liang, H. Zhang, A. Yu, Y. Cao, J. Zhou and B. Xu. *J. Anal. At. Spectrom.* , 1998, 13: 377-384.

[30] E. Bulska. *J. Anal. At. Spectrom.* , 1992, 7: 201-210.

[31] J. J. Sullivan. *Trends Anal. Chem.* , 1991, 10: 23-26.

[32] R. Łobiński and F. C. Adams. *Trends Anal. Chem.* , 1993, 12: 41-49.

[33] B. F. Scott and P. L. Wylie. *Chem. Plant Prot.* , 1995, 12: 33-57.

[34] P. C. Uden. *Trends Anal. Chem.* , 1987, 6: 238-246.

[35] Y. K. Chau and P. T. S. Wong. *Fresenius' J. Anal. Chem.* , 1991, 339: 640-645.

[36] D. R. Luffer, L. J. Galante, P. A. David, M. Novotny and G. M. Hieftje. *Anal. Chem.* , 1988, 60: 1365-1369.

[37] G. K. Webster and J. W. Carnahan. *Anal. Chem.* , 1992, 64: 50-55.

[38] L. Zhang, J. W. Carnahan, R. E. Winans and P. H. Neill. *Anal. Chem.*, 1989, 61: 895-897.

[39] L. J. Galante, D. A. Wilson and G. M. Hieftje. *Anal. Chim. Acta*, 1988, 215: 99-109.

[40] D. Kollotzek, D. Oechsle, G. Kaiser, P. Tschöpel and G. Tölg. *Fresenius' Z. Anal. Chem.*, 1984, 318: 485-489.

[41] Y. Liu and V. Lopez-Avila. *J. High Resolut. Chromatogr.*, 1993, 16: 717-720.

[42] Y. Duan, X. Li and Q. Jin. *J. Anal. At. Spectrom.*, 1993, 8: 1091-1096.

[43] K. C. Ng, R. S. Jensen, M. J. Brechmann and W. C. Santos. *Anal. Chem.*, 1988, 60: 2818-2821.

[44] Y. Duan, M. Hou, Z. Du and Q. Jin. *Appl. Spectrosc.*, 1993, 47: 1871-1879.

[45] A. Zybin, C. Schnürer-Patschan and K. Niemax. *J. Anal. At. Spectrom.*, 1995, 10: 563-567.

[46] J. Koch, A. Zybin and K. Niemax. *Appl. Phys. B*, 1998, 67: 475-479.

[47] L. D. Perkins and G. L. Long. *Appl. Spectrosc.*, 1988, 42: 1285-1289.

[48] Y. Duan, X. Du, Y. Li and Q. Jin. *Appl. Spectrosc.*, 1995, 49: 1079-1085.

[49] V. Rigin. *Anal. Chim. Acta*, 1993, 283: 895-901.

[50] Y. Oki, H. Uda, C. Honda, M. Maeda, J. Izumi, T. Morimoto and M. Tanoura. *Anal. Chem.*, 1990, 62: 680-683.

[51] P. G. Brown, T. M. Davidson and J. A. Caruso. *J. Anal. At. Spectrom.*, 1988, 3: 763-769.

[52] M. E. Cisper, A. W. Garrett, Y. X. Duan, J. A. Olivares and P. H. Hemberger. *Int. J. Mass Spectrom.*, 1998, 178: 121-128.

[53] M. Ohata, T. Ichinose, N. Furuta, A. Shinohara and M. Chiba. *Anal. Chem.*, 1998, 70: 2726-2730.

[54] Y. Duan, M. Wu, Q. Jin and G. M. Hieftje. *Spectrochim. Acta, Part B*, 1995, 50: 1095-1108.

[55] T. Kawano, A. Nishida, K. Okutsu, H. Minami, Q. Zhang, S.

Inoue and I. Atsuya. *Spectrochim. Acta, Part B*, 2005, 60: 327-331.

[56] J. T. Creed, T. M. Davidson, W. L. Shen, P. G. Brown and J. A. Caruso. *Spectrochim. Acta, Part B*, 1989, 44: 909-924.

[57] L. K. Olson and J. A. Caruso. *Spectrochim. Acta, Part B*, 1994, 49: 7-30.

[58] K. Oishi, T. Okumoto, T. Iino, M. Koga, T. Shirasaki and N. Furuta. *Spectrochim. Acta, Part B*, 1994, 49: 901-914.

[59] Y. Okamoto. *J. Anal. At. Spectrom.*, 1994, 9: 745-749.

[60] M. Huang, A. Hirabayashi, T. Shirasaki and H. Koizumi. *Anal. Chem.*, 2000, 72: 2463-2467.

[61] Y. Su, Y. Duan and Z. Jin. *Anal. Chem.*, 2000, 72: 2455-2462.

[62] W. C. Story and J. A. Caruso. *J. Anal. At. Spectrom.*, 1993, 8: 571-575.

[63] A. M. Zapata and A. Robbat, Jr.. *Anal. Chem.*, 2000, 72: 3102-3108.

[64] L. K. Olson and J. A. Caruso. *J. Anal. At. Spectrom.*, 1992, 7: 993-998.

[65] J. Y. Kwon and M. Moini. *J. Am. Soc. Mass Spectrom.*, 2001, 12: 117-122.

[66] A. Chatterjee, Y. Shibata, H. Tao, A. Tanaka and M. Morita. *J. Chromatogr. A*, 2004, 1042: 99-106.

[67] C. Wang, S. P. Koirala, S. T. Scherrer, Y. Duan and C. B. Winstead. *Rev. Sci. Instrum.*, 2004, 75: 1305-1313.

[68] E. Poussel, J. M. Mermet, D. Deruaz and C. Beaugrand. *Anal. Chem.*, 1988, 60: 923-927.

[69] L. K. Olson, W. C. Story, J. T. Creed, W. L. Shen and J. A. Caruso. *J. Anal. At. Spectrom.*, 1990, 5: 471-475.

[70] J. P. Matousek, B. J. Orr and M. Selby. *Prog. Anal. At. Spectrosc.*, 1984, 7: 275 314.

[71] R. Łobiński and F. C. Adams. *Spectrochim. Acta, Part B*, 1997, 52: 1865-1903.

[72] R. Łobiński. *Appl. Spectrosc.*, 1997, 51: 260A-278A.

[73] W. Yang, H. Zhang, A. Yu and Q. Jin. *Microchem. J.*, 2000, 66: 147-170.

[74] B. Rosenkranz and J. Bettmer. *Trends Anal. Chem.*, 2000, 19: 138-156.

[75] K. Jankowski. *Chem. Anal.*, *Warsaw*, 2001, 46: 305-327.

[76] L. L. P. van Stee, U. A. T. Brinkman and H. Bagheri. *Trends Anal. Chem.*, 2002, 21: 618-626.

[77] J. C. A. Wuilloud, R. G. Wuilloud, A. P. Vonderheide and J. A. Caruso. *Spectrochim. Acta*, *Part B*, 2004, 59: 755-792.

[78] J. A. C. Broekaert and V. Siemens. *Spectrochim. Acta*, *Part B*, 2004, 59: 1823-1839.

[79] T. Nakahara. *Anal. Sci.*, 2005, 21: 477-484.

[80] R. E. Sievers. *Selective Detectors*. New York: Wiley, 1995.

[81] R. P. W. Scott. *Tandem Techniques*. New York: Wiley, 1997.

[82] J. A. C. Broekaert and U. Engel. In: R. A. Meyers. *Encyclopedia of Analytical Chemistry*. Chichester: Wiley, 2000: 9613-9667.

[83] R. L. Grob and E. F. Barry. *Modern Practice of Gas Chromatography*. Hoboken, NJ: Wiley-Interscience, 2004.

[84] J. A. C. Broekaert. *Analytical Atomic Spectrometry with Flames and Plasmas*. Weinheim: VCH, 2005.

[85] A. L. P. Valente and P. C. Uden. *Analyst*, 1990, 115: 525-529.

[86] C. I. M. Beenakker. *Spectrochim. Acta*, *Part B*, 1977, 32: 173-187.

[87] R. M. Dagnall, T. S. West and P. Whitehead. *Analyst*, 1973, 98: 647-654.

[88] W. R. McLean, D. L. Stanton and G. E. Penketh. *Analyst*, 1973, 98: 432-442.

[89] K. S. Brenner. *J. Chromatogr.*, 1978, 167: 365-380.

[90] Y. Huang, Q. Ou and W. Yu. *J. Anal. At. Spectrom.*, 1990, 5: 115-120.

[91] J. T. Anderson and B. Schmid. *Fresenius' J. Anal. Chem.*, 1993, 346: 403-409.

[92] G. Becker, A. Colmsjö and C. Östman. *Anal. Chim. Acta*, 1997, 340: 181-189.

[93] D. F. Gurka, S. Pyle and R. Titus. *Anal. Chem.*, 1997, 69: 2411-2417.

[94] E. S. Chernetsova, A. I. Revelsky, D. Durst, T. G. Sobolevsky and I. A. Revelsky. *Anal. Bioanal. Chem.*, 2005, 382: 448-451.

[95] J. T. Anderson. *Anal. Bioanal. Chem.*, 1993, 373: 344-355.

[96] F. Augusto, E. C. da Rocha, L. Montero and A. L. P. Valente. *J. Braz. Chem. Soc.*, 1998, 9: 17-21.

[97] Y. Juillet, E. Gibert, A. Begos and B. Bellier. *Anal. Bioanal. Chem.*, 2005, 383: 848-856.

[98] N. Kovacic and T. L. Ramus. *J. Anal. At. Spectrom.*, 1992, 7: 999-1005.

[99] R. Bos and N. W. Barnett. *J. Anal. At. Spectrom.*, 1997, 12: 733-741.

[100] J. R. Stuff, W. R. Creasy, A. A. Rodriguez and H. D. Durst. *J. Microcolumn Sep.*, 1999, 11: 644-651.

[101] E. Poussel, J. M. Mermet, D. Deruaz and C. Beaugrand. *Anal. Chem.*, 1988, 60: 923-927.

[102] D. B. Hooker and J. de Zwaan. *Anal. Chem.*, 1989, 61: 2207-2211.

[103] P. Clarkson and M. Cooke. *Anal. Chim. Acta*, 1996, 335: 253-259.

[104] C. A. Bache and D. J. Lisk. *J. Assoc. Off. Anal. Chem.*, 1967, 6: 1246-1250.

[105] J. L. Bernal, M. J. del Nozal, M. T. Martin and J. J. Jimenez. *J. Chromatogr. A*, 1996, 754: 245-256.

[106] J. Cook, M. Engel, P. Wylie and B. Quimby. *J. AOAC Int.*, 1999, 82: 313-326.

[107] H. J. Stan and M. Linkerhägner. *J. Chromatogr. A*, 1996, 750: 369-390.

[108] P. Viñas, N. Campillo, I. Lopez-Garcia, N. Aguinaga and M. Hernandez-Cordoba. *J. Chromatogr. A*, 2002, 978: 249-256.

[109] M. L. Bruce and J. A. Caruso. *Appl. Spectrosc.*, 1985, 39: 942-949.

[110] A. H. Mohamad, M. Zerezghi and J. A. Caruso. *Anal. Chem.*, 1986, 58: 469-471.

[111] I. Rodriguez, M. I. Turnes, M. C. Mejuto and R. Cela. *J.*

Chromatogr. A, 1996, 721: 297-304.

[112] J. Hajšlova, P. Cuhra, M. Kempny, J. Poustka, K. Holadova and V. Kocourek. *J. Chromatogr. A*, 1995, 699: 231-239.

[113] S. Pedersen-Bjergaard, S. I. Semb, E. M. Brevik and T. Greibrokk. *J. Chromatogr. A*, 1996, 723: 337-347.

[114] B. Rosenkranz, C. B. Breer, W. Buscher, J. Bettmer and K. Cammann. *J. Anal. At. Spectrom.*, 1997, 12: 993-996.

[115] B. D. Quimby, M. F. Delaney, P. C. Uden and R. M. Barnes. *Anal. Chem.*, 1979, 51: 875-880.

[116] C. Gerbersmann, R. Łobiński and F. C. Adams. *Anal. Chim. Acta*, 1995, 316: 93-95.

[117] H. Frischenschlager, M. Peck, C. Mittermayr, E. Rosenberg and M. Grasserbauer. *Fresenius' J. Anal. Chem.*, 1997, 357: 1133-1141.

[118] K. Cammann, L. Lendero, H. Feuerbacher and K. Balschmiter. *Fresenius' J. Anal. Chem.*, 1983, 316: 194-200.

[119] B. Koschuh, M. Montes, J. F. Camuña, R. Pereiro and A. Sanz-Medel. *Microchim. Acta*, 1998, 129: 217-223.

[120] T. Twiehaus, S. Evers, W. Buscher and K. Cammann. *Fresenius' J. Anal. Chem.*, 2001, 371: 614-620.

[121] B. Rosenkranz and J. Bettmer. *Trends Anal. Chem.*, 2000, 19: 138-156.

[122] K. Jankowski. *J. Anal. At. Spectrom.*, 1999, 14: 1419-1423.

[123] K. C. Ng and W. Shen. *Anal. Chem.*, 1986, 58: 2084-2087.

[124] *Water Quality—The Determination of 33 Elements by Inductively Coupled Plasma Atomic Emission Spectroscopy*. ISO 11885, International Organization for Standardization, 1996.

[125] K. Jankowski, J. Yao, K. Kasiura, A. Jackowska and A. Sieradzka. *Spectrochim. Acta, Part B*, 2005, 60: 369-375.

[126] J. M. Carey and J. A. Caruso. *CRC Crit. Rev. Anal. Chem.*, 1992, 23: 397-439.

[127] J. Yang, J. Zhang, C. Schicling and J. A. C. Broekaert. *Spectrochim. Acta, Part B*, 1996, 51: 551-562.

[128] K. Chiba, K. Yoshida, K. Tanabe, M. Ozaki, H. Haraguchi, J. D. Winefordner and K. Fuwa. *Anal. Chem.*, 1982, 54: 761-764.

[129] H. W. Kuo, W. G. Chang, Y. S. Huang and J. S. Lai. *Bull. Environ. Contam. Toxicol.*, 1999, 62: 677-684.

[130] D. G. Ellingsen, R. I. Holland, Y. Thomassen, M. Landro-Olstad, W. Frech and H. Kjuus. *Br. J. Ind. Med.*, 1993, 50: 745-752.

[131] A. Shinohara, M. Chiba and Y. Inaba. *J. Anal. Toxicol.*, 1999, 23: 625-631.

[132] W. Drews, G. Weber and G. Tölg. *Anal. Chim. Acta*, 1990, 231: 265.

[133] H. Matusiewicz. *Spectrochim. Acta, Part B*, 2002, 57: 485-494.

[134] J. J. Powell, S. M. Greenfield, R. P. H. Thompson, J. A. Cargnello, M. D. Kendall, J. P. Landsberg, F. Watt, H. T. Delves and I. House. *Analyst*, 1995, 120: 793-798.

[135] F. E. Lichte and R. K. Skogerboe. *Anal. Chem.*, 1972, 44: 1321-1323.

[136] F. E. Lichte and R. K. Skogerboe. *Anal. Chem.*, 1972, 44: 1480-1482.

[137] M. S. Black and R. E. Sievers. *Anal. Chem.*, 1976, 48: 1872-1874.

[138] A. Shinohara, M. Chiba and Y. Inaba. *Anal. Sci.*, 1998, 14: 713-717.

[139] A. D. Besteman, G. K. Bryan, N. Lau and J. D. Winefordner. *Microchem. J.*, 1999, 61: 240-246.

[140] A. D. Besteman, N. Lau, D. Y. Liu, B. W. Smith and J. D. Winefordner. *J. Anal. At. Spectrom.*, 1996, 11: 479-481.

[141] M. M. Mohamed and Z. F. Ghatass. *Fresenius' J. Anal. Chem.*, 2000, 368: 449-455.

[142] A. Shinohara, M. Chiba and Y. Inaba. *Anal. Sci.*, 2001, 17 (Suppl.): i1539-i1541.

[143] E. Bulska, H. Emteborg, D. C. Baxter, W. Frech, D. Ellingsen and Y. Thomassen. *Analyst*, 1992, 117: 657-663.

[144] A. Chatterjee, Y. Shibata, H. Tao, A. Tanaka and M. Morita. *Anal. Chim. Acta*, 2001, 436: 253-263.

[145] A. Chatterjee, Y. Shibata, H. Tao, A. Tanaka and M. Morita. *J. Anal. At. Spectrom.*, 1999, 14: 1853-1859.

[146] A. Chatterjee, Y. Shibata, H. Tao, A. Tanaka and M. Morita. *Anal. Chem.*, 2000, 72: 4402-4412.

[147] G. A. Zachariadis and E. Rosenberg. *Talanta*, 2009, 78: 570-576.

[148] S. W. Jordan, I. S. Krull and S. B. Smith, Jr.. *Anal. Lett.*, 1982, 15: 1131-1148.

[149] D. R. Luffer and M. V. Novotny. *J. Microcolumn Sep.*, 2005, 3: 39-46.

[150] B. D. Quimby, P. C. Dryden and J. J. Sullivan. *Anal. Chem.*, 1990, 62: 2509-2512.

[151] Y. Tateyama, Y. Takano, Y. Tohno, Y. Moriwake, S. Tohno, M. Hashimoto and T. Araki. *Biol. Trends Elem. Res.*, 2000, 74: 211-221.

[152] K. B. Starowieyski, A. Chwojnowski, K. Jankowski, J. Lewinski and J. Zachara. *Appl. Organomet. Chem.*, 2000, 14: 616-622.

[153] J. Koch, M. Miclea and K. Niemax. *Spectrochim. Acta, Part B*, 1999, 54: 1723-1735.

[154] K. Jankowski. *Microchem. J.*, 2001, 70: 41-49.

[155] K. Jankowski, A. Jerzak, A. Sernicka-Poluchowicz and L. Synoradzki. *Anal. Chim. Acta*, 2001, 440: 215-221.

[156] H. Matusiewicz. *Microchim. Acta*, 1993, 111: 71-82.

[157] K. Jankowski. *Talanta*, 2001, 54: 855-862.

[158] C. S. Cerbus and S. J. Gluck. *Spectrochim. Acta, Part B*, 1983, 38: 387-397.

[159] S. Dugenest, H. Casabianca and M. F. Grenier-Loustalot. *Analusis*, 1999, 27: 75-81.

[160] K. Jankowski. *Anal. Chim. Acta*, 1995, 317: 365-369.

[161] Y. Talmi and A. W. Andren. *Anal. Chem.*, 1974, 46: 2122-2126.

[162] D. J. C. Helmer and J. P. Walters. *Appl. Spectrosc.*, 1984, 38: 392-398.

[163] U. Engel, A. Kehden, E. Voges and J. A. C. Broekaert. *Spectrochim. Acta, Part B*, 1999, 54: 1279-1289.

[164] L. Hiddemann, J. Uebbing, O. Dessenne and K. Niemax. *Anal. Chim. Acta*, 1993, 283: 152-159.

[165] E. M. S. Frame, Y. Takamatsu and T. Suzuki. *Spectroscopy*, 1996, 11: 17-22.

[166] H. Saitoh, K. Kawachara, S. Ohshio, A. Nakamura and N. Nambu. *Sci. Technol. Adv. Mater.*, 2005, 6: 205-209.

[167] K. Kobayashi, A. Sato, T. Homma and T. Nagatomo. *Jpn. J. Appl. Phys.*, 2005, 44: 1027-1030.

[168] T. Okamoto and Y. Okamoto. *J. Plasma Fusion Res. Ser.*, 2009, 8: 330-1334.

[169] M. Mishima, T. Suzuki and H. Takahara. *Yokogawa Tech. Rep.*, 2001, 31: 5-10.

[170] S. Tamura, T. Kikuchi, H. Takahara, M. Mishima and Y. Fujii. *Polar Meteorol. Glaciol.*, 2001, 15: 124-132.

[171] Y. Duan, Y. Su, Z. Jin and S. P. Abeln. *Anal. Chem.*, 2000, 72: 1672-1679.

[172] H. J. Perpall, P. C. Uden and R. L. Deming. *Spectrochim. Acta, Part B*, 1987, 42: 243-251.

[173] U. Fuchshieger, H. J. Grether and M. Grasserbauer. *Fresenius' J. Anal. Chem.*, 1994, 349: 283-288.

[174] R. Oguchi, A. Shimizu, S. Yamashita, K. Yamaguchi and P. Wylie. *J. High Resolut. Chromatogr.*, 1991, 14: 412-416.

[175] I. Rodriguez-Pereiro and R. Łobiński. *J. Anal. At. Spectrom.*, 1997, 12: 1381-1385.

[176] Y. K. Chau, F. Yang and M. Brown. *Appl. Organomet. Chem.*, 1997, 11: 31-37.

[177] Y. Zeng, J. A. Seeley, T. M. Dowling, P. C. Uden and M. Y. Khuhawar. *J. High Resolut. Chromatogr.*, 1992, 15: 669-676.

[178] S. R. Goode and C. L. Thomas. *J. Anal. At. Spectrom.*, 1994, 9: 73-78.

[179] B. D. Quimby, P. C. Dryden and J. J. Sullivan. *J. High Resolut. Chromatogr.*, 1991, 14: 110-116.

[180] Y. Zeng and P. C. Uden. *J. High Resolut. Chromatogr.*, 1994, 17: 217-222.

[181] Y. Zeng and P. C. Uden. *J. High Resolut. Chromatogr.*, 1994, 17: 223-229.

[182] A. H. Hegazi, J. T. Andersson and M. S. El-Gayar. *Fuel Process. Technol.*, 2003, 85: 1-19.

[183] G. A. Depauw and F. Froment. *J. Chromatogr. A*, 1997, 761:
231-247.

[184] N. Kolbe, O. van Reihnberg and J. T. Andersson. *Energy Fuels*,
2009, 23: 3024-3031.

[185] C. Bradley and J. W. Carnahan. *Anal. Chem.*, 1988, 60: 858-863.

[186] J. Zhang, L. Li, J. Zhang, Q. Zhang, Y. Yang and Q. Jin.
Petrol. Sci. Technol., 2007, 25: 443-451.

[187] K. B. Olsen, J. C. Evans, D. S. Sklarew, J. S. Fruchter, D. C.
Girvin and C. L. Nelson. *Environ. Sci. Technol.*, 1990, 24: 258-263.

[188] P. L. Lemieux, J. V. Ryan, N. B. French, W. J. Haas, Jr., S.
J. Priebe and D. B. Burns. *Waste Manage.*, 1998, 18: 385-391.

[189] D. J. Butcher. *Microchem. J.*, 2000, 76: 55-72.

[190] M. Seeling and J. A. C. Broekaert. *Spectrochim. Acta, Part B*,
2001, 56: 1747-1760.

[191] P. P. Woskov, D. Y. Rhee, P. Thomas, D. R. Cohn, J. E.
Surma and C. H. Titus. *Rev. Sci. Instrum.*, 1996, 67: 3700-3707.

[192] P. P. Woskov, K. Hadidi, P. Thomas, K. Green and G. Flores.
Waste Manage., 2000, 20: 395-402.

[193] E. A. H. Timmermans and J. J. A. M. van der Mullen.
Spectrosc. Eur., 2003, 15(5): 14-21.

[194] E. A. H. Timmermans, F. P. J. de Groote, J. Jonkers, A.
Gamero, A. Sola and J. J. A. M. van der Mullen. *Spectrochim. Acta, Part
B*, 2003, 58: 823-836.

[195] V. Siemens, T. Harju, T. Laitinen, K. Larjava and J. A. C.
Broekaert. *Fresenius' J. Anal. Chem.*, 1995, 351: 11-18.

[196] H. Vermaak, O. Kujirai, S. Hanamura and J. D. Winefordner.
Can. J. Spectrosc., 1986, 31: 95-99.

[197] H. Baumann and K. G. Heumann. *Fresenius' Z. Anal. Chem.*,
1987, 327: 186-192.

[198] D. C. Reamer, W. H. Zoller and T. C. O'Haver. *Anal. Chem.*,
1978, 50: 1449.

[199] F. A. Serravallo and T. H. Risby. *Anal. Chem.*, 1976, 48:
673-676.

[200] T. Hamasaki, H. Nagase, Y. Yoshioka and T. Sato. *Crit. Rev.*

Environ. Sci. Technol., 1995, 25: 45-91.

[201] S. J. Rowland, R. Evens, L. Ebdon and A. W. G. Reeves. *Anal. Proc.*, 1992, 29: 10-11.

[202] J. A. Seeley, Y. Zeng, P. C. Uden, T. I. Eglinton and I. Ericson. *J. Anal. At. Spectrom.*, 1992, 7: 979-985.

[203] J. S. Sinninghe-Damste, T. I. Eglinton and J. W. de Leeuw. *Geochim. Cosmochim. Acta*, 1992, 56: 1743-1751.

[204] P. Read, H. Beere, L. Ebdon, M. Leizers, M. Hetheridge and S. Rowland. *Org. Geochem.*, 1997, 26: 11-17.

[205] N. Campillo, R. Peñalver and M. Hernandez-Cordoba. *J. Chromatogr. A*, 2007, 1173: 139-145.

[206] P. Canosa, R. Montes, J. P. Lamas, M. Garcia-Lopez, I. Orriols and I. Rodriguez. *Talanta*, 2009, 79: 598-602.

[207] J. M. Gehlhausen and J. W. Carnahan. *Anal. Chem.*, 1991, 63: 2430-2434.

[208] K. Jankowski, A. Jackowska and M. Mrugalska. *J. Anal. At. Spectrom.*, 2007, 22: 386-391.

[209] K. Jankowski and M. I. Szynkowska. Unpublished Data.

[210] K. Jankowski, A. Jackowska and P. Łukasiak. *Anal. Chim. Acta*, 2005, 540: 197-205.

[211] I. Rodriguez-Pereiro, V. O. Schmitt and R. Łobiński. *Anal. Chem.*, 1997, 69: 4799-4807.

[212] J. Szpunar and R. Łobiński. *Fresenius' J. Anal. Chem.*, 1999, 363: 550-557.

[213] J. Szpunar. *Analyst*, 2000, 125: 963-988.

[214] J. Szpunar. *Analyst*, 2005, 130: 442-465.

[215] S. Aguerre, G. Lespes, V. Desauziers and M. Potin-Gautier. *J. Anal. At. Spectrom.*, 2001, 16: 263-269.

[216] Y. Liu, V. Lopez-Avila, M. Alcaraz and W. F. Beckert. *J. High Resolut. Chromatogr.*, 1994, 17: 527-536.

[217] Y. Liu, V. Lopez-Avila, M. Alcaraz and W. F. Beckert. *Anal. Chem.*, 1994, 66: 3788-3796.

[218] I. Rodriguez-Pereiro, A. Wasik and R. Łobiński. *Chem. Anal.*, *Warsaw*, 1997, 42: 799-808.

[219] I. Rodriguez-Pereiro and A. Carro-Diaz. *Anal. Bioanal. Chem.*, 2002, 372: 74-90.

[220] R. Reuther, L. Jaeger and B. Allard. *Anal. Chim. Acta*, 1999, 394: 259-269.

[221] J. M. Costa-Fernandez, F. Lunzer, R. Pereiro-Garcia, A. Sanz-Medel and N. Bordel-Garcia. *J. Anal. At. Spectrom.*, 1995, 10: 1019-1025.

[222] C. Dietz, Y. Madrid and C. Camara. *J. Anal. At. Spectrom.*, 2001, 16: 1397-1402.

[223] R. Łobiński, C. F. Boutron, J. P. Candelone, S. Hong, J. Szpunar-Łobiński and F. C. Adams. *Anal. Chem.*, 1993, 65: 2510-2515.

[224] J. Sanz-Landaluze, A. de Diego, J. C. Raposo and J. M. Madariaga. *Anal. Chim. Acta*, 2003, 486: 255-267.

[225] S. Slaets and F. C. Adams. *Anal. Chim. Acta*, 2000, 414: 141-149.

[225] R. Feldhaus, W. Buscher, E. Kleine-Benne and P. Quevauviller. *Trends Anal. Chem.*, 2002, 21: 356-365.

第 12 章

非发射微波等离子体光谱技术和级联光源

12.1 微波等离子体原子吸收光谱法

12.1.1 仪器装置

如前面章节所述,MWP 可以在很多非发射光谱技术中用作原子或离子储存器。其中 MWP-MS 已经得到广泛认可。这里我们将从 MWP 原子化和离子化源的特性与分析应用两方面简要地介绍其分析潜力。原子吸收光谱法(atomic absorption spectrometry, AAS)是让具有待测元素特征波长的入射光穿过原子化池中产生的待测物原子蒸气,然后检测一部分被该元素原子所吸收的光,以测定样品中元素的浓度。含有用作原子化源的 MWP 的仪器装置如图 12.1 所示。

根据第 1、5 章所讨论的 MWP 的物理特性,可以确认 MWP 中存在着过布居的基态原子,这使其对光的吸收效率提高。但是,大多数 MWP 的吸光路径不是很长。尽管如此,使用 MIP 或 CMP 作为原子化源的 AAS 所测得的特征浓度已与用 ICP-AAS 测得的结果相当。[1-3] 在进一步的研究中,主要使用表面波器件 Surfatron 维持的等离子体,因为该种等离子体可使长度适合 AAS 测量,[4-6] 从而使该种方法的分析性能得到根本改善。与其他离子源相比,MWP 一般工作在相对较低的功率和更低的气体流量下,产生的背景也更低,因此用 MWP 作为 ΛAS 的原子化器可获得高灵敏度。低气溶胶流量使吸收池内待测物原子能够停留更长的时间。除此之外,传统的 AAS 主要利用的原子共振谱线,同时也是 MIP-OES 光谱中的持久线。多种 AAS 方法的特征浓度的比较如表 12.1 所示。[4,5]

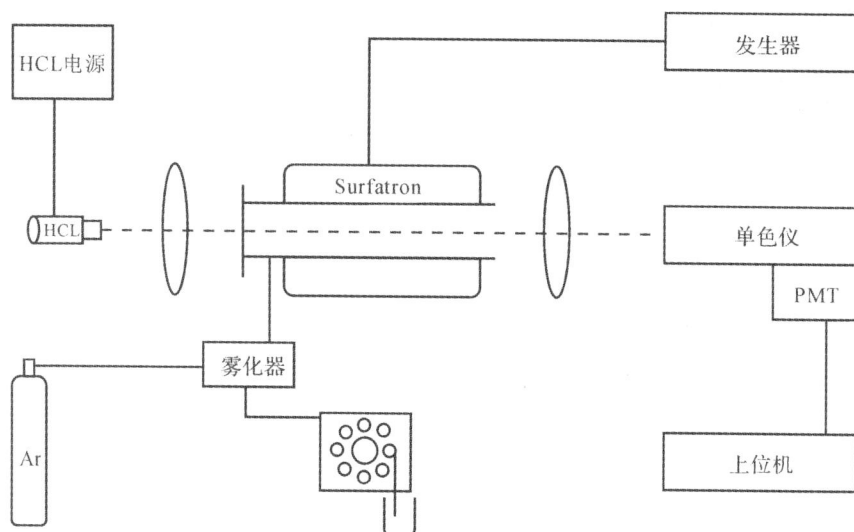

图 12.1 MWP-AAS 仪器布局示意

表 12.1 用不同原子化器的 AAS 获得的某些元素的特征浓度(ng/mL)的比较

元素	波长/nm	MIP（Surfatron）	ICP	火焰
Ag	328.1	1	4000	30
Ca	422.7	7	200	20
Cd	228.8	1	2000	90
Co	240.7	20	2000	40
Cu	324.7	6	2000	25
Fe	248.3	15	2000	50
Mg	285.3	5	70	3
Mn	279.5	7	800	20
Ni	232.0	30	300	50
Zn	213.9	1	10 000	10

这些数据表明,MWP 有作为 AAS 原子化池的潜力。MWP-AAS 的特征浓度比火焰 AAS 的好上若干倍,比 ICP-AAS 的更是要好 10～10 000 倍。ICP-AAS 所面临的最明显的问题包括:相对高的等离子体气体流量引起的低灵敏度和较低的检测能力,以及利于产生离子的低吸收体积和高温。另一方面,MWP-AAS 的性能,特别是对于第 7 章中讨论的一种表面波器件 Surfatron 来说,低功率 MWP 受溶剂加载的影响较大。溶液雾化、高效去溶系统或电热蒸发技术已经被用来进一步改善 MIP-AAS 的分析性能。研究表明,使用去溶系统能够提

高 MIP-AAS 的检测能力。[6]MWP-AAS 的动态线性范围通常大约在 3 个数量级。另一项研究表明,使用原子捕获技术可以进一步改善 MIP-AAS 的测量灵敏度,结果甚至比 GF-AAS 还要好。[7]

为了证明 MIP-AAS 的分析应用,一种 ETV 装置已被联用到光谱系统。[4]ETV-MIP-AAS 的特征浓度为 ng/mL 水平或更高。为了检验该方法的可行性,研究人员使用标准加入法分析了未经处理的水样。其结果与传统的火焰 AAS 所得结果相符。但是,MWP-AAS 的更广泛应用将在某种程度上受限于比火焰 AAS 更加严重的基体效应。

MWP 在 AAS 中的第二种应用是:在仪器设计中将减压 MIP 用作二极管激光 AAS 的原子化器。Niemax 的研究组[8—14]广泛地研究了该项技术。低压 MWP 使整个原子化池中的等离子体分布有各向同性,且使背景降低。该技术是将波长调制二极管激光 AAS 用于被调制的低压 MIP。双调制激光 AAS 不仅消除了激光和等离子体中的闪烁噪声,也去除了限制波长调制二极管激光原子吸收光谱检测的标准具效应。GC-MWP-OES 对氯的最佳检出限一般为 7pg/s,该值远远大于 MIP 和 DCP 中双调制激光原子吸收光谱法对氯的检出限(分别为 0.12、0.25pg/s)。[9]该方法已被用于石油中氯代烃和植物提取物中氯酚的测定。[15,16]二极管激光原子吸收光谱技术与激光烧蚀技术联用已被用于多聚物材料的分析。多种聚氯乙烯样品的化学计量学数据已被复现,其对氯的检出限为 85μg/g。[17,18]

12.2 微波等离子体原子荧光光谱法

在原子荧光光谱法(atomic fluorescence spectrometry, AFS)中,光源(如 AAS 中用的)被用来通过吸收辐射产生的跃迁使原子激发。当这些被选择性激发的原子通过辐射跃迁到较低能级时,它们的发射就可像在 OES 中那样被测量,进而测定其浓度。最初的实验使用 Beenakker 型谐振腔进行样品原子化。[19,20]但由于等离子体位于放电管内部,从而限制了 AFS 的测量。MPT 放电形成的类火焰等离子体有利于侧向观察原子荧光的激发和测量。[21—24]通常,MWP-AFS 都配有带去溶系统的超声和气动雾化器,如图 12.2 所示。

一般来说,AFS 的原子化池应能够有效地产生待测元素的基态原子,样品有较长的停留时间和较低的背景信号。与置于传统低功率 MIP 腔中的放电管出口处相比,MPT 尾焰温度较高、体积较大。尽管其尾焰会比 MIP 产生更高的背景辐射,但还是可以用于荧光观测。AFS 的最佳观测点通常比 OES 的高。

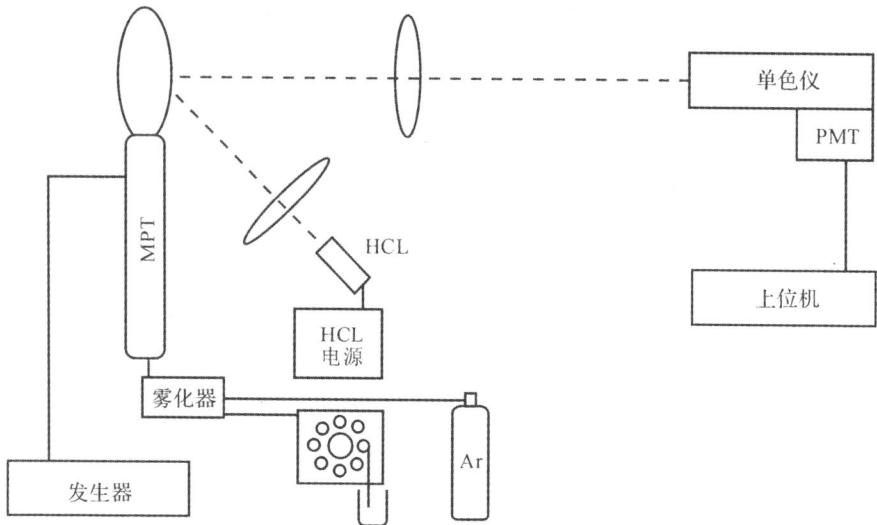

图 12.2　MWP-AFS 仪器布局示意

对氩气和氦气的低功率 MIP[19,20]，荧光的侧向观测位置分别为距腔体顶端 4～5mm 和 8mm 处。根据待测元素的不同，氩 MPT-AFS 最佳观测位置为距腔体顶端 24～26mm 处。[22]这为多元素测定提供了极大便利。此外，较低的维护成本和方便的操作对分析应用也非常重要。MPT 很明显地提供了一种比传统 MIP 更便利的操作方式。进行多元素测定时，一般使用折中的观测高度。对于 MPT，不同元素的最佳观测位置几乎相同，所以不会造成对某个元素检测灵敏度的实质性损失。但是，因为仪器的空间限制了光源和检测器的数量，所以难以用 AFS 同时检测大量元素，对 MIP 来说更是如此。

　　Perkins 和 Long[19,20] 使用 Ar/He-MIP 作为原子化源，使用空心阴极灯（hollow cathode lamp，HCL）或氙弧灯作为入射光源，进行了 AFS 测量。所研究元素的检出限从 μg/mL 到 ng/mL 范围。他们的实验结果表明，He-MIP-AFS 的检出限要比 Ar-MIP-AFS 的好 4～50 倍。但是，如表 12.2 所示，Ar-MPT-AFS 的检出限要比 Ar-MIP-AFS 的好得多。尽管如此，它们也只是与 Ar-ICP-AFS 相当或差于 Ar-ICP-AFS。HCL-MIP-AFS 的线性动态范围覆盖超过 5 个数量级，而脉冲 HCL-MPT-AFS 为 3 个数量级。

表 12.2　MWP-AFS 对一些元素的检出限（3σ, ng/mL）

元素	波长/nm	HCL Ar-MIP[19]	HCL He-MIP[20]	氩弧 Ar-MIP[19]	HCL Ar-MPT[22]
Ag	328.1	60	15	105	42
Al	396.2	1050	120	1500	—
Ba	553.5	30	12	60	—
Ca	422.7	30	2.6	30	—
Co	240.7	1500	29	1500	18
Cr	357.9	3000	60	3000	—
Fe	248.3	900	45	1500	60
K	766.5	30	1.5	75	—
Li	670.8	30	1.8	75	—
Mg	285.2	30	2.0	105	6.3
Mn	279.5	750	—	600	15
Na	589.0	15	0.15	75	—
Sr	460.7	30	7.5	120	—
Zn	213.9	60	1.8	60	1.2

　　为改进 MWP-AFS 测定铁族金属的能力,用一氧化碳和硼氢化钠同时处理样品,进行催化还原。所释放出的羰基化合物先用冷阱收集,再经 GC 分离,然后进行宽通带 AFS 检测。[25]该方法对 Fe、Co 和 Ni 的检出限分别为 5、20、3pg。该方法可用于包括半导体、陶瓷、化学试剂和环境样品在内的各种材料的分析。

　　在纯水样品 pg/mL 水平钠元素的激光诱导荧光检测中,曾用带钨线圈蒸发系统的 MIP 腔做钠的原子化。[26]

12.3　微波等离子体质谱法

　　等离子体质谱法从一开始就曾使用 MWP 替代 Ar-ICP 作离子化源。Douglas 和 French[27]于 1981 年发表了 MWP 作为离子源与 MS 联用的首个研究报告,但是首个商用的氮气 MWP 质谱仪 10 年后才面世[28]。MWP-MS 在 20世纪的最后 20 年被广泛研究,详细的结果参见一些书籍和综述[29—34]。这里仅做简要的总结,并给出最近 10 年的进展。

　　MWP-MS 已被证明是一种强有力的痕量元素分析技术。[29—40]一般来说,用MWP 替代 ICP 使得质谱能够应用多种等离子体气体,最大限度地减少等离子体夹带空气的量(特别是用低压 MWP 时),并在等离子体膨胀阶段维持更高的离子通量。MWP-MS 与 ICP 相比的其他优势还在于:降低了取样孔的损坏速率,并降低了对电子噪声的屏蔽要求。此外,MWP 较低的气体消耗也有利于设计紧凑、技术简单的仪器,而且随着待测物稀释程度的降低,还可提供更低的检出限。但是,MWP-MS 也难逃 MWP-OES 遇到的问题。在 MWP-MS 技术中,等离子体中形成的待测物离子被送入质谱仪,并依据其质荷比(m/e)被分离。然后,为进行定量和定性分析,需要测量相同质荷比的离子数目。MWP-MS 用于元素分析的代表性仪器布局如图 12.3 所示。

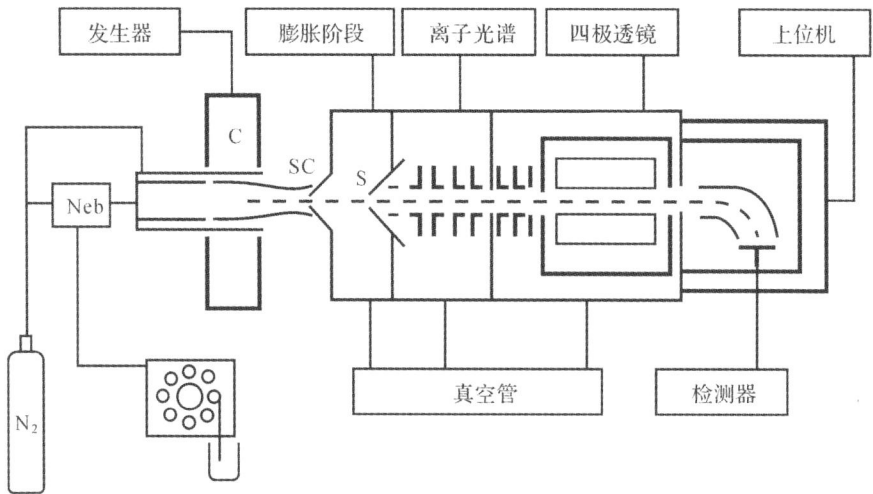

图 12.3　MWP-MS 仪器布局:C,微波谐振腔;SC,取样锥;S,截取器;Neb,雾化器

MWP-MS 的结构是可以修改的。多种样品引入技术已被用于其中,如:溶液雾化[36,39,41—43]、电热蒸发[44]、氢化物发生[45]、化学蒸气发生[46]、气相色谱[47—52]、超临界流体色谱[53] 和 HPLC[54—57]。为了优化光源的离子化效率和改善等离子体的稳定性,已使用过各种 MWP 结构[27,37—39,58—60]、放电管配置[31,37,39,44,49,61,62]和离子化模式[31,32,39,42,63—66]。除此之外,还曾使用过各种不同的 m/e 分离模式,以检测 MWP 产生的离子。[31,34,39,42,47,67—69]

传统 MIP 腔的缺点之一是:等离子体的细丝形状易受实验条件的影响。此外,样品不能很好地穿过等离子体,而是沿着等离子体柱运动。因此 MPT 产生的环状等离子体和 Okamoto 腔产生的氮气、氦气等离子体被认为是非常有前景的 MS 离子化源。与 ICP-MS 系统相比,MWP-MS 系统中的接口孔不易被阻塞;[27]但是,MWP-MS 更容易遭受基体效应的影响。[35]在减压 MWP-MS 系统中,取样锥可用腔体的前面板代替。因此,减压 MWP 与 MS 的联用以及离子从

等离子体进入离子光学系统变得更加容易,也许比大气压 MWP 更加高效,且夹带空气问题也能被消除。

氩等离子体对不同元素的离子化效率取决于它们的电离电位,且无法提供足够的能量使具有高电离电位的非金属元素(尤其是卤素)有效电离。[70]第二个限制是氩的同位素和含氩的多原子组分易引起同量异位素和分子干扰。氦 MWP-MS 已经表现出一些吸引人的优点:简单的背景谱线图,能使难以电离的卤素高效地产生正一价离子。[31] He-MIP-MS 能够检测水样中低至亚 ppb 级的卤素[36,63,71],而 He-MPT-MS 能够测定 C、F、P、S、Cl、Br 和 I 元素[72],检出限为 12～1000ng/mL,如表 12.3 所示。

总之,基于 Okamoto 腔的 N_2-MWP-MS 是最成熟的和接近于 ICP-MS 的元素分析工具。[38,40]所形成的环形等离子体改善了分析性能。毋庸置疑,将 MWP 用于原子质谱是 MWP 发展史上的一个里程碑。有机溶质引入 MWP-MS 系统时一般会在取样锥上引起较少的碳沉积。[38,57]用 N_2-MWP-MS 检测 As、Se、K、Ca 和 Fe 等元素,对环境、临床分析是有积极意义的,而氩气等离子体 MS 在检测这些元素时会有严重的光谱干扰。[74-79]使用 MWP-MS 的同位素稀释分析法已被广泛应用于砷的测定[80-85]和一些其他元素的测定[85,86]。

一种低功率、低气流的氦 MWP-MS 已被证明是 GC 极佳的元素特效检测器,因为氦气不仅有助于非金属的离子化,还常常被用作 GC 的载气。在正离子模式下,其对非金属的检出限较低,且具有高达 4 个数量级的动态检测范围。[29-31,47,49,51]一种化学蒸气发生技术与 He-MPT-MS 一起被用于 S、Cl、Br 和 I 的测定,[42,46]使其检出限由较高的 ng/mL 水平降低到了较低的 pg/mL 水平。在气相色谱法中,信号都非常短暂,故对经验式的测定都倾向于采用无须担心出现偏差的多元素同时测量。氦 MIP 离子源与正交加速飞行时间质谱仪联用,能够根据脂肪烃和芳香烃的卤素/碳比值确定其经验式。实测所得的卤代烃的绝对检出限为 $160～330fg(10^{-15}g)$。[47]各种色谱技术与 MWP-MS 联用已被用于天然样品的多元素分析和形态分析。[33,34,50,56,87-91]将 MWP-MS 与 HPLC 联用并借助一种双振荡毛细管雾化器,可直接测定未经过衍生的氨基酸。[55,92]

大多数被用作分析光谱法光源的 MWP 的应用主要限于光学发射光谱法和质谱法的元素分析。但是,微波功率小于 100W 的低压 MIP 也可用作分子质谱的离子化源。样品分子破碎度和原子化程度受控于等离子体的操作条件:压强和功率水平、等离子体气体的选择、等离子体气体掺杂净化剂和等离子体相对于样品注入探头的位置等。Poussel 等[93]将一种低压 Surfatron-MIP 与 MS 联用,实现了软电离和碎片化。Heppner[94]将 GC 与低气压 MIP-MS 联用,在高功率下极大地提高了有机化合物的碎片化程度。Markey 和 Abramson[95]提出了一

表 12.3　不同 MWP-MS 系统测得的检出限（3σ, ng/mL）

同位素	IP/eV	Ar TM$_{010}$[27]	Ar Surfatron[59]	He TM$_{010}$[36]	He MPT[72]	N$_2$-TM$_{010}$[73]	MP^a N$_2$-MIP[37]	HP^b N$_2$-MIP[39,40]	Ar ICP[29,40]
107 Ag	7.57	0.1	—	—	—	—	—	0.006	0.0017
75 As	9.81	—	4	0.10	1.2	—	0.32	0.02	0.004
138 Ba	5.21	—	7	—	0.11	11	0.004	0.0005	0.001
79 Br	11.84	—	—	0.18	15	—	—	—	1
40 Ca	6.11	—	—	2	—	22	0.24	0.003	n. m.^{c}
114 Cd	8.99	2	4	0.03	0.18	18	—	0.0005	0.002
35 Cl	13.01	—	—	39	41	—	—	—	5
59 Co	7.86	—	—	7	0.11	10	0.17	0.001	0.0002
52 Cr	6.76	0.1	—	—	—	—	0.44	0.001	0.014
63 Cu	7.72	0.1	—	0.07	0.14	—	—	0.005	0.009
56 Fe	7.87	—	—	33	0.20	—	6.8	0.001	0.077
127 I	10.45	—	—	0.04	12	—	—	—	0.01
39 K	4.34	—	—	17	—	—	0.48	0.002	n. m.^{c}
24 Mg	7.65	—	0.8	—	—	—	0.43	0.002	0.002
55 Mn	7.43	—	—	—	0.12	—	0.6	0.001	0.001
98 Mo	7.10	—	—	—	0.45	—	—	0.01	0.0008
60 Ni	7.63	8	—	—	0.21	—	—	0.007	0.002
208 Pb	7.42	1	2	2	0.12	—	0.008	0.0026	0.0008
80 Se	9.75	—	40	0.5	1.0	—	1.4	0.04	0.032
88 Sr	5.69	—	0.5	—	0.06	3	0.39	0.001	0.0003
51 V	6.74	0.02	—	0.02	—	—	0.31	0.001	0.0005

注：^{a} 表示中压，^{b} 表示高压，^{c} 表示不能测量。

种放射性含碳化合物测定方法。Olson 等[96] 使用低压 MIP 进行了有机化合物的碎片化,样品在被引入质谱仪膨胀区的同时进入等离子体的尾焰。在最近的研究中,常压 MWP 光源也被用于多种有机化合物的软碎片化。[43,97,98]

12.4　微波等离子体腔衰荡光谱法

从 1997 年开始,腔衰荡光谱法(cavity ring-down spectroscopy,CRDS)一直被当作一种灵敏的光谱技术进行研究。[99] 从原理上讲,它由基态原子的光吸收组成。研究人员使用不同的激光器和多种等离子体光源(各种 ICP 和 MWP)作为原子化器,已测定了多种元素,其检出限在 ng/mL 至 pg/mL 范围。在这种技术中,激光束被导入两面镜子间的稳定光学腔中,腔中则由原子化源产生基态原子。捕获的两面镜子之间的光强度将因镜子的有限反射率、光学吸收和散射而随时间呈指数衰减。分别测量同一个腔中有待测物存在和空腔时衰荡寿命(指数衰减)所对应的吸光度。进行原子吸收测量时,可使用可调激光器或连续波二极管激光器。由于光路长度长得多,CRDS 能使灵敏度比传统 AAS 有几个数量级的提高。如本章 12.1 节中所讨论的,ICP 光源不利于原子吸收测量,因为原子吸收需要大量基态原子,而 ICP 较高的温度有利于形成激发态原子和离子。相反,MWP 则有低气体流量、低功率水平和原子化效率相对较高等吸引人的特点。此外,MWP-CRDS 还具有衰减基线稳定性不受等离子体影响的独有特征。[100] 研究中使用了紧凑型 MWP 和连续波二极管激光器,以提高系统的便携性和降低成本。[101] 该系统已被证明可用于测定锶元素,其检出限约为 1pg/mL,对汞[102,103] 和铅[104] 的检出限则分别为 0.4、0.8ng/mL。要想进一步改善检出限,可通过增加激光束在原子化池中的有效路径长度来实现。可能的方法包括使用管型 MWP 和能够充满整个光学腔的减压 MWP。[105] 使用后一种方法维持氦等离子体时,对氯的检出限估计为 100ng/g。

12.5　级联光源及其他

低功率 MIP 易受大量含水气溶胶和高浓度有机物的影响。然而,MWP 具有独特的激发和/或离子化条件。因此,很自然地想到按"复合源"或者"级联源"的原理,将它与某种高能取样技术联用。[106,107] 在样品蒸发和激发/电离过程中使用不同的等离子体源,即为所谓的"级联光源"。最初,串联的两种等离子体源没有按照原子化和激发区域加以区分。Freeman 和 Hieftje[108]串联使用两种 MIP 以提高等离子体的长度,并用其测定一些卤代有机物的元素比。与单个 MIP 工作相比,其待测物强度有了增加。在一系列文献中,Leis 等[109,110]描述了一种用微波增强辉光放电(glow discharge,GD)光源的改进。与传统 GD 相比,该 GD 中加入 MIP,以使钢、铝、铜和铅样品中某些元素的大量分析谱线的信背比显著增强。Ng 和 Chen[111]在光学发射光谱法中使用 MIP-MIP 作为原子化/激发级联光源,测定了水相中 Ca、Cr、Mn 和 Sr;但是与 MIP-OES 相比,并没有发现明显的改进。使用 ICP-MIP 原子化/激发级联光源则可以进行有效的溶液分析。[112]原子发射中背景信号的稳定性可以通过调制 MIP 光源的功率来改善,一些元素的检出限为 $0.5\sim40\text{ng/mL}$。[113]辉光放电是分析气态、液态和固态样品的级联设备的有效初级光源。Duan 等[114]开发了 GD-MIP 原子化/激发级联光源,测得信号随微波功率增加而增加。最近,一种紧凑的 GD-MIP 离子源已与 TOFMS 联用。[115]MPT 常压进样辉光放电可调级联光源在研究中已被用于顺序获取分子碎片和原子质谱。[116]微波辐射还被用于构造"预蒸发源",取名"微波热雾化器"。[117,118]尽管这些级联光源展现出一些改进光谱技术分析性能的希望,但它们仍然需要进一步优化,以证明其对分析应用的吸引力。

参考文献

[1] K. C. Ng, R. S. Jensen, M. J. Brechmann and W. C. Santos. *Anal. Chem.*, 1988, 60: 2818-2821.

[2] K. C. Ng and T. J. Garner. *Appl. Spectrosc.*, 1993, 47: 241-243.

[3] D. C. Liang and M. W. Blades. *Anal. Chem.*, 1988, 60: 27-31.

[4] Y. Duan, X. Li and Q. Jin. *J. Anal. At. Spectrom.*, 1993, 8: 1091-1096.

[5] Y. Duan, M. Hou, Z. Du and Q. Jin. *Appl. Spectrosc.*, 1993, 47: 1871-1879.

[6] Y. Duan, H. Zhang, M. Huo and Q. Jin. *Spectrochim. Acta, Part B*, 1994, 49: 583-592.

[7] H. Lu, Y. Ren, H. Zhang and Q. Jin. *Microchem. J.*, 1991, 44: 86-92.

[8] C. Schnürer-Patschan and K. Niemax. *Spectrochim. Acta, Part B*, 1995, 50: 963-969.

[9] A. Zybin, C. Schnürer-Patschan and K. Niemax. *J. Anal. At.*

Spectrom. ，1995，10：563-567.

[10] V. Liger, A. Zybin, Y. Kuritsyn and K. Niemax. *Spectrochim. Acta*, *Part B*, 1997, 52：1125-1138.

[11] J. Koch and K. Niemax. *Spectrochim. Acta*, *Part B*, 1998, 53：71-79.

[12] K. Kunze, A. Zybin, J. Koch, J. Franzke, M. Miclea and K. Niemax. *Spectrochim. Acta*, *Part A*, 2004, 60：3393-3401.

[13] A. Zybin, J. Koch, D. J. Butcher and K. Niemax. *J. Chromatogr. A*, 2004, 1050：35-44.

[14] A. Zybin, J. Koch, H. D. Wizemann, J. Franzke and K. Niemax. *Spectrochim. Acta*, *Part B*, 2005, 60：1-11.

[15] A. Zybin and K. Niemax. *Anal. Chem.* , 1997, 69：755-757.

[16] J. Koch, A. Zybin and K. Niemax. *Appl. Phys. B*, 1998, 67：475-479.

[17] J. Koch, M. Miclea and K. Niemax. *Spectrochim. Acta*, *Part B*, 1999, 54：1723-1735.

[18] J. Koch, A. Zybin and K. Niemax. *Spectrosc. Spectr. Anal.*, 2000, 20：149-155.

[19] L. D. Perkins and G. L. Long. *Appl. Spectrosc.*, 1988, 42：1285-1289.

[20] L. D. Perkins and G. L. Long. *Appl. Spectrosc.*, 1989, 43：499-504.

[21] Y. Duan, X. Kong, H. Zhang, J. Liu and Q. Jin. *J. Anal. At. Spectrom.* , 1992, 7：7-10.

[22] Y. Duan, X. Du, Y. Li and Q. Jin. *Appl. Spectrosc.*, 1995, 49：1079-1085.

[23] W. Yang, H. Zhang, A. Yu and Q. Jin. *Microchem. J.*, 2000, 66：147-170.

[24] Z. B. Gong, F. Liang, P. Y. Yang, Q. H. Jin and B. L. Huang. *Spectrosc. Spectr. Anal.*, 2002, 22：63-66.

[25] V. Rigin. *Anal. Chim. Acta*, 1993, 283：895-901.

[26] Y. Oki, H. Uda, C. Honda, M. Maeda, J. Izumi, T. Morimoto and M. Tanoura. *Anal. Chem.* , 1990, 62：680-683.

[27] D. J. Douglas and J. B. French. *Anal. Chem.* , 1981, 53：37-41.

[28] K. Oishi, Y. Okamoto, M. Koga and H. Yamamoto. *Hitachi Hyoron*, 1991, 73: 885.

[29] H. Zhang, A. Montaser, B. S. Zimmer, N. P. Vela and J. A. Caruso. In: A. Montaser. *Inductively Coupled Plasma Mass Spectrometry*. Weinheim: Wiley-VCH, 1998: 891-939.

[30] E. H. Evans, J. J. Giglio, T. M. Castillano and J. A. Caruso. *Inductively Coupled and Microwave Induced Plasma Sources for Mass Spectrometry*. Cambridge: Royal Society of Chemistry, 1995.

[31] L. K. Olson and J. A. Caruso. *Spectrochim. Acta, Part B*, 1994, 49: 7-30.

[32] B. S. Sheppard and J. A. Caruso. *J. Anal. At. Spectrom.*, 1994, 9: 145-149.

[33] N. P. Vela, L. K. Olson and J. A. Caruso. *Anal. Chem.*, 1993, 65: 585A-597A.

[34] S. J. Ray, F. Andrade, G. Gamez, D. McClenathan, D. Rogers, G. Schilling, W. Wetzel and G. M. Hieftje. *J. Chromatogr. A*, 2004, 1050: 3-34.

[35] D. J. Douglas, E. S. Quan and R. G. Smith. *Spectrochim. Acta, Part B*, 1983, 38: 39-48.

[36] J. T. Creed, T. M. Davidson, W. L. Shen, P. G. Brown and J. A. Caruso. *Spectrochim. Acta, Part B*, 1989, 44: 909-924.

[37] W. L. Shen, T. M. Davidson, J. T. Creed and J. A. Caruso. *Appl. Spectrosc.*, 1990, 44: 1003-1010.

[38] T. Shirasaki and K. Yasuda. *Anal. Sci.*, 1992, 8: 375-376.

[39] K. Oishi, T. Okumoto, T. Iino, M. Koga, T. Shirasaki and N. Furuta. *Spectrochim. Acta, Part B*, 1994, 49: 901-914.

[40] M. Ohata and N. Furuta. *J. Anal. At. Spectrom.*, 1998, 13: 447-453.

[41] M. Huang, A. Hirabayashi, T. Shirasaki and H. Koizumi. *Anal. Chem.*, 2000, 72: 2463-2467.

[42] Y. Duan, E. P. Chamberlin and J. A. Olivares. *Int. J. Mass Spectrom. Ion Process.*, 1996, 161: 27-39.

[43] W. L. Shen and R. D. Satzger. *Anal. Chem.*, 1991, 63: 1960-1964.

[44] E. H. Evans, J. A. Caruso and R. D. Satzger. *Appl. Spectrosc.*,

1991，45：1478-1484.

[45] W. C. Wetzel, J. A. C. Broekaert and G. M. Hieftje. *Spectrochim. Acta，Part B*，2002，57：1009-1023.

[46] Y. Duan, M. Wu, Q. Jin and G. M. Hieftje. *Spectrochim. Acta，Part B*，1995，50：1095-1108.

[47] B. W. Pack, J. A. C. Broekaert, J. P. Gruzowski, J. Poehlman and G. M. Hieftje. *Anal. Chem.*，1998，70：3957-3963.

[48] G. O'Connor, S. J. Rowland and E. H. Evans. *J. Sep. Sci.*，2002，25：839-846.

[49] W. C. Story and J. A. Caruso. *J. Anal. At. Spectrom.*，1993，8：571-575.

[50] H. Suyani, J. Creed, J. Caruso and R. D. Satzger. *J. Anal. At. Spectrom.*，1989，4：777-782.

[51] L. K. Olson, D. Heitkemper and J. A. Caruso. In: *Element-Specific Chromatographic Detection by Atomic Emission Spectroscopy*. ACS Symposium Series 479. Washington, DC: ACS, 1992：288-308.

[52] D. Heitkemper and J. A. Caruso. *J. Chromatogr. Libr.*，1991，47：49-73.

[53] L. K. Olson and J. A. Caruso. *J. Anal. At. Spectrom.*，1992，7：993-998.

[54] A. Chatterjee, Y. Shibata, H. Tao, A. Tanaka and M. Morita. *J. Chromatogr. A*，2004，1042：99-106.

[55] J. Y. Kwon and M. Moini. *J. Am. Soc. Mass Spectrom.*，2001，12：117-122.

[56] K. Kohda, T. Shirasaki, T. Yokokura and M. Takagi. *Chromatography*，1998，19：274-275.

[57] D. Heitkemper, J. Creed and J. A. Caruso. *J. Chromatogr. Sci.*，1990，28：175-181.

[58] M. Wu, Y. Duan, Q. Jin and G. M. Hieftje. *Spectrochim. Acta，Part B*，1994，49：901-914.

[59] D. Boudreau and J. Hubert. *Appl. Spectrosc.*，1993，47：609-614.

[60] P. Siebert, G. Petzold, A. Hellenbart and J. Müller. *Appl. Phys. A*，1998，67：155-160.

[61] R. D. Satzger and T. W. Brueggemeyer. *Microchim. Acta*，1989，

99: 239-246.

[62] K. Eberhardt, G. Buchert, G. Herrmann and N. Trautmann. *Spectrochim. Acta, Part B*, 1992, 47: 89-94.

[63] P. G. Brown, T. M. Davidson and J. A. Caruso. *J. Anal. At. Spectrom.*, 1988, 3: 763-769.

[64] M. E. Cisper, A. W. Garrett, Y. X. Duan, J. A. Olivares and P. H. Hemberger. *Int. J. Mass Spectrom.*, 1998, 178: 121-128.

[65] P. Španel, K. Dryahina and D. Smith. *Int. J. Mass Spectrom.*, 2007, 267: 117-124.

[66] R. S. Lysakowski, Jr., R. E. Dessy and G. L. Long. *Appl. Spectrosc.*, 1989, 43: 1139-1145.

[67] Y. Su, Y. Duan and Z. Jin. *Anal. Chem.*, 2000, 72: 2455-2462.

[68] Y. Su, Z. Jin and Y. Duan. *Can. J. Anal. Sci. Spectrosc.*, 2003, 48: 163-170.

[69] J. H. Barnes Ⅳ, O. A. Grøn and G. M. Hieftje. *J. Anal. At. Spectrom.*, 2002, 17: 1132-1136.

[70] J. J. Giglio, J. Wang and J. A. Caruso. *Appl. Spectrosc.*, 1995, 49: 314-319.

[71] P. A. Fecher and A. Nagengast. *J. Anal. At. Spectrom.*, 1994, 9: 1021-1027.

[72] M. Wu, Y. Duan, Q. Jin and G. M. Hieftje. *Spectrochim. Acta, Part B*, 1994, 49: 137-148.

[73] D. A. Wilson, G. H. Vickers and G. M. Hieftje. *Anal. Chem.*, 1987, 59: 1664-1670.

[74] A. Shinohara, M. Chiba and Y. Inaba. *Anal. Sci.*, 1998, 14: 713-717.

[75] M. Chiba and A. Shinohara. *Fresenius' J. Anal. Chem.*, 1999, 363: 749-752.

[76] Y. Sano, H. Satoh, M. Chiba, A. Shinohara, M. Okamoto, K. Serizawa, H. Nakashima and K. Omae. *J. Occup. Health*, 2005, 47: 242-248.

[77] M. Chiba, A. Shinohara, M. Sekine and S. Hiraishi. *J. Radioanal. Nucl. Chem.*, 2006, 269: 519-526.

[78] A. Shinohara, M. Chiba and Y. Inaba. *Anal. Sci.*, 2001, 17

(Suppl.)：i1539-i1541.

[79] A. Shinohara, M. Chiba and Y. Inaba. *J. Anal. Toxicol.*, 1999, 23：625-631.

[80] H. Minami, W. Cai, T. Kusumoto, K. Nishikawa, Q. Zhang, S. Inoue and I. Atsuya. *Anal. Sci.*, 2003, 19：1359-1363.

[81] J. Yoshinaga, T. Shirasaki, K. Oishi and M. Morita. *Anal. Chem.*, 1995, 67：1568-1574.

[82] M. Ohata, T. Ichinose, N. Furuta, A. Shinohara and M. Chiba. *Anal. Chem.*, 1998, 70：2726-2730.

[83] T. Shirasaki, J. Yoshinaga, M. Morita, T. Okumoto and K. Oishi. *Tohoku J. Exp. Med.*, 1996, 178：81-90.

[84] T. Kawano, A. Nishide, K. Okutsu, H. Minami, Q. Zhang, S. Inoue and I. Atsuya. *Spectrochim. Acta, Part B*, 2005, 60：327-331.

[85] C. J. Park, Y. N. Pak and K. W. Lee. *Anal. Sci.*, 1992, 8：443-448.

[86] T. Shirasaki, H. Sakamoto, Y. Nakaguchi and K. Hiraki. *Bunseki Kagaku*, 2000, 49：175-179.

[87] P. Read, H. Beere, L. Ebdon, M. Leizers, M. Hetheridge and S. Rowland. *Org. Geochem.*, 1997, 26：11-17.

[88] A. Chatterjee, Y. Shibata and M. Morita. *J. Anal. At. Spectrom.*, 2000, 15：913-919.

[89] A. Chatterjee, Y. Shibata, A. Tanaka and M. Morita. *Anal. Chim. Acta*, 2001, 436：253-263.

[90] A. Chatterjee, Y. Shibata and M. Morita. *Recent Res. Dev. Pure Appl. Chem.*, 2001, 3：49-66.

[91] A. Chatterjee, Y. Shibata, J. Yoshinaga and M. Morita. *J. Anal. At. Spectrom.*, 1999, 14：1853-1859.

[92] M. Moini, M. Xia, J. B. Stewart and B. Hofmann. *J. Am. Soc. Mass Spectrom.*, 1998, 9：42-49.

[93] E. Poussel, J. M. Mermet, D. Deruaz and C. Beaugrand. *Anal. Chem.*, 1988, 60：923-927.

[94] R. A. Heppner. *Anal. Chem.*, 1983, 55：2170-2174.

[95] S. P. Markey and F. P. Abramson. *Anal. Chem.*, 1982, 54：2375-2376.

[96] L. K. Olson, W. C. Story, J. T. Creed, W. L. Shen and J. A. Caruso. *J. Anal. At. Spectrom.*, 1990, 5: 471-475.

[97] N. P. Vela, J. A. Caruso and R. D. Satzger. *Appl. Spectrosc.*, 1997, 51: 1500-1503.

[98] A. M. Zapata and A. Robbat, Jr.. *Anal. Chem.*, 2000, 72: 3102-3108.

[99] G. P. Miller and C. B. Winstead. *J. Anal. At. Spectrom.*, 1997, 12: 907- 912.

[100] C. Wang. *J. Anal. At. Spectrom.*, 2007, 22: 1347-1363.

[101] C. Wang, S. P. Koirala, S. T. Scherrer, Y. Duan and C. B. Winstead. *Rev. Sci. Instrum.*, 2004, 75: 1305-1313.

[102] C. Wang, S. T. Scherrer, Y. Duan and C. B. Winstead. *J. Anal. At. Spectrom.*, 2005, 20: 638-644.

[103] Y. Duan, C. Wang, S. T. Scherrer and C. B. Winstead. *Anal. Chem.*, 2005, 77: 4883-4889.

[104] Y. Duan, C. Wang and C. B. Winstead. *Anal. Chem.*, 2003, 75: 2105-2111.

[105] T. Stacewicz, E. Bulska and A. Ruszczynska. *Spectrochim. Acta, Part B*, 2010, 65: 306-310.

[106] M. W. Borer and G. M. Hieftje. *Spectrochim. Acta Rev.*, 1991, 14: 463-486.

[107] T. Kantor and G. M. Hieftje. *Spectrochim. Acta, Part B*, 1995, 50: 961-962.

[108] J. E. Freeman and G. M. Hieftje. *Spectrochim. Acta, Part B*, 1985, 40: 653-664.

[109] F. Leis, J. A. C. Broekaert and K. Laqua. *Spectrochim. Acta, Part B*, 1987, 42: 1169-1176.

[110] F. Leis, J. A. C. Broekaert and E. B. M. Steers. *Spectrochim. Acta, Part B*, 1991, 46: 243-251.

[111] K. C. Ng and S. Chen. *Microchem. J.*, 1993, 48: 383-389.

[112] M. W. Borer and G. M. Hieftje. *J. Anal. At. Spectrom.*, 1993, 8: 339-348.

[113] B. W. Pack and G. M. Hieftje. *Appl. Spectrosc.*, 2000, 54: 80-88.

[114] Y. Duan, Y. Li, Z. Du, Q. Jin and J. A. Olivares. *Appl. Spectrosc.*, 1996, 50: 977-984.

[115] Y. Duan, Y. Su and Z. Jin. *J. Anal. At. Spectrom.*, 2000, 15: 1289-1291.

[116] S. J. Ray and G. M. Hieftje. *Anal. Chim. Acta*, 2001, 445: 35-45.

[117] L. Bordera, J. L. Todoli, J. Mora, A. Canals and V. Hernandis. *Anal. Chem.*, 1997, 69: 3578-3586.

[118] L. Ding, F. Liang, Y. Huan, Y. Cao, H. Zhang and Q. Jin. *J. Anal. At. Spectrom.*, 2000, 15: 293-296.

第 13 章

微波等离子体光谱技术的未来

　　毫无疑问,MWP 分析光谱法将会继续受到光谱学家的关注。而且根据近期的文章可以看出,微波激发光源刚刚进入它们的复兴时代。MWP-OES/MS 已被证明是一种覆盖面和范围都较宽广的通用分析技术。尽管仍在逼近 ICP 的精密度和检出限,MWP 系统一直在功率处理能力、耦合效率和固体、液体以及气体样品分析方面不断地改进着。如果将 MWP-OES 与 ICP-OES 进行比较,则可以很明显地看出,在非金属痕量分析方面 MWP 方法更优,或者至少是具有竞争力的。目前的诸如 ICP-MS 等强有力的技术,都缺乏测定痕量非金属和一些诸如 Se、As、K 和 Ca 等重要元素的能力。He-MWP 光源可能会得到更加广泛的应用。用高功率氮或氦 MWP 作分析光谱法光源以进一步改进分析性能的努力应该加以提倡。

　　要想设计一种能满足所有用户需求的仪器是非常困难的。然而,似乎分析光谱仪器的目标将日益对准一些专门的应用。类似的,样品处理/引入技术与光谱仪器之间较高水平的集成也有可能变得更加紧密。尽管溶液雾化器是最常用的样品引入技术,但是它仍存在一些缺点。对 MWP 原子光谱技术分析性能的最大影响来源于样品处理和引入过程。基于 MWP 的技术通常需要做更多的样品前处理。对激光烧蚀及其相关技术和现代预富集技术的持续增长的兴趣,将能满足 MWP 光源的要求。从这方面来看,MWP 技术似乎高度灵活,将会在未来促使一些有趣的解决方案。随着这些系统继续变得越来越精致,MWP 必将在商用原子发射光谱领域中发挥更突出的作用。进一步的改进肯定是可能的。在不远的未来,MWP-AS 技术的仪器化和商品化将会是一个热门话题。

　　MWP-OES 仍旧主要是作为色谱的检测器使用。MPD 已经被许多实验室接受和采用,有望在接下来的几年内保持其在已建立的分析方法中的强势地位。对于非金属检测来说尤其如此,因为如 P、S、Cl、Se 和 As 等非金属的形态分析,在一些环境和生物医学研究中都极其重要。使用 MWP-OES 通过元素分析和粒径分布进行颗粒表征,似乎也将成为 MWP 应用的一个新课题。

　　MWP 会随着基于带状线技术的 MW 微等离子体的使用而持续发展,成为实现无电极小型化系统的特有方式。它可能用于气相色谱的专用检测器和痕量组分的连续大气监测而变得特别有用。

　　未来的研究中需优先考虑新型的 MW 结构,包括微波驱动 ICP 和旋转场结构部件、不同功率水平(和功率条件,包括功率调制以及功率源的空间分布)的影响和最后的但并非最不重要的基础研究。似乎在向这些目标前进的过程中已经取得了很大的进步,而且系统表征也正在进行。最近用这些 MWP 作多元素激发源和离子化源方面所取得的分析结果一定会促进其进一步发展。对卤素的良好检测能力及其高样品耐受力也为用旋转场 MWP 作元素质谱的离子化源提供了坚实的基础。实际上,由于 MWP 的低功率特性,将其用于软碎裂和分子质谱也应该是可行的。用 MWP-MS 技术同时获得原子和分子信息的努力也值得鼓励。新的用多螺旋结构或多电极激励的 MWP 方法为获得参数十分符合 MS 要求的等离子体带来了希望。能量的拆分引发了一系列新的结构。在这些结构中最值得期待的将是微波驱动 ICP。然而,不得不说在本著作出版时尚未看到进一步的研究,希望未来至少会有一些研究人员对评估这些腔体结构产生兴趣。由 Hammer 发明的分体式多波导激励等离子体的想法也有可能获得成功。然而,使用三相或多相,所产生的旋转电场能以非定向的方式加热等离子体。在本结语中,我们必须强调激发光源的新可能性必须与一定会伴随着这些新光源的新技术条件一起探讨。虽然很多时候,检出限只有在可接受的性能范围内才能被加以讨论,但是研究人员应该认识到,MWP 和那些被认为是经典的光源一样,通常都需要做大量费事的样品前处理或者采用专门的进样技术才能获得令人满意的低检出限。

附 录

MIP-OES 最常用光学发射谱线

元素		波长/nm	DL$_{实测}$/ng/mL
Ag[a]	I	338.29	9
Al[a]	I	396.15	110
As[a]	I	228.81	90
Au[a]	I	267.59	90
B[a]	I	249.77	110
Ba[a]	II	493.41	110
Be[a]	I	234.86	2
Bi[a]	I	223.06	80
Br[b]	II	470.49	20
C[a]	I	193.09	50
Ca[a]	II	393.37	3
Cd[a]	I	228.80	5
Ce[a]	II	413.77	80
Cl[b]	II	479.54	14
Co[a]	II	238.89	85
Cr[a]	I	357.87	45
Cs[a]	I	455.53	65
Cu[a]	I	324.75	20
Dy[a]	II	364.54	36
Er[a]	II	390.63	44
Eu[a]	II	420.51	12
F[b]	I	685.60	4000
Fe[a]	I	248.32	45
Ga[a]	I	417.21	16

元素		波长/nm	$DL_{实测}$/ng/mL
Gd[a]	II	342.25	40
Ge[a]	I	265.12	65
Hf[a]	II	368.22	37
Hg[a]	I	253.65	23
Ho[a]	II	389.10	20
I[b]	I	206.24	60
In[a]	I	451.13	18
Ir[a]	I	380.01	130
K[a]	I	766.49	2
La[a]	II	408.67	60
Li[a]	I	670.78	0.3
Lu[a]	II	261.54	7
Mg[a]	II	279.55	7
Mn[a]	I	403.08	25
Mo[a]	II	202.03	350
Na[a]	I	588.99	0.9
Nb[a]	I	405.89	580
Nd[a]	II	410.95	110
Ni[a]	I	232.00	90
Os[a]	I	201.81	600
P[a]	I	213.61	70
Pb[a]	I	405.78	60
Pd[a]	I	340.46	55
Pr[a]	II	390.84	230
Pt[a]	I	265.95	160
Rb[a]	I	420.18	65
Re[a]	II	227.53	75
Rh[a]	I	343.49	60
Ru[a]	I	372.80	85
S[b]	I	469.41	70
Sb[a]	I	252.85	50
Sc[a]	I	391.18	27

续表

元素		波长/nm	DL$_{实测}$/ng/mL
Se[a]	I	203.99	47
Si[a]	I	251.61	75
Sm[a]	II	359.26	170
Sn[a]	I	235.48	190
Sr[a]	II	407.77	7
Ta[a]	II	268.51	750
Tb[a]	II	384.87	340
Te[a]	I	214.28	140
Th[a]	II	401.91	160
Ti[a]	II	334.94	70
Tl[a]	I	535.05	17
Tm[a]	II	384.80	23
U[a]	II	385.96	360
V[a]	I	437.92	90
W[a]	II	209.48	500
Y[a]	II	371.03	12
Yb[a]	II	369.42	17
Zn[a]	I	213.86	15
Zr[a]	II	339.20	320

注:[a] 表示用 SN-Ar-MIP-OES 测得,[b] 表示用 CVG-He-MIP-OES 测得,符号 I 和 II 分别指源自中性原子和单电离态的光谱线,DL$_{实测}$表示实测检出限。

主题索引

图和表的引用页码用斜体。

262 微波诱导等离子体原子光谱分析

Surfatron tuner　Surfatron（一种表面波器件）调谐器　3,10,*15*,25,56-57,61-64

SWD *see* slow wave discharge(SWD)plasma　SWD参见 慢波放电（SWD）等离子体

tandem sources　级联光源　237-238

tangential flow torch(TFT)　切向流炬管（TFT）　28-29

TM_{010} resonators　TM_{010}谐振腔　2,43,55-56

TM_{011} resonators　TM_{011}谐振腔

　E-type　E 型　59,60

　H-type　H 型　69,*70*

TM_{013} resonators　TM_{013}谐振腔　59-60

TM_{020} resonators　TM_{020}谐振腔　59,*60*

torch injection axial(TIA)　轴向注入炬（TIA）　2,96

torch injection axial(TIA)plasma　轴向注入炬（TIA）等离子体　48-49

transient signal measurement　瞬时信号测量　98-99

transverse electromagnetic(TEM) mode cavities　横电磁波（TEM）模式腔　3,11-13,61-64,*65*,77-79

　TEM lines　TEM 传输线　41-44

triple or quadruple helix EH hybrid sources　三或四螺旋 EH 混合型光源 74,*75*

ultrasonic nebulizers　超声雾化器　147-149

vapours *see* sample introduction　蒸气参见 样品引入

waveguide-based plasma cavity　基于波导的等离子体谐振腔　54-56

wavelength modulation diode laser atomic absorption spectrometry　波长调制激光二极管原子吸收光谱法　231

wavelength tables specific for MIP-OES　MIP-OES 专用波长表　*107-117*

Wilbur, D. A.　Wilbur, D. A.（人名）　1